JN141040

バイオビルダー

合成生物学をはじめよう

Natalie Kuldell, Rachel Bernstein,
Karen Ingram, and Kathryn M. Hart 著

津田 和俊 監訳
片野 晃輔、西原 由実、濱田 格雄 訳

BioBuilder

Synthetic biology in the lab

Natalie Kuldell, Rachel Bernstein, Karen Ingram,
and Kathryn M. Hart

Beijing • Boston • Farnham • Sebastopol • Tokyo

目次

はじめに

この本は、比較的控えめな目的から始められました。それはつまり、成長するBioBuilder[1]のコミュニティ、合成生物学を学び始めている国内外の教師や学生をサポートすることです。バイオビルディングは挑戦的な試みであり、われわれはこのような本があれば役立つはずだと、繰り返し耳にしていました。そのために、ここに作られたのです。私たちは、本書があなたの役に立ち、あなたのお気に入りになることを願っています。

この本は、科学者でもエンジニアでもない読者を想定して書かれています。とはいえ重要なのは、合成生物学者が毎日取り組んでいる難しい問いそのものが、本書の内容を引き上げていることです。その問いとは、「細胞をどのように合理的な方法で設計できるか？」「信頼性の高い振る舞いを確保することは可能か？」「エンジニアのツールキットを使って生命科学に取り組むことで何が学べるのか？」といったことです。

この本が対象とする読者

この本が、幅広い読者に役立ちますように。本書の執筆は、BioBuilderプログラムを通じて知り合った教師一人一人を念頭に開始されました。世界中の生物学やバイオテクノロジーの教室で彼らは、プログラムの内容を熱心に取り入れています。この本に関して私たちがもらった初期のフィードバックで、教師は本書を学生と直に共有したがっていることがわかったため、当初に想定されていた教師用マニュアルの形は、学生と教師が一緒に使えるものへと変更されました。

私たちの本は今、多くの好奇心旺盛な読者やあらゆる学習者のニーズを満たしていると考えています。対象読者には、高校や大学の指導者、バイオデザインのクラブ活動に取り組む学生、地域のバイオラボに出入りする大人、デザインスタジオで働くアーティストがいます。合成生物学の理論的、実践的な側面をもっと知りたいと思っている人が、本書から何かを得ますように。

1 ——BioBuilderは、合成生物学を中心とした科学教育活動を行い、先進的な各種プログラムを提供している組織。本書は、そこでの実践から得られた成果をまとめた教則本である。

この本が書かれた理由

BioBuilderは、私たちが科学を実践することと、それを教えることの間にあるギャップを埋めて橋渡しをする活動をしています。ここに提示されたアイデア、それらから生まれた実験演習は、この分野の最新の研究に基づいています。その内容の確かさが、いかに学生の関心を呼び起こし、どんなレベルの学習者にも刺激や力を与えるかを私たちは確認してきています。しかし、最先端の知見を扱うことは難しいことで、学習の出発点として未知のことから始めたいという教師や学生を支援するため、本書は書かれています。

私たちがこの本を執筆した理由は、合成生物学における科学と工学（エンジニアリング）の融合が大好きでもあることです。それらが実際にどのように機能しているかを示したかったのです。基礎的な内容を扱っている章では、生命科学の分野に合成生物学が、より成熟している工学分野から良くできたツールをどう持ち込んでいるかを強調しています。実験演習に焦点を絞った章では、現実の研究課題に始まり、工学的な観点から取り組むための実験プロトコル（手順）を提供しています。

また本書は、基礎的な内容と実験室での探究、バイオデザインの演習をあわせて紹介することで、この分野への好奇心や熱意を呼び起こすための最善の努力をしています。私たちは、合成生物学と教育に対してより一般的なアプローチを取りますが、それは『星の王子さま』を書いたアントワーヌ・ド・サン＝テグジュペリが船造りについて語ったとされることに似ているでしょう。すなわち、「船を造りたいのなら、人々に木の集め方を教えたり仕事を割り振ったりするのではなく、果てしなく広がる海の存在を説くべきです」ということです。

今日の「合成生物学」について

合成生物学の目標は、合成された堅牢な生物システムを、拡張性があって信頼できる方法で設計することです。この分野で活動している人の中には、私たちの地球規模の課題である持続可能な食糧や燃料生産に対処するために、合成生物学を応用している人がいます。医療における診断や治療などのために、バイオテクノロジーを開発している人もいます。より少数の、しかし重要なグループは、アート、建築、またはコミュニティのイノベーションに適用できる設計への挑戦として、合成生物学を視野に入れています。応用先が何であってもその取り組みが容易に実現できるようになるまで、私たちには学ぶべきことがたくさんあり、それが長い道のりであろうことがおわかりになるでしょう。

そのような初期の段階にあっても、合成生物学は、私たちにたくさんのことを教えてくれます。新しい科学的知見、改善された工学的アプローチ、新規技術といったものはすべて、この「合成」的アプローチから「自然」に得られていきます。生き物を構築することは、世界に対するわれわれの現在の理解を考察し、新しい科学を発見する強い力となります。また、エンジニアの「デザイン／ビルド／テスト」（設計／構築／検証）のサイクルを加速させる新しいツールとプロセスの開発をうながすことになります。真に学際的な試みとしてこの分野は、私たちに類例のない方法でSTEM教育[2]に一貫性をもたらすことにもなるでしょう。この分野は未熟かもしれないけれど、すでに教育や学習のための優れたアプローチになっていると、私たちは考えています。このBioBuilderのカリキュラムは、合成生物学で未解決の問いに基づく実際の知識の適用であり、その内容は、教室や実験室での教育での丸暗記や、料理本のような型通りの技術的手順とは隔たっています。実社会の課題への解決策を開発するための科学的理解と工学的アプローチを統合した一連の研究として、BioBuilderは合成生物学を取り上げています。

本書の構成

この本は意図的にモジュール化されていて、読者のニーズに合わせて並べ替えることができます。電子書籍版では、各章は簡単に並べ替えることができ、クリエイティブ・コモンズ・ライセンスを通じて共有することができます。印刷版では章の順序立てが必要だったので、次のように編成しました。

1章から4章では、合成生物学の基礎となるアプローチのいくつかを紹介しています。

- 1章「合成生物学の基礎」では、合成生物学の学際的性質と、工学と分子生物学から得られた基礎ツールのいくつかを強調しながら、この分野の基本的な紹介をします。
- 2章「バイオデザインの基礎」では、複雑さを扱いやすくする抽象化の階層や、生物システムとそれらをコードするデバイスやパーツに展開するいくつかの事例といった、バイオデザインの枠組みを案内します。
- 3章「DNA工学の基礎」では、工学における標準化の役割について論じたうえで、標準化されたDNAアセンブリ技術のいくつかの例を紹介します。

2 ――Science, Technology, Engineering and Mathematics（科学・技術・工学・数学）の教育、またそれら各分野を統合した教育。

- 4章「生命倫理の基礎」では、何が「良い」研究とされるのか、という問いを紹介します。また、今日までの事例から倫理的課題を紹介し、それらの例で教えるための枠組みを提供します。

5章から10章では、BioBuilderの実験室での探究について詳しく説明します。各章は、現在ある課題の説明、あるいはその分野で開発されているアイデアから始まり、体系化された原理や問いを提供、実験でそれを確かめます。各章には、関連した研究を実施するための簡略化されたプロトコルと役立つイラストレーションガイドが付いています。ポスターやクイックガイドは、この本のGitHubリポジトリ（https://github.com/oreillymedia/biobuilder）からダウンロードできます。

- 5章「BioBuilder実験演習入門」では、工学で用いられるデザイン／ビルド／テストのサイクルにおける明確な入り口を示す、BioBuilder実験演習の概要を紹介します。
- 6章「Eau That Smell実験演習」では、2章で詳述されているバイオデザインの枠組みをモデル化し、どのような遺伝子設計がより効率的に指数増殖する細菌にバナナの香りを生成させられるのかを突き止めます。
- 7章「iTune Device実験演習」では、計測の原理や、予測可能な設計において計測が果たす役割に焦点を当てます。この章の実験では、酵素の発現量を調節する遺伝子パーツの組み合わせを用いて、予測した結果と実際に測定された結果を比較します。
- 8章「Picture This実験演習」では、細菌が生きている写真のピクセルとして機能する「細菌写真システム」を理解し、特徴付けるためにモデリング技法を適用します。
- 9章「What a Colorful World実験演習」では、生物工学におけるシャーシの役割を検討します。最初にシャーシ設計のためのいくつかの補完的な枠組みを用い、次に異なる株の大腸菌（*E.coli*）に導入された同一の遺伝子プログラムの機能を比較します。
- 10章「Golden Bread実験演習」では、合成生物システム、すなわちビタミンAの前駆体を産生する酵母の不安定性について調べます。科学と工学の実験では、細胞の振る舞いを理解して改善する方法として冗長性を検討します。

この本の最後には、一般的な実験用試薬の調製をするための簡略化された手順と、本の全体にわたって使われている言葉の用語集も含まれています。

オンライン資料

この本の内容は、BioBuilderのウェブサイトに掲載されている内容の一部なので、本が気にいった場合は、biobuilder.orgのサイトに行くことをおすすめします。

このサイトはすべてオープン・アクセスで、以下のものが提供されています。

- この本に記載されている基本的な概念のいくつかを説明するアニメーション
- 5〜10章の教材や実験を教えるために使えるダウンロード可能なスライド
- 講師による専門的な開発ワークショップのスクリーンキャプチャー映像
- 印刷用のクイックガイドやポスターなど、実験を行うための実用的なヒント
- 実験で収集されたデータを共有し、他人のものと比較するためのポータル
- 評価アイデアと解説
- BioBuilderで開発中のコンテンツとコミュニティの最新情報を追うためのニュースレター

また、プロジェクトに直接参加したい場合は、ウェブサイトに以下のものも載っています。

- 実験に使うキット類を注文するためのリンク
- BioBuilderワークショップに申し込むためのリンク
- 授業で実践されたBioBuilderの拡張内容を含む手引き資料「BioBuilder for Teachers」のサイト
- BioBuilderの内容を学生に提供するための放課後課外活動であるバイオデザインクラブの情報

BioBuilderのカリキュラムと教員養成は、非営利組織を通じて開発、サポートされています。非営利団体（501c（3））である「BioBuilder教育財団」（BioBuilder Educational Foundation）の詳細については、http://biobuilder.orgを参照してください。

質問と意見

本書に関する意見や質問は、以下へ送ってください。

株式会社オライリー・ジャパン
電子メール：japan@oreilly.co.jp

本書に関する技術的な質問や意見は、次の宛先へ電子メール（英文）を送ってください。

bookquestions@oreilly.com

O'Reillyに関するその他の情報については、次のオライリーのウェブサイトを参照してください

https://www.oreilly.co.jp
Facebook：https://facebook.com/oreilly
Twitter：https://twitter.com/oreillymedia
YouTube：https://www.youtube.com/oreillymedia

謝辞

この本を書いている間、私たちは多くの友人や同僚に指導とフィードバックを求めました。彼らは信じられないほどの寛大さで応えてくれ、彼らが私たちに教えてくれたことに頼ることになりました。私たちは、彼ら全員に感謝します。特にオライリーのマイク・ルキダスとブライアン・マクドナルドに感謝を述べます。この本は、彼らのビジョンと励ましのおかげで実現できました。また、SynBERC［カリフォルニア大学バークレー校合成生物学工学研究センター（Synthetic Biology Engineering Research Center）］が早期にこの取り組みを支援してくれたこと、スーザン・マークシー教授とダニエル・グルシキンがわれわれ著者を互いに紹介して結び付けてくれたことに感謝します。MIT［マサチューセッツ工科大学］のクリスタラ・プラサー教授と、Ginkgo Bioworks社のレシュマ・シェティ博士をはじめとする多くの同僚は、初期の段階で各章を読んでくれました。彼らの洞察は執筆が軌道に乗ってからも非常に重要であり、レシュマにはオライリーのチームを紹介してもらえたことにも感謝しています。メガン・パーマー博士が良い研究をすることに対する私たちの思考と説明の枠組みを構成し、それは生命倫理の章で読むことができます。また私たちは、執筆の途中で専門家に、よりターゲットを絞った質問をしました。ジェイソン・ケリー博士とビル・バーンズは大西洋横断電信ケーブルの歴史について、バリー・キャントン博士はシャーシ設計について、サラ・ティンダルは計測に関して、クリス・ブラウンは建築でのモデルの使用について、私たちの質問に答えてくれました。

BioBuilderのコンテンツ自体は、全米の中学校や高校の教師と協力して開発されてきました。2004年に始まったMITの生物工学科のいくつかの授業からBioBuilderは生まれました。これには、ドリュー・エンディ教授と共同で実施されたプロジェクトと実験室での授業が含まれます。この教育カリキュラムの高校への最初の拡張は、ジム・ディクソンと協力して開始されました。本書は教師に役立つように執筆されたので、私たちは草案の段階から多くのインプットを得ています。特に、最初から最後までレビューに付き合ってもらったヴェロニカ・ゼペダ博士、エレン・ジョルゲンセン博士、オリバー・メドヴィック博士にお礼を言いたく思います。また、シェリー・アネ、メリッサ・ウー博士、リベカ・ラヴジアラ博士、ジョージ・カチアネス、アーロン・マチュー、ステファニー・ストックウェル教授、デビット・マンガス博士、サラ・ビソネット博士、エディ・キム博士、サラ・ムーア教授、タミー・デュー・フェイ、スティーブン・ネーグル博士、サミア・サリーム、ジャスティン・パハラ博士、ワイス・マーシャル、ケビン・マコーミックに感謝します。

素晴らしい家族、友人、同僚に加えて、私たち4人はお互いに感謝しています。この本はチームで成しとげた成果であり、それなしではこれほどのものは完成しなかったでしょう。

1章

合成生物学の基礎

BioBuilderプログラムへようこそ！　あなたが合成生物学のツールを教室に持ち込みたいと考えていることを、われわれはとてもうれしく思います。オンライン上［http://biobuilder.org］には、実践的な実験演習用ビデオチュートリアル、パワーポイントスライド、カリキュラムガイド、ラボワークシートといった、BioBuilderプログラムを始めるうえで必要な資料が用意されています。本書では、合成生物学の基礎となる考え、この分野やBioBuilderプログラムで探求されている生物学の重要な側面、そしてBioBuilderプログラムでの実験演習を行う際に役立つ情報などを紹介していきます。

この章では、合成生物学の基本概念を紹介し、合成生物学が従来の生化学および遺伝子工学とどう違うかを説明します。そして、合成生物学を使ってどのように問題解決できるのかを教えてくれる基礎的な工学原理のいくつかを探究し始めます。

合成生物学って何？

基本的に、合成生物学者あるいはバイオビルダー[3]は、生きた細胞を何か有用なことをするように操作したいと考えています。例えば、病気を治すとか、環境中の毒物を検出するとか、有用な薬を作るといったことです。図1-1を見てみましょう。合成生物学者は生き物のDNAを書き換え、エンジニアが言うところの「仕様通り」に生き物が振る舞うようにすることで、これらの結果を得ます。つまり、バイオビルダーの望みに応じて細胞に機能してほしいのです。

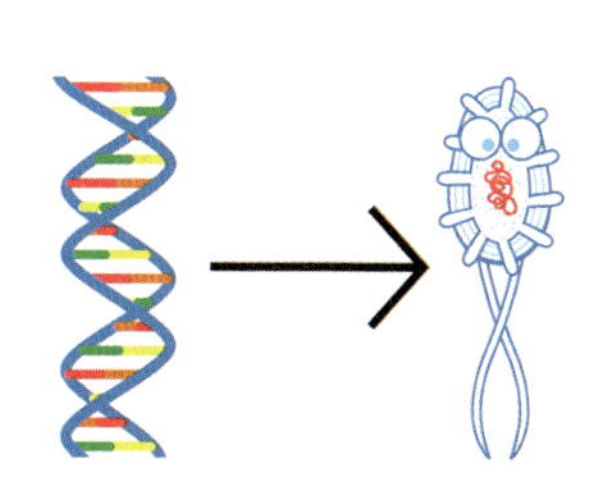

［図1-1］合成生物学のゴール。合成生物学では、細胞あるいは生き物（右）が指定した仕様通りに振る舞うように指示するDNA（左）を書こうとしている。

3 ――本書では組織名としての「BioBuilder」以外に、一般名詞としての「バイオビルダー」も使われる。直訳すると「生物を構築する者」だが、レゴビルダーやログビルダーのように「遺伝子のブリックを組み換える人」を指す。「バイオビルディング」についても同様。なお、ブリックの例としては「バイオブリック（BioBrick）」があり、遺伝子のパーツやアセンブリについては3章「DNA工学の基礎」で解説されている。

細胞は、複雑で小さな工場として考えることができます。DNAは、工場内におけるすべての機械（タンパク質、他の核酸、複数要素からなる高分子複合体ほか）を作るための指示を与えます。そして、それら「機械」は、細胞の活動を遂行します。生き物が自然に持っているこのDNAによって、細胞は生存と複製の基礎的なニーズを満たすことができます。合成生物学者は、細胞が有用な新しい機能を得られるように、その細胞のDNAを「変える」ことができます（図1-2）。研究者がどのようにして生き物のDNAを書き換えるかについては、この章の後半で詳しく説明します。

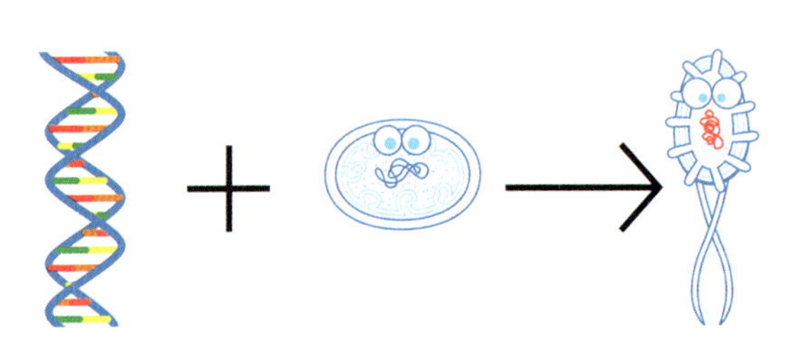

［図1-2］今日の合成生物学。現在、合成生物学者は一般的に、DNAの一部（左）を設計し、そのDNAを既存の細胞や生き物（中）と組み合わせている。そうすることで、新しくできた細胞あるいは生き物（右）は、設計された仕様にしたがって振る舞う。

究極的に、合成生物学者は、設計されたDNAを使って特殊な生物を一から作りたいと考えています。しかし、この分野はまだその領域には到達できていません。最近の試みは、今までにない振る舞い方をするまったく新しい生き物を構築することよりも、既存の生き物を改良することがほとんどです。

なぜ合成生物学なのか

合成生物学者が対象としている課題の多くは、他の工学分野（例えば電気工学、化学工学、機械工学）でも取り組むことができます。しかし、合成生物学による解決策には、独自の強みがいくつかあります。

最も特徴的なのは、細胞は自身のコピーを作ることができるという点です。自動車は自分自身でコピーを作ることはできません。自動車を作るには工場が必要です。そのうえ、生き物の中には、最小限の栄養しかなくても、信じられないくらい早く自身のコピーを作ることができるものがいます。例えば、細菌の「大腸菌（*E.coli*）」は研究室で、約30分に1回の早さで複製と分裂をすることができます。プログラムされた細胞は比較的簡単に大量培養でき、大規模生産の需要を満たすことができるため、合成生物学は、特定の産物を大量に生成する方法として魅力的なアプローチとなるのです。細胞は、物理的な生産工場としての役割を果たしながら、同様の課題に取り組む他の工学分野で必要とされる「レンガとモルタル」（流通システム）のような多くの基盤（インフラ）も提供します。さらに、迅速に分裂する細胞の利用は、デザインサイクルに重要なプロトタイピング（試作）とテストも促進します。このことは、後の章で詳しく論じていきます。

2番目に、細胞はたくさんの複雑なタスクをこなす生物学的な機構を含んでいるということです。そのタスクとは、例えば特異的な化学反応のように、不可能ではないにしても他の方法で成しとげるには難しいもののことです。しかも細胞は、従来の製造設備では再現が難しいようなナノスケールの正確さでやってのけます。さらに、細胞はナノスケールの機構が壊れた時にはある程度自己修復できるメカニズムを持つため、普通の工場の生産プロセスをはるかに上回る優位性があります。細胞の複雑さ自体には勘案すべきハードルがありますが、その潜在的有用性は途轍（とほう）もないのです。

3番目に、たくさんの難しい問題に対して、合成生物学は環境に優しい解決策を生み出すポテンシャルを有していることです。ほとんどの毒性化合物は働いている細胞そのものを殺してしまうため、必然的に、合成生物学を応用した際にできる副生成物には基本的に毒性がありません。加えて、自然の細胞システムを利用すると、無駄の少ないプロセスになることが多くなります。今日における化合物の工業生産は大量のエネルギーを消費し、環境に有害な廃棄物も大量に排出し、高温あるいは高圧が必要とされることが多いものです。

現実世界の課題に取り組むために有用であるだけでなく、合成生物学は、自然のシステムの働きについて理解を深めるための素晴らしいアプローチでもあります。研究者は、より複雑な細胞機能を解明するうえで、彼らの仮説を合成生物学で別の角度から試すことができます。例えば、生化学的な研究結果で、あるタンパク質が一種のオン／オフのスイッチとして作用することが示されたとしましょう。研究者は、そのタンパク質を、オン／オフの振る舞いを示すことが知られている別のタンパク質で置き換えることで、その結果を検証できます。新しい合成システムと自然のシステムが同じように振る舞えば、結果として、その自然のタンパク質が研究者の推測通りに作用する、さらなる証拠を提供することになります。

あなたは、疑問に思うかもしれませんね。「私たちは確実に操作できるほど十分に細胞を理解しているのだろうか？　もしそうでないなら、本当に試すべきなのかどうか？」と。たしかに、合成生物学特有の不安や心配ごとがたくさんあります。電球や電信といった発明は、電気の物理特性の完全な理解なしでも設計されました。しかし、生命の操作は、従来の工学分野が直面してきた課題の範囲を超え、さらに実践的で、道徳的で、倫理的な課題を抱えています。例えば、慎重にプログラムされたDNAが進化によって突然変異し、細胞の機能がダメになってしまうことがあります。生態系の中で、既存の生き物と予期せぬ形で相互作用することがあれば、その環境にとって人工細胞の複製は脅威となるでしょう。また、私たちの命令にしたがうように作られた小さな生きる機械として細胞を考え始めるなら、合成生物学には哲学的な問題も生じます。自然界との相互作用を私たちに考え直すようにうながす技術は、どんなものでも

細菌 | BACTERIA
0.2–20μm

酵母 | YEAST
1–100μm

慎重に取り扱わなければなりません。研究者、生命倫理学者、そして政府機関は、これらの問題を積極的に議論していて、責任を持って生物界をより良くするため合成生物学の発展に取り組んでいます。これらの問題は、4章「生命倫理の基礎」でより深く論じていきます。

私たちはまだ、この発展中の分野の初期段階にいるのです。前述したように、合成生物学者はまだ一から生き物を作れません。現状は、既存の生き物の枠組みの範囲内で主に研究しています。また、これまでの研究では、比較的単純な単細胞生物、例えば細菌（特に大腸菌）や酵母（*S.cerevisiae*）といった生物を主に用いています。一方で、より複雑なシステムである植物や動物の細胞を用いた場合でも、ある程度の成功が収められています。分野の発展に伴い、さらに複雑なシステムを操作することで、合成生物学の潜在的な応用と有益性はさらに拡大されていくことになるでしょう。

これまでの合成生物学の流れ

合成生物学のアプローチは、遺伝子工学を連想させるかもしれません。例えば、研究者が、システムの振る舞いを研究するために、生き物のゲノムにほんの小さな合理的な変化を加える（マウスから遺伝子をひとつ取り除くとか、ショウジョウバエに人間の遺伝子をひとつ加えるとか）といったものです。詳細については後述しますが、合成生物学者は、遺伝子工学者と同じツールを多く使っています。しかし、合成生物学と遺伝子工学では、加えようとしている変化のスケールが異なるのです。遺伝子工学者は、ある特定のシステムを研究するために、通常、ひとつか2つの小さな変化を導入します。一方で合成生物学者は、もっと大規模に、新しいゲノムの設計や、既存のゲノムの再構築を目標とします。合成生物学の潜在的スケールを説明するために用例を示すと（これは空想的な面がありますが）、樹木のゲノムをリプログラムすることで、合成生物学者が設計した遺伝子の指示にしたがって樹木を完全に機能的な家に成長させるといったものがあります。このようなシステムは、樹木が持つ本来のプログラム（環境から数種類の栄養素を取り込むことで成長する）をたくみに活用し、社会的ニーズに役立つように使えるでしょう。しかし、家に成長するような樹木を遺伝子的にプログラムするのは、従来の遺伝子工学のスケールをはるかに超えているのと同様に、現時点では合成生物学の能力も超えています。

そのような大きなスケールの設計のゴールを達成するために、合成生物学者は、体系化されたエンジニアリングやデザインの秩序を生物学の分野で確立しようとしており、その原理については次の節で紹介します。また、合成生物学者は、生化学者、分子生物学者、遺伝学者らが長年をかけて蓄積してきた生物システムがどう機能しているかについての豊富な知識も取り込んでいます。具体的には、科学的知見から次のようなものが得られています。

- 非常によく特徴付けられたモデルシステム。例えば大腸菌、酵母、藻、そしていろいろな動物細胞の培養があり、これらは合成生物学の探究に強固な基盤となっている
- 細菌、ヒト、カ、トリ、ライオン、マウスをはじめ、数かぎりない生物種から得られた豊富な配列（シーケンス）データに加えて、配列の比較や解析のためのツール
- 新しい配列を作るためにDNAを移動させたり、並べ替えたり、合成したりする分子ツール

合成生物学者は、工学的な考え方を実世界の問題解決に応用する基盤として、このような知見と成功を活用しています。合成生物学の学際的な特質を図1-3に示します。

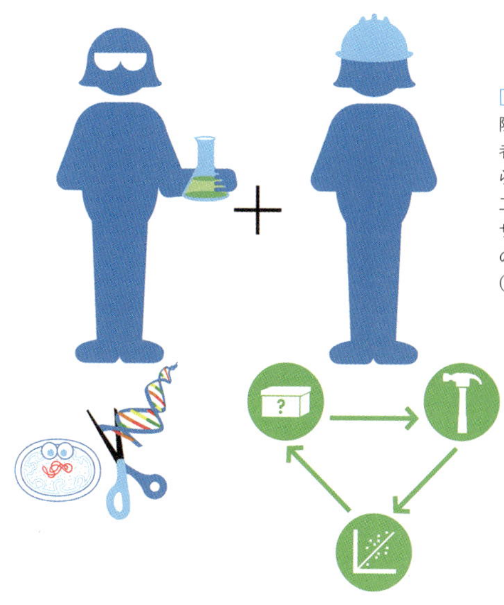

［図1-3］合成生物学の学際的な特質。合成生物学者は、分子生物学（左）からの豊富な知識や技術を、工学分野の特徴であるデザイン／ビルド／テストのサイクルを含む工学原理（右）と組み合わせる。

工学とデザインの概論

エンジニアは、デザインの仕様に沿って、一貫して機能する複雑なシステムを構築します。その目標を達成するために、エンジニアはデザイン／ビルド／テストのサイクルを循環しながら、最も有望な方向性を模索するためにさまざまな設計で頻繁にラピッドプロトタイピング（迅速な試作）を行います。このやり方は、科学的手法に似ています。科学的手法では、研究者は、仮説／実験／分析のサイクルを循環します。主な違いは、科学的手法が、ものがどのように機能するか正確な詳細を理解しようとするのに対して、工学的アプローチでは、プロトタイプのテストが成功しさえすれば、なぜその設計が機能するのかに焦点を絞らないことです。これらの違いは、2章「バイオデザインの基礎」で詳細に論じます。

さてここで、異なるタイプのエンジニアが、同じ問題に対してどのようにして解決するのか、植木鉢への水やりという非常に簡単な例で見てみましょう。異なる工学分野が、この問題にどのように違う方向から取り組むのかを考えることでいくつかの設計の基礎を紹介し、合成生物学者がそれと似たような考え方やアプローチをどう応用するのかを説明します。

「従来型」の工学的解決法

人々の中には、もともと園芸が上手な人もいますが、何か特別な補助が必要な人もいます。その補助がなければ、彼らの植物は干からびて枯れるはめになるでしょう。この植物の水やりの問題に、タイプの異なるエンジニアは、自分たちの専門知識に応じた異なるやり方でアプローチするはずです。例えば、機械工学の専門家は、偏った重りのついた丸底の植木鉢を設計するかもしれません。底のタンクが水でいっぱいの時、タンクは釣合い錘の役割を果たして植木鉢をまっすぐに立った状態に維持します。植物が水を吸収するにしたがって、釣合い錘が減り、植木鉢は傾き始めます。このような見た目でわかる視覚的な指標は、その植物に水が必要であることを持ち主にはっきりとリマインドできるでしょう。もしかしたら傾いた植物が、自分自身で蛇口を開けて給水できるかもしれないですね。システムの中にフィードバックを設計することによって、植物が給水されると植木鉢は起き上がり、閉ループのコントロールシステムが生み出されます。

このデザインで予測される問題のひとつは、植物の中には他の植物に比べてより多くの水を必要とするものがあり、そのために設計者は、底に違う重みを持った植木鉢をたくさん作る必要があるかもしれないことです。そして、園芸を楽しむ人たちは自分の植物に合った植木鉢を買う必要が出てきます。これらの考慮事項は、デザインプロセスには不可欠のものです。完璧なデザインなどというものはなく、最良の方法を検討する際には、提案されたデザインの限界を含めた強みを理解するのが重要なのです。

この水やり問題に、電気工学者はまったく異なる解決法を思いつくかもしれません。例えば、湿度センサーと自動水やり機を備えたものです。そのシステムは、ワイヤー、抵抗、コンデンサ、湿度センサー、回路基板など、たくさんの電子部品で構成されるでしょう。それぞれの部品が連携することで、システムをモニターし、植物が水を必要とする時を判定、必要に応じて水を供給するのです。

電気工学的な解決法には、すべての工学分野において重要な原則である標準化を必要とします（これについては、この章の後半でまた触れます）。この植木鉢の水やり問題では、各々の標準化された電子部品は、実行可能な特定の独立した機能によって定義されています。それら部品は、一連の工業標準規格に合うように製造されています。この基本部品の標準化によって、それらの動作に属性が影響をおよぼすことなく、お互いの部品を容易に、確実に接続できます。このような標準化は設計を単純にし、エンジニアは特定の部品がどのように動作するのか、どのように他の部品と接続して望みの結果を得られるかを把握することができます。これはまた、製造もシンプルにしていて、数百万の異なる製品に使われる数百万の同一の抵抗の工場生産を可能にしています。合成生物学はまだこのレベルの標準化を達成していませんが、その方向に進もうとしています。

工学のツールキット

植物への水やり問題に対する上記2つの従来型工学的解決法は、比較的シンプルな問題でさえ、複数の設計で解決できることを示しています。各々の工学分野の範囲内で利用可能な「ツールキット」に影響され、それらのアプローチは大きく決定されています。一般的にいってあらゆるアプローチは、組み立てる必要があるいくつかの部品（ナットやボルト）と、それらを組み立てるためのいくつかの方法（ハンマーやドライバー）からなるツールキットを利用します。ツールキットはまた、各々の分野を導くコンセプトやアイデアも含んでいます。ツールキットの特定の構成要素は、分野ごとに大きく異なる傾向があり、例えば、機械工学者（メカニカルエンジニア）のツールキットは、金属、プラスチック、コンクリートといったさまざまな特性の材料に加え、のこぎりや溶接機といった材料を加工するためのツールや方法を含んでいます。重力も、設計で使われる概念のひとつの例です。一方で、電気工学者には、まったく異なるツールキットがあります。彼らのツールキットには、ワイヤー、抵抗、コンデンサ、回路基板が含まれ、これらのパーツを作ったり組み合わせたりするための極めて特殊な製造プロセスを開発してきました。電気工学の概念には、電気信号についての現代的な理解がさらに利用されています。

合成生物学が成熟した工学分野となるためには、合成生物学者がツールキットを定義しなければなりません。そのツールは、機械工学や電気工学のように組み立てる必要のあるパーツと組み立てる方法を含んでいます。もちろん、パーツや方法は、生物学に特化したものとなります。合成生物学のツールキットの中の多くのツールは、分子生物学から得られています。次の節では、既存のツールキットの構成要素のいくつかを紹介して、どのように合成生物学のツールキットに実装されているのかを見ていきます。

合成生物学のツールキット

合成生物学のツールキットを探っていくため、まず最初に、生物学者がどのように植物の水やり問題に取り組むか考えてみましょう。大まかにいうと、彼らは、植物そのものを変えるための遺伝的手段を使うでしょう。そのようなアプローチには、さまざまな形態があります。例えば、ひとつの解決策は、カメレオンで発見されたストレスに応答して色を変える遺伝子を使うことかもしれません。この遺伝子は、植物の中に挿入できる可能性があるので、植物が水を必要とする時、私たちへの注意喚起のために色を変えることもできるでしょう。このアプローチは、植物の水やり時を持ち主に思い出させるために視覚的な指標（倒れる植木鉢）を追加する機械工学的アプローチに似ています。

また、水やりから植物の持ち主をすっかり解放する電気工学的な解決法により似た生物学的解決法もあり得ます。もしサボテンからひとつか2つの遺伝子を単離することができるとしたら、あるいは、さらに風変わりかもしれないけれど、ラクダから単離することができるとしたら、どうなるでしょうか？　これらの生物は、水分供給が非常に少ない砂漠の生息環境に耐えうる遺伝子を持っているのですから。これらの遺伝子を植物に挿入すると、同じように非常に少ない水で生き残れるようになるかもしれません。

これらの両方の解決法を、今日の分子生物学のツールで行うことが可能となっています。しかし、この種の小さな改変は、ひとつのタネから家やその家具のすべてを育てるといった応用に要される大きなスケールのゲノム操作を目指す合成生物学者の目標を満たしはしません。そのような全面的なゲノム設計は、完全な工学のツールキットを必要とします。そんなツールキットは、分子生物学や遺伝子工学といった確立された分野からの寄与を基に作り始められ、そこから構築されていかなければなりません。

分子生物学のツールキット

分子生物学者は何年もかけて、さまざまなやり方でDNAを操作する方法を開発してきました。次に示す3つは、最も重要でよく確立された技術であり、合成生物学において広く利用されているものです。

- DNAコードを読む
- 既存のDNA配列をコピーする
- 既存のDNA鎖の中に特定のDNA配列を挿入する

これらの技術は、長年にわたる分子生物学の研究を経て、十分に確立されてきました。そして、研究者たちは、そのプロセスを改良する新しい技術を開発し続けています。フレデリック・サンガーやウォルター・ギルバートは、1977年に安定した「DNAシーケンシング」技術（DNA塩基配列決定法）を開発しました。この技術は、DNAの伸長が停止する「チェーンターミネーション」（連鎖停止反応）という反応を利用しており、これにより長いDNA鎖中のA、T、G、C[4]のパターンを正確に決定することができるようになりました。また、1983年にキャリー・マリスが、「ポリメラーゼ連鎖反応」（Polymerase Chain Reaction：PCR法）という方法を開発したことにより、研究室での既存のDNA配列のコピーが習慣的に行われ始めました。PCR法は強力な方法であって、細胞由来のタンパク質を用いてDNAをコピーし、研究者が用意した鋳型となる配列をもとに特定のDNA配列を大量に合成することができます。さらに1970年代には、ポール・バーグとスタンリー・コーエン、そしてハーバート・ボイヤーが「組換えDNA」技術を開発しています。この技術は、特定のDNA配列を切断できる「制限酵素」と呼ばれるタンパク質に基づいていて、自然に存在するさまざまな種類のものが利用され

4 ――DNA上のヌクレオチド配列を構成する塩基で、A（アデニン）、T（チミン）、G（グアニン）、C（シトシン）。各用語については、コラム解説や巻末の用語集も参照のこと。

ています。これにより研究者は異なる生物種の由来であれ、DNA配列を容易かつ正確に組換えることが可能になりました。これらの方法は、自然に生じている細胞内プロセスに着想を得ており、細胞プロセスのツールを使用しています。表1-1に、これらの類似点を示します。

[表1-1] 分子生物学のツールキットと自然からの由来

ツール	分子生物学の手法	自然での細胞プロセス
DNAを読む	シーケンシング	DNA複製
DNAをコピー	PCR	DNA複製
DNAを挿入	制限酵素とリガーゼによる組換えDNA	感染防御、DNA組換え、修復

分子生物学

「DNA複製」は、既存のDNA鋳型から新しいDNA配列を作成する自然発生の細胞プロセスで、通常、細胞分裂が起きるように新しい遺伝物質を生成します。このプロセスは、種によって異なり、DNAをほどいて複製を開始するために、多種類のタンパク質が必要となることもありますが、その鍵となるものは、以下の通りです。

「DNAポリメラーゼ」
　伸長するDNA鎖に核酸を付け加える酵素
「DNAプライマー」
　合成された短いDNA鎖。複製したい配列の始めの部分に結合するものでDNA伸長の起点となる（DNAポリメラーゼは、既存のDNA鎖にのみ新たな塩基を付け加えることができる）
「フリーのヌクレオチド塩基」
　フリーのA、T、G、Cのヌクレオチド。総称して「dNTP」と呼ばれ、細胞内に存在し、伸長するDNA鎖に付け加えられる

「サンガー法」は、DNA断片の配列を決定するための手法です。研究者は、複製を開始するために、配列を決定したいDNAとともに、DNAプライマー、DNAポリメラーゼ、dNTPを混合します。またその混合物には、一度取り込まれるとDNA鎖の伸長を止める修飾塩基も少量加えます。これらの修飾塩基にはタグが付けられていて、通常、放射性か蛍光性を持っています。そのうえ、それぞれの

修飾塩基は固有のタグを持っています。複製プロセスが途中で中断された結果生じた複数のDNA断片は、そのサイズに基づいて並べられ、それぞれのDNA断片の末端の修飾塩基のタグを基に配列が読まれます。

「PCR法」は、既存のDNA断片のコピーをたくさん作るための手法です。このプロセスは自然のDNA複製を模倣しています。研究者は、増幅させたいDNA(「鋳型」(テンプレート)と呼ばれる)、複製の始まりと終わりの場所を指定しているプライマー、DNAポリメラーゼ、そしてdNTPを混ぜ合わせます。この混合物は異なる温度の循環にさらされ、その温度はそれぞれのステップを促進させます。まず、混合物は高温にさらされ、二本鎖DNAの結合はすべて解かれます。次に、温度は下げられ、プライマーは鋳型DNAに結合できるようになります。最後に、温度をわずかに上げることによって、DNAポリメラーゼが働きます。このプロセスを何回も繰り返すことで、望みのDNA断片のコピーがたくさん作られます。

「制限酵素」は、自然にある酵素で、実験室の中でも用いられています。制限酵素は、DNAを特定の塩基配列で切断するもので、平滑な末端か「粘着」性のある末端（粘着末端）を作り出します。粘着末端とは、二本鎖DNAの末端部分に対になっていない2〜3の塩基がある状態のことです。相補的な粘着末端を持ったDNA断片がくっ付く時、それらはお互いに結合して新しい配列となります。図1-4に示します。

[図1-4] 制限酵素で切断されたDNA。黒色と青色のバーの対は二本鎖DNAを表しており、制限酵素で切った部分を示すために色分けしてある。相補的な「粘着末端」(左)と「平滑末端」(右)があり、図の通り、これらは再結合できる。

「プラスミド」は、小さな環状のDNAです。細菌中で頻繁に見られるもので、染色体DNAとは独立して細胞中に存在します。プラスミドは、分子生物学において、対象の細胞中に設計された遺伝子システムを輸送するために有用なものです。この目的のために用いる際には、プラスミドはしばしば「ベクター」（運び屋）と呼ばれます。

合成生物学のために拡張されたツールキット

これらの方法は、長年にわたって活用され、研究において多大な効果を発揮してきたものですが、合成生物学にとっては十分なものではありません。カメレオンの遺伝子をひとつ植物に挿入するには十分であったとしても、ベッドルームとバスルームが2つずつある家の形に植物を成長させるように、そのプログラムを確実に書き換えることはできないでしょう。そのため、宿主生物における比較的小さなスケールでの遺伝子操作、つまり、少量の遺伝子の改変をいう場合は、「合成生物学」ではなく「遺伝子工学」という用語を使っています。

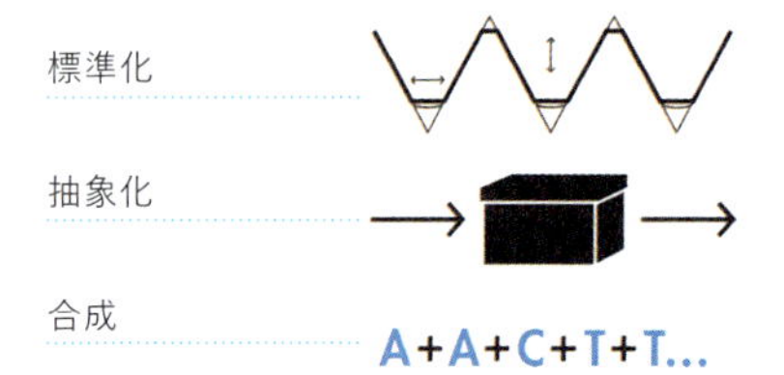

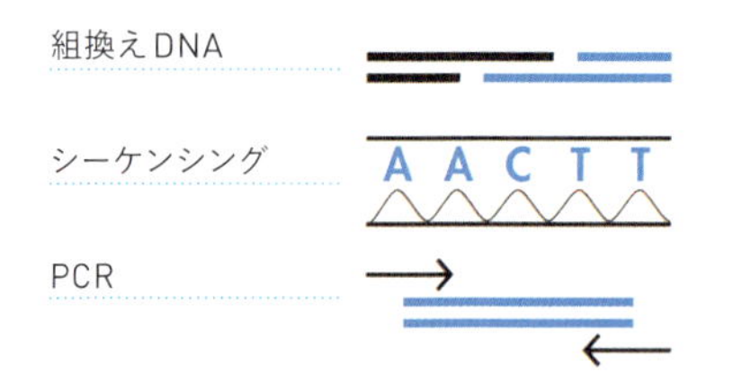

一方で、合成生物学は、有用な機能や生成物を生み出すために遺伝子プログラム全体を書いたり、書き直したりすることを目指しています。こうしたより野心的な工学的目標を達成するために合成生物学者は、従来型の遺伝子工学を超えてツールキットを拡張し、より確立された工学分野からの設計原理も組み入れています。合成生物学者は、工学用語をしばしば引用しますが、それは、設計について考えるための有用な枠組みを提供してくれるからです。

これらの新たなツールは、標準化、抽象化、そして「新たな」(*de novo*：デノボ) DNA合成といったものも含めて、まだ大部分が開発中です。標準化と抽象化は、他の工学分野のツールキットから直接引用されるのに対し、DNA合成は、合成生物学に特有の工学ツールです。これらのトピックス各々については後述しますが、次に簡潔な定義を示しておきます。

「DNA合成」

既存の物理的な鋳型なしでDNA鎖を化学的に合成するためのプロセス。合成生物学においては、分子生物学で要求される以上の大規模なレベルで使われる

「標準化」

複数のシステムにおいて有用であり、さまざまな結果を出すために組換えることができるような、一式の構成要素を生み出すことを目的としたアプローチ

「抽象化」
　複雑なシステムを構築する際に、詳細な情報を扱うためのツール。このツールを使えば、設計者は、システムの細部がどのように機能するか正確に把握しなくても「仕事をやりとげる」ことができる。実際にエンジニアは、デザイン／ビルド／テストのサイクルのどこを扱っているかに応じて抽象化のレベルを使い分ける

DNA合成

　DNAは、一連のシンプルな化学的段階によって合成することができます。それは、ひとつのビルディングブロック（構成要素）を別のものに加える一連の化学反応と基本的には変わりません。DNAの場合は、これらのビルディングブロックはヌクレオチドですが、ポリマーの場合では、アミノ酸で作られたタンパク質や、エチレンモノマーから作られたポリエチレンがあります。細胞の中では、既存のDNA鎖に対してヌクレオチドを順次付け加えていく大きな高分子複合体によって合成されます。実験室の中で、化学者は、伸長するヌクレオチド鎖に化学的にヌクレオチドを付加することでDNA合成の代替方法を開発してきました。
　細胞の中で作られるにしても、実験室で作られるにしても、合成されたDNAは正確な配列でなければなりません。細胞の中で、DNA配列は、配列情報を与えてくれる既存の鋳型鎖を基にしています。一方、合成生物学者は、鋳型が存在しないような新しい配列をしばしば設計しています。基にする鋳型がない場合、デジタルの配列情報によって合成DNAのヌクレオチドの順序を決定します。この技術を用いることで、合成生物学者はこれまで書かれたことのなかった新しいDNA配列を書くことができます。

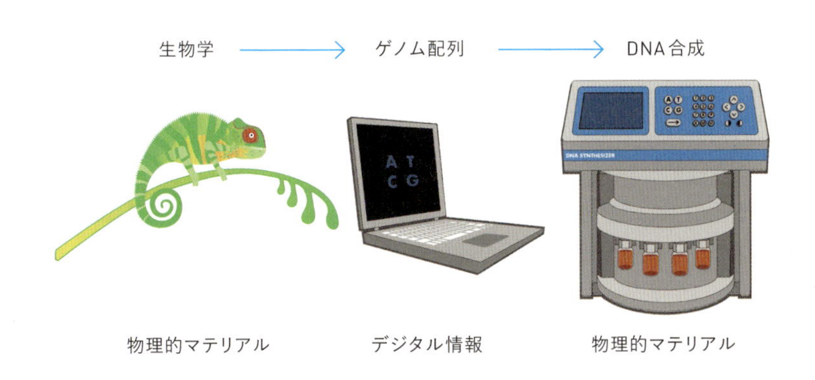

この方法によって合成することができるDNA鎖の長さには、ある程度の制限があります。しかし、最近の画期的な出来事としては、クレイグ・ヴェンターらによって機能的な全ゲノムの合成が達成されています。この研究成果は、DNAの化学合成が合成生物学のツールキットの中心的構成要素となる見込みを示したと同時に、その利用に対する倫理的懸念も引き起こしました。研究者らは、複数の短いDNA断片を作る化学合成を使って、細菌の「マイコプラズマ・ミコイデス」(*M.mycoides*)のゲノムを再構築しました。彼らは配列に「ウォーターマーク」(透かし)と名付けた短い配列を少し加え、微生物(パン酵母)中にこの合成DNAを導入し、全ゲノムへとアセンブリ[5]しました。そして、最終的に合成したゲノムを「マイコプラズマ・カプリコルム」(*M.capricolum*)に移植したことで、その細菌の既存のゲノムを置き換え、本質的には「マイコプラズマ・カプリコルム」のシェル(殻)を「マイコプラズマ・ミコイデス」に転換しました。この展開は、なにやらメアリー・シェリーの有名な小説『フランケンシュタイン』に出てくる怪物によく似ているように聞こえますが、これが「生命倫理問題の研究に関する大統領諮問委員会」の報告書「新たな方向性:合成生物学と新規技術の倫理(New Directions: The Ethics of Synthetic Biology and Emerging Technologies)」につながりました。この報告書は、合成生物学と成熟したDNA合成技術によって想定される倫理問題を指摘しています。

標準化

標準化は、あらゆる工学分野に欠かせない重要な一部分です。なぜなら、標準化によって設計者は、パーツの再利用、他チームとの成果の統合、効率的な作業が容易になるからです。電気工学の場合、このような標準化は、設計者が個々の部品を比較的簡単に配線でき、相互に「トーク」(通信)できることを意味します。合成生物学者にとっては、標準化で、DNA断片を物理的かつ機能的に連結できるようになります。

アセンブリのための物理的標準は、共通の方法を通じて、すべてのDNAパーツが他のパーツに取り付けられるようになることです。これは、すべてのパーツが標準化されたサイズのねじ山を使っているために、機械工学者がどんなボルトにもナットを締めることができるのと同様です。細胞環境や生物システムの複雑さは、標準的な構成を難しくしています。それにもかかわらず、合成生物学者は、遺伝子要素で構築したいと思った時には、信頼できるパーツのコレクションを持ち、プロモーターやリプレッサーのような標準化された遺伝子要素を探せる場所を提供できるように、DNAア

5 ——組み立て作業のこと。プログラミングではひとまとまりのファイルを変換して動作させることをいい、本書ではバイオブリックのような短いDNA鎖を組み上げて合成する意で使われる。

センブリの標準を定義する努力をしています。DNAパーツの物理的な標準化は、3章「DNA工学の基礎」でより詳細に論じます。

しかし、要素を組み合わせることに成功したとしても、それらが望み通りに働くかどうか、あるいは、取り替え可能なものとなるかどうかの保証はありません。さらに考えなければならないのが「機能的な標準化」で、これはたとえコンテクスト（文脈）がどうであろうと、ある遺伝子パーツがある特定の振る舞いを確実にコードすることを意味します。機能を予測可能にするという目標に至るための合成生物学におけるアプローチのひとつは、細胞の振る舞いをデジタル用語で特徴付けることです。すなわち、DNA断片が「オン」（つまり細胞によって発現される）か、「オフ」（発現されない）か、どちらかの状態にあります。このデジタルの原理は、私たちの生活におけるすべての電子機器に通じています。テレビや携帯電話は、オンかオフの状態です（たとえそれが「スリープ」状態だとしても）。この全か無かの振る舞いによって、さまざまな要素を接続することが比較的容易になります。テレビは、リモコンでオンになる入力を受け取ると、起動して映像や音声を出力します。同じ原理が、電気回路を組むための部品に対しても成り立ちます。各々の部品が「オン」か「オフ」の入力を受け取り、「オン」か「オフ」を出力として決定します。これは、電気回路の非常に単純化された説明ですが、「オン」か「オフ」の状態はすべての部品にわたって標準化されているので、電気工学者は部品を接続して回路の振る舞いを予測することができます。

合成生物学者も、同様の「デジタル標準」の開発に取り組んでいます。それは遺伝子あるいは酵素が「オン」か「オフ」だと表現することです。もちろん、ほとんどの生物学的な振る舞い（例えば転写や酵素活性など）は、完全にはデジタルではありません。しかし、私たちが周到に考えるのであれば、類推は十分に成立します。このアプローチを取ることで、回路図や真理値表といった電気工学の図解をシステム設計に役立てることができます。これらのツールについては、2章「バイオデザインの基礎」で、より詳細に記述していきます。

iGEM

「国際合成生物学大会（The International Genetically Engineered Machines：iGEM、アイジェム）」のコンペは、DNAパーツに標準化の概念を適用しています。世界中の大学生や高校生を対象にするこのコンペは、「シンプルな生物システムを標準化された交換可能なパーツから構築し、生きている細胞中で機能させることができるかどうか？」という問いに答えるものです。最初の大会は2004年、わずか5つの学校と少数の学生で始まりましたが、2014年には34カ国から295チームが参加して開催されました。

各iGEMチームは、iGEMの「標準生物学的パーツ・レジストリ（Registry of Standard Biological Parts）」の中にある標準化されたパーツを使って、新規の生物システムの設計、構築に挑みます。これらのパーツは標準化された接合部を持っていて、そのことによって一貫性のある再利用可能なアセンブリ方式で物理的にパーツを接続することができます。チームは、わずか4つの制限酵素とiGEMライブラリにある標準化されたDNAパーツを使うことができ、遺伝子回路をアセンブリし、より複雑な遺伝子要素の配列を作ることができます。標準生物学的パーツの再利用は、さまざまな学校のチームが試薬を共有し、夏期のプロジェクトの進捗を加速させる方法となっています。BioBuilderプログラムでは、このiGEMプロジェクトのいくつか（においに関するものと色に関するもの）をさらに探究していきます。

抽象化

抽象化によって、合成生物学者は、複雑なパーツ、デバイス、システムがどのように機能するかにそれほど注意を払うことなく、それらを設計することができます。むしろ最終的なシステムの出力、あるいは振る舞いという最終目標に重点が置かれています。実際に、新しいシステムの設計はどれも、ごく自然に抽象化を使うことになるでしょう。デザインプロセスの最初の段階で、私たちは可能な解決法について幅広く、よく考えますが、その実装の詳細についてはほとんど気にしません。問題と解決法が細分化され、より詳細に定義されるようになるにつれて、初期の段階での抽象化の一部が具体化され、設計されたシステムを実際にビルドしてテストできるようになっていきます。

抽象化は、合成生物学にとって特に重要です。なぜなら、細胞環境や細胞プロセスは、非常に複雑であるからです。仮に私たちが各々の新しいデザインを詳細まで理解しようとしたなら、私たちはあまりにじっくりとアイデアに取り組まねばならないことに苦労するでしょう。そうではなく、私たちは細菌細胞を「ブラックボックス」と考えることができます（図1-5参照）。言いかえれば、特に最初の設計を考える時、私たちは細胞内のあらゆる経路の詳細に悩まされる必要はありません。

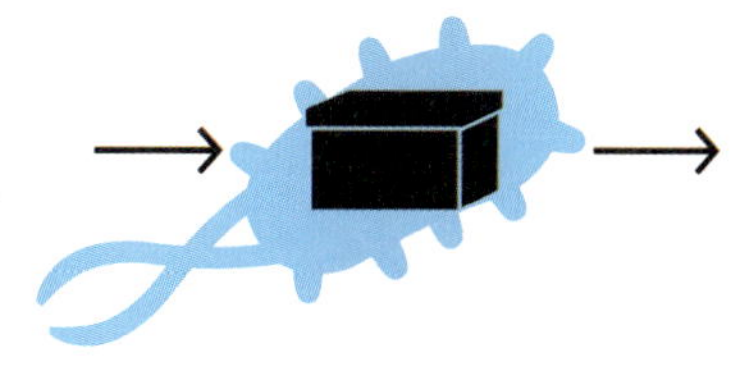

［図1-5］細胞をブラックボックスとして見なす。合成生物学は抽象化によって、細胞内のあらゆる経路の詳細すべてを考えることなく、細胞を操作することが可能になる。

図1-6に抽象化の階層レベルを示します。最も抽象化の高い階層はシステムであり、細胞のブラックボックスです。そのシステム内で私たちは、環境化学物質を検出し、それに応答して特定のにおいを生成するといった特定の機能のデバイスを開発したくなるかもしれません。どのようにそのデバイスを動かしたいか決めたら、各々のデバイスを作るのに必要となるさまざまなパーツについて考え始めることができます。例えば、環境化学物質を検出する方法や、においの出力を制御するための応答の方法などです。最後に、最も抽象化の低い階層（これはまったく抽象的なものではなくなります）になると、これはパーツとして使うために手元に持っておく実際の遺伝子配列になります。このようにデザインプロセスを抽象化の階層に分解することによって、私たちは問題をより効果的に対処できるごく小さな要素にまで分けることができます。次の「バイオデザインの基礎」の章では、これらの抽象化の各レベルの詳細に入っていき、デザインプロセスにおいて、それらがどのように実装されていくのか具体例を見ていきます。

システム

デバイス

パーツ

ATCG...　DNA

［図1-6］抽象化の階層。抽象化は、複雑なシステムの設計を支援することができる。この抽象化の階層は、合成生物学に使うことができる数あるうちのひとつである。最も抽象化の高い階層はシステム全体であり、それは特定のパーツで構成される特定のデバイスに分解することができる。ここで最も抽象化の低い階層は、デザインを実装するのに必要なDNA配列ということになる。

まとめ

この章では、有用な生成物やサービスを提供できるような新しいシステムを生み出していく合成生物学の力に焦点を当てました。合成生物学の分野が、従来の生化学や分子生物学とどのように違うか、そして合成生物学者が生きているバイオテクノロジーを設計し構築する方法が、確立された工学分野の基本原理によってどのように特徴付けられているのかを説明することによって、合成生物学の基本的概念を紹介してきました。

合成生物学が取り入れる工学やデザインのアプローチは、さらに広い意味合いがあります。物理学者のリチャード・ファインマンが語ったように、「自分に作れないものは理解できない」ということです。私たちの生物システムに対する理解はたしかに大きな発展をしてきましたが、まったく新しいシステムを構築することはまだできていません。最も基本的な生物プロセスやシステムでさえまだまだ学ぶべきことは多くあり、この取り組みにおいても合成生物学は強力な新しいツールを提供するでしょう。

さらに詳しく学びたい人のために

- Alberts, B. et al. Molecular Biology of the Cell, 4th edition. New York: Garland Science, 2002. オープンアクセス：http://bit.ly/mol_bio_of_the_cell
  [邦訳『細胞の分子生物学』ブルース・アルバートほか著／中村桂子・松原謙一監訳／ニュートンプレス刊／最新版第6版・2017年]
- Endy, D. Foundations for Engineering Biology. Nature 2005;438:449-53.
- Gibson, D. et al. Creation of a Bacterial Cell Controlled by a Chemically Synthesized Genome. Science 2010;329:52-6.
- Report from the Presidential Commission for the Study of Bioethical Issues (2010) "New Directions: The Ethics of Synthetic Biology and Emerging Technologies"
  (https://bioethicsarchive.georgetown.edu/pcsbi/synthetic-biology-report.html)
- ウェブサイト："Fab Tree Hab" design by TerreformOne.org (http://bit.ly/tree_hab)
- ウェブサイト：History of rDNA
  (https://www.sciencehistory.org/historical-profile/herbert-w-boyer-and-stanley-n-cohen)
- ウェブサイト：iGEM (http://www.igem.org/Main_Page)
- ウェブサイト：1980 Nobel Prize in Chemistry
  (https://www.nobelprize.org/nobel_prizes/chemistry/laureates/1980/)

2章

バイオデザインの基礎

この章では、予測可能な振る舞いを持つ生物システムを設計する「バイオデザイン」のプロセスを探っていきます。デザインにおいて抽象化がどう有効に使えるかを、例証から類推して考えていってみましょう。それから、デザインの抽象化について説明しながら、水中のヒ素を検出するシステムを特定していきます。途中に入っているイラストや用例といった早わかり図解は、あなたが選択する生きているテクノロジーの設計に適用することができます。

トップダウンのデザインアプローチとは

バイオデザインは、あなたにとって目新しいものかもしれません。より身近なシナリオから始めていってみましょう。

まずは休暇に出かけるあなたを想像してみてください。最初にあなたは、どのような休暇にするかを決める必要があります。熱帯での保養、バックパッキング、都会の冒険、どれでしょうか？　これを決定するには、それぞれのオプションの利点を熟考するかもしれません。例えば、熱帯での保養は、リラックスできるけれど、かなり高くつくでしょう。今回は、都市より自然に興味を感じていると仮定して、バックパッキングが一番良い選択だとしたとします。

「ビッグピクチャー」（大枠）をバックパッキングと決めたところで、次にあなたは旅程の計画を始める必要があります。山あるいは砂漠にハイキングしたいのか、2泊な

のか5週間なのかといった、さらに多くの「大きな」問いがあります。今回の例では、山に3日間の旅行に行くと決めたとします。しかし今度は、訪れる山を決定しなければなりません。アパラチアン・トレイルかヨセミテか、どちらにハイキングしましょうか？　もしあなたがアメリカの西海岸に住んでいて、わずか3日間の休暇しかないとすると、ヨセミテがより良い選択のように見えます。このように旅行を計画（あるいはデザイン）する時に、大枠の問いから考えるのは自然なことのように思えます。

ヨセミテへの3日間の旅行が決定しても、さらに多くの決定をする必要があります。ヨセミテは、大きな場所ですからね。谷にとどまりたいのか、それとも高い場所に行きたいのか、どちらでしょう？　あなたは素晴らしい眺望が見たくて、急勾配の登山や多少の人混みも差し支えないとします。ということで、渓谷を見下ろす代表的な岩山、ハーフドームの頂上に登ることに決めます。

この選択をした後も、あなたはより詳細まで掘り下げて、どのようにしてハーフドームまで行くのかを決定する必要があります。そこにはさまざまなトレイル（道程）で辿り着けるからです。ルートを計画するために、あなたは詳細な登山道のマップをじっくり眺めながら、ハイキングしたい距離、望ましい標高差、水場の近さを決めるかもしれません。こうした詳細が、ハーフドームを登る方法と、あなたがどこまで辿り着けるのかに影響をおよぼすことになります。

最後に、選ばれた道程と決めた登山の詳細を念頭に置き、あなたは必要とする装備品のリストを作る必要があります。これらの装備のうちのいくつかは 、ハイキング用の靴や日焼け止めなどの標準的なものかもしれません。あるいは、登攀用のケーブルをつかむために必要なゴム手袋といった特殊なものもあるかもしれません。この手袋を持っていなかったり、ある装備品を手に入れるのが困難になったりしたら、それに応じてあなたは登山計画を調整しなくてはならないかもしれません。これらが決まれば、あとは出発して休暇を楽しむだけです。

休暇の計画からバイオデザインへ

この休暇の計画プロセスがどのように取り組まれたのかを追いながら、バイオデザインのプロセスとの類似を見てみましょう。第1段階は、あなたの取り組みたい課題を特定することでした。今回の場合は、休暇を取る必要があるということです！　次に、熱帯での保養か、都会の冒険か、あるいはバックパッキングか、可能性のあるさまざまなアプローチをいくつかブレインストーミングしました。これらのアプローチには「正解」も「不正解」もありません。あなたの目下の問題を解決するために、それぞれ強みや弱みを比較して考え、バックパッキングが一番良いアプローチであると決定しました。

その次に、最終プランに行き着くために、以下に示す抽象化を使って、その旅程の詳細を計画することに取りかかりました（図2-1も参照してください）。

- ビッグピクチャー（大枠）（バイオデザインでは「システム」と呼んでいるもの）を見ることから始め、ヨセミテへの3日間の旅行をしたいと決定しました。
- 次のレベル（「デバイス」と呼んでいるものに大まかに関連する）では、ハーフドームを登りたいと決定しました。
- 次の旅程計画の段階は、使うことになりそうな特定の道程を選ぶことでした。これは本質的にハーフドームという「デバイス」のメカニズムを定義することにあたります。これらの道程は、バイオデザインで「パーツ」と呼んでいるものに対応しています。
- 最終的に、装備品リストには、旅行を実行するために買ったり作ったりする必要のある物理的なピースが書かれています。バイオデザインの例えでは、これらのピースは、設計のための「DNA」と考えられます。それらは、システムを構築するために集めて組み立てる必要のある実際の物理的なピースです。

抽象化は、バイオデザインの重要な側面です。抽象化によって、詳細の泥沼に一気に落ちることなく、計画を考え、伝えることができるようになります。バイオデザインのための有用な抽象化のレベルとしては、システム、デバイス、パーツ、DNAがあります。あなたに自覚があったかどうかにかかわらず、あなたは休暇を計画している間、非常によく似た抽象化の段階を踏んだことになります。

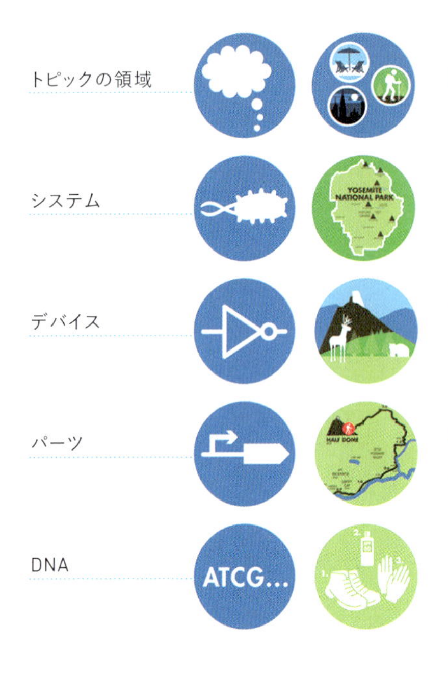

［図2-1］青色の円の中のシンボルは、異なる抽象化のレベルを表している。抽象化の階層の一番上の考えていることを示す雲形の吹き出しは、トピックの領域の選択を示している。細胞あるいはウイルスのイラストは、生物学の抽象化におけるシステムのレベルを示している。デバイスのアイコンは、ブール論理のNOTゲートであり、電気工学からこのシンボルを拝借してきている。パーツのアイコンには、機能的なDNA要素のシンボルとして、プロモーターとオープンリーディングフレームを使っている。そして、DNAのアイコンは、遺伝子パーツをコードしている4つの核酸で表している。右の列のイラストには、本文中のバックパッキングの例えとの対応を示している。

このデザインプロセスの中には注目に値する重要な特徴がいくつかあります。まず最初に、その過程で「正解」あるいは「不正解」はなかったということです。各々の決定は、あなたのニーズに最も合うように下されました。次に、すぐにすべてのことを詳細に決定しなかったということです。例えば、ハーフドームの登り方からいきなり決定するのではなく、そこに登りたいという大まかな仕様を与えただけです。そのおかげで、旅行の計画がしやすくなりました。図2-2に示しているように、このデザインプロセスの初期段階で、いきなりパーツレベルのデザインに進もうとして、世界中のどこかでハイキング旅行を行うための道程を決める状況を想像してみましょう。たとえ3日間のバックパッキングという制限を設けた時でさえ、この惑星上のあらゆるハイキングの道程の中から選ぶことになるのは必然で、それは明らかに非現実的です。あなたは、たくさんの可能性に押しつぶされて、おそらく旅行はできないでしょう。さまざまなレベルの抽象化を使うことによって、デザインの過程に沿った各々の決定がしやすくなります。抽象化は、必要に応じて必要なレベルの詳細で特定できることから、最初からあまり詳細に記述しなくてもすみ、デザインのプロセスに無理なく取り組むための強力な方法になります。そして最後に、この旅行は変更可能な方法でデザインされたということです。もし突然3日間が10日間に延長されたとしたら、ハーフドームのプランはそのままに、新たに「デバイスレベル」のプランを加えることができます。例えば、その公園にあるもうひとつの名高い頂、エル・キャピタンへの登山を加えることもできるでしょう。

休暇の計画からバイオテクノロジーの計画に移る前に、指摘しておくべき類似点がもうひとつあります。あなたはハイキングルートを決定した後に、自分の計画をよりわかりやすく視覚化したり、仲間のバックパッカーと共有したりするために地図を作ったはずです。バイオデザインにおいてこの地図は、遺伝子システムのための配線図に似ていると考えることができます。この配線図は電気工学の形式であり、合成生物学で各システムの設計要素を伝えるために採用されたものです。この章の後半で、配線図の書き方と解釈の仕方を見ていきます。

設計から実装へ

［図2-2］抽象化の階層の途中から始めた場合。都市を背景に広げたヨセミテの地図のイラストは、都市を除外して検索を狭める前にハイキングの道程を探すことがいかに無駄であるかを示している。

上出来な設計が、最終的に実装されていくことになります。この章では合成生物学の設計部分に焦点を当てていますが、それがどのように実装の段階に適用されるのかを示すために、バックパッキングの例えを少し拡張してみるのも無駄ではないはずです。

バックパッキングの計画では、非常に広い仕様から始めて、最も低い抽象化レベルである装備リストに掘り下げていきました。これはただのリストであって、実際のアイテム自体ではない点に注意してください。リスト上の項目から実際の具体的な物へと移行することは、デザインプロセスの最終段階から実装に向かう最初の段階への移行を示しています。あなたの設計（すなわちあなたの旅行）を実装するためには、出発して計画した休暇を楽しむまで、この低いレベルから再構築することになります。それをするためには、装備リスト上のアイテムを集めるのです。たぶん、地元のアウトドアショップで買ったり、家の地下にある収納ケースから掘り出したりすることになります。そして、すべての道具をそろえたらバックに詰めて道程の出発地点に向かい、あなたの旅行を始めるのです。

合成生物学のデザインにとって、DNA断片は、設計を実装するのに必要となる「装備品」です。このDNAの物理的断片は、遺伝子、プロモーター、ターミネーター、そして、設計されたシステムのその他の遺伝的構成要素をコードするものです。設計を実装するためには、ちょうどハイキング旅行で装備を集める必要があったのと同じように、これらの遺伝子の断片を手に入れなくてはなりません。DNA断片を手に入れる方法はたくさんあります。方法をあげると、ポリメラーゼ連鎖反応（PCR法）や「デノボ（*de novo*）」合成などですが、これらは3章「DNA工学の基礎」で掘り下げていきます。すでにあなたは、研究室にDNAのパーツをいくつか持っているかもしれませんね。必要とする物理的なDNA断片をすべて手に入れた時、それらを一緒に結合させて、あなたが設計したシステムの構築に取りかかる準備ができたことになります。

バイオデザインプロセスの概観

バイオテクノロジーを設計するための唯一の正しい方法というものはありません。あなたのシステムの仕様がどのようなものであるか、すでに利用できるものが何であるのかによって、さまざまな方法で始めることができます。ここでは、あなたが一から始めると仮定して、バイオデザインプロセスの手助けになるいくつかのステップを提示しています。私たちは、これらのステップが役立つフレームワークであり、またプロジェクトに関連した専門知識、時間枠、ゴールに応じて改変するのが容易なものだと思っています。このデザインプロセスは、システムレベルの設計から、デバイス、パーツ、そして最終的にはDNAまで、抽象化の階層の異なるレベルで詳細を特定します。簡単に説明すると、使われているバイオデザインのステップは次の通りです。

- ステップ1：あなたが取り組みたい課題の分野を特定する
- ステップ2：課題を解決するためのアプローチをブレインストーミングする
- ステップ3：アプローチを決定する
- ステップ4：抽象化の階層の各レベルにあなたのシステムを特定する

分野と課題の特定

興味があってワクワクするような課題を選ぶことから始めます。表2-1は、考えられる開始点をいくつか示しています。この表は分野と課題の2つのカテゴリーに分かれています。分野は非常に広く、全体の問題や領域であり、一方の課題は、その分野で取り組む必要があるような特定の要素に触れるものです。ただし、この表は合成生物学が取り組むことができるような多くの分野や課題のうちのほんの数例にすぎません。

この範囲を絞り込むには、フォーカスする領域をひとつ選択するとよいでしょう。どんな分野も、複数の課題に直面していて、表2-1はわずかな例です。取り組む課題を決める時は、その問題を明確に記述することが重要です。しかし、この段階では、どのように課題に取り組むのか具体的なアイデアを含めてはいけません。例えば、「マラリアに感染したカだけを駆除する方法を見つける」といったものは、「マラリアを治す」という漠然としたものよりも良い方向に導いてはくれますが、どちらの記述もアイデアを実装する方法を示していないということに注意が必要です。

もしこの段階で、取り組みたい課題のリストが長くなっていることに気づいたら、次に示すいくつかの質問を適用してみましょう。これらの質問は、選定する課題の範囲をいくらか狭める助けになるはずです。そうすることで、あなたの持っているアイデ

[表2-1] バイオデザインで取り組めるトピックの領域とそれに関する課題の例

分野	課題
食糧・エネルギー 	人々は食べる必要がある。飛行機、列車、自動車もまた食べる(資源を消費する)必要がある。人類にとってのひとつの大きな挑戦は、人口増加と安い燃料への依存度の上昇に直面している中、どのようにすべての人のニーズを満たすのかということである。現在の食料や燃料の生産方法は、その環境へのネガティブな影響や世界の食糧安全保障観点から厳しい批判にさらされている。合成生物学を使って、いかに私たちは持続可能な方法で世界の食料と燃料を生産できるだろうか?
環境 	ラブキャナル[6]から太平洋ゴミベルト[7]まで、人類にはこの星を保護することに関してあまり良い実績はない。しかし、将来世代のためにきれいな空気、水、土地を維持する方法を見つけることは、種としての私たちの生存上、重要である。合成生物学を使って、いかに私たちの惑星をきれいにして、自然の多様性を維持することに役立てられるだろうか? あるいは、もし地球に見込みがなくなった場合、合成生物学を使って、いかに他の惑星や小惑星をテラフォーミングする(地球と同じように人が住めるような環境に変化させる)ことができるだろうか?
健康・医療 	微生物が病気の原因になることは長く知られてきているが、最近ではまた、健康をもたらすという発見もされている。病気の検出や治療に役立てることができるように、微生物や他の生き物をいかに設計することができるだろうか? 慢性的な疾患や外科的処置への対処、健康維持のために合成生物学を応用できるだろうか?
製造 	細胞内は、タンパク質を生産するための組立ラインと工場であるリボソームのような、極めて小型で複雑なナノスケールの機械でいっぱいである。これらのタンパク質は、化学反応を行うものから皮膚や髪のような組織の構造材料となるものまで、多様な機能を持っている。新しい化合物、材料、構造体を生み出すために、細胞に本来備わっている製造スキルをいかに役立てることができるだろうか?
新しい応用分野 	世界の多くの課題は、生物工学的な視点から恩恵を受けることができるだろう。ニュースで聞いた話題や、あなた自身の人生で直面している事柄について考えてみよう。合成生物学のまったく新しい応用分野として何が想像できるだろうか? グローバル、あるいはローカルな視点から、既存の枠に捉われない自由な発想で考えているかを確かめよう。
基礎的な進展 	合成生物学は、組換えDNA技術が発明された35年前に遡って、技術の進展の「肩に立って」[8]成り立っている。この分野が進歩し続けるためには、生物工学のプロセス全体を容易にするように、新しく改良されたツールや技術を開発する必要がある。この数年のうち、どのような基礎技術が合成生物学を進歩させるだろうか?

6——米ナイアガラ滝近くにある運河。1978年に有害化学物質汚染が発覚した。
7——北太平洋の中央にある海洋ゴミの集中海域。
8——先人の発見や技術に基づいて成果を出すことを「巨人の肩に立つ」と表現する。

アの中でも、より影響力のある実装可能なものを中心に検討することができます。その一方で、より良い代替案がありそうなものや、合成生物学でただちには取り組むことができなそうなものについては脇へ置くことができます。

「注目している課題や機会をどれだけ明確に記述することができますか？」

見ている問題をはっきりと範囲付けること、取り組みが可能だとはっきり理由付けることは、後々の設計の意思決定の手助けになるでしょう。

「プロジェクトが完全に成功したとしたら、どれほど大きな影響をおよぼすことができますか？　またそれはどのような懸念をもたらしますか？」

成功をイメージすることは、プロジェクトが実行する価値のあるものかどうか判断する助けになります。直面している些細な問題に徹底的に対処するようなプロジェクトも、大きな課題でわずかな影響をおよぼすようなアイデアも有用です。そして、より魅力的なプロジェクトを選ぶことができます。しかし、倫理学上あるいは実践上の理由から決して採用されないようなデザインは好ましくないと考えるべきです。バイオデザインにおける倫理規定については、4章「生命倫理の基礎」でより広く扱います。

「その分野に取り組むために使える技術や今までに使われた技術は他にありますか？」

ある問題を対処するために、バイオテクノロジーが必ずしも正しいアプローチだとはかぎりません。もし、あなたが特定した現実世界の問題を解決するために、他のより安く、信頼できる、あるいは簡単な方法があるならば、あなたのアイデアはあまり魅力的ではないかもしれません。

「その課題と解決のためのアプローチについてわかっていないものは何でしょうか？それは知られていないのか、それとも知ることが不可能なのでしょうか？」

科学は私たちにある事柄（例えば遺伝子の変化がいかに病気を引き起こすか）については多くを教えてくれる一方で、ある事柄（例えば火星で生命がどのようにして生き残れるか）についてはほとんど教えてくれません。あなたが詳しく知れば知るほど、ほぼすべてのプロジェクトにおける学習曲線は急上昇しますから、あなたが解明できたこととまだ未解明なことを知ることはプロジェクトのアイデアを決めるのに役立つでしょう。

これらの質問はすべて重要です。あなたのアイデアのリストは、ある質問にはとてもうまく答えられるかもしれないし、また他の質問にはあまりうまく答えられないかもしれません。一般的に、これらの質問に明確に答えられるようになればなるほど、より良い状態で次のデザインの段階に進むことができます。

バングラデシュや西ベンガル（インド東部の地方）で問題になっているヒ素汚染水の課題に取り組むことを選んだと仮定してみましょう。水が汚染されているのかどうかを見極めるための簡単な方法がないので、そこに住む人々はヒ素に汚染された水を飲んで病気になっています。実際、合成生物学のデザインコンペティション「国際合成生物学大会」(iGEM)[9]で、学生チームがこの課題に取り組みました。次は、バイオデザインが実践された具体例として、このチームのプロジェクトに目を向けてみます。

このiGEMチームは、水がヒ素で汚染されているかどうかを立証するための簡単な方法をデザインしようとしました。チームは、ヒ素が存在する時に、簡単に検出できる信号を生成する細胞を設計することに決めました。システムの平易な記述、「ヒ素があれば人間に識別可能な信号を生成する細胞」は、デザインプロセスのこの時点で適切なシステムレベルの記述の良い例です。それは明瞭であり、過度に機械的ということもありません。プロジェクトのアイデアがより洗練されるにつれ、さらに詳細に特定されていきますが、ここでは、抽象化を高いレベルにとどめておくことが有用です。

前の質問リストを適用していたならば、iGEMチームは適切なトピックを選択できたのを確認するのに役立てられたことがわかるでしょう。問題ははっきりしていて、飲料水の中の検出できないヒ素は健康への深刻な影響を引き起こします。チームはまた、明瞭にアプローチを定義付けしました。そのアプローチは比較的単純で、ヒ素が存在すれば人間に検出可能な信号を生成するシステムを構築するというものです。もし使いやすいヒ素検出システムがうまく構築できれば、バングラデシュや西ベンガルの人々の健康を劇的に改善することができるでしょう。特に、この問題に対処する他の技術的な解決策は高価であるため、汚染されている可能性のある地域への広い配布ができないでいるのですから。

課題に対する解決策のブレインストーミング

取り組みたい課題を特定したら、それを解決するためのさまざまな方法を考え始めなければいけません。この段階で用心しなければならないことは、泥沼にはまらないよう、詳細に入りすぎないことです。私たちはここではまだ、ビッグピクチャーのアイデアについて話しているのであって、それは後から考える詳細なデザインのフレームワークを提供してくれます。どの課題に対しても解決策はたくさんあります。最終的に、ある解決策は他と比べて優れるかもしれませんが、あなたが追求するアプローチを決める際には、それらの長所と短所を探ることになります。この時点では、自分

9 ——「国際合成生物学大会」[The International Genetically Engineered Machine competition：iGEM（アイジェム）]は、主に学生が参加する国際的な合成生物学の大会で、毎年秋にマサチューセッツ工科大学を中心に開催される。（P.16のコラム参照）

の想像力を自由に膨らませていきましょう。

ヒ素検出システムに関して考えられる解決策をいくつかあげてみます。

- ヒ素にさらされたら、においを生成する細胞
- ヒ素にさらされたら、非常に早く成長して分裂を始める細胞
- ヒ素にさらされたら、識別可能な色を表示する細胞
- 「ここにあなたのアイデアも書いてみましょう！」

もしこの段階でアイデアを考え出すのに苦労していたら、おそらくあなたはアイデアをどのようにして実装するのかの細部に集中しすぎていて、創造力が邪魔されているのかもしれません。ここであげたアイデアは、細胞がどのようにしてヒ素を検出するのか、あるいはそれがどんな種類の細胞なのかさえも述べていないことに注意してみてください。ここでは詳細ではなく、ビックピクチャーを考えているということを忘れないで！

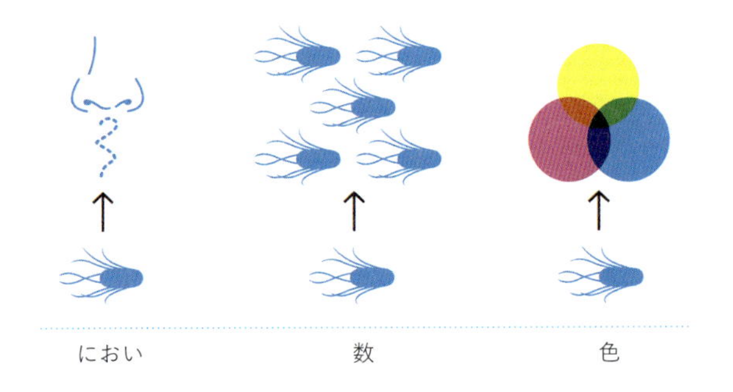

アプローチの決定

さあ、前の段階であげたアイデアからひとつ（あるいは2つ）を選び出して、デザインを特定し始める時がきました。この段階では、選択肢を絞っていき、最終的にあなたが定義した課題に合うアプローチをひとつ見つけます。しかし、まだどんなアプローチにもまだ固定されていないことを忘れないでください。デザインは、反復のプロセスです。デザインについて考え、プロトタイプを構築していくうち、ほぼ確実に困難に直面することになります。あるケースでは、これらの困難に打ち勝つことができるでしょう。しかし、他のケースでは、デザインプロセスの初期の段階に戻り、アプローチ全体を再考するほうが有効なこともあるかもしれません。これは決して失敗ではありません。デザインや工学の手法の楽観的な特徴なのです。良い解決策は世の中に存

在し、それを探し続ければ、きっとあなたはそのプロセスから学ぶことができるでしょう。アイデアを検討する時は、P.24の「分野と課題の特定」の質問のリストに戻ると考えを導いてくれるはずです。例えば、「課題をどれだけ明確に記述することができますか？」や「このプロジェクトによってどれほど大きな影響をおよぼすことができますか？」といった問いかけは、あなたのプロジェクトの意図と仕様を明確にしてくれるはずです。

iGEMチームのヒ素検出プロジェクトのように、プロジェクトのアイデアが決まったら、いくつかの選択をしなければいけません。iGEMチームには、特定の設計の仕様を満たす必要がありました。彼らは、細胞が生み出す信号がどんなものでも、水質検査をする誰もが簡単に検出できるようにしたかったのです。また、その水源を使って大丈夫かどうかを確かめるために長時間待たなくてもいいように、細胞が比較的早く応答するようにしたいと考えていました。水を特定の色に変える、においを発する、あるいは異なる速度で増殖するようなヒ素検出デバイスの中からひとつ選択するため、チームは以下のことを考えたでしょう。

- 既存の生物学的パーツやアプローチの知見から予測されるシステム実装の実現可能性
- アプローチの柔軟性。一般化できるシステムは後々他のことにも応用されうる
- デザイン面で予想される成功。よりシンプルなデザインのほうが成功の見込みが大きい

3つのアプローチを比較検討している際に、いくつかのことが明らかになります。ヒ素がある状態でにおいを生成することは、十分に検出可能な指標ではないかもしれませんし、競合するにおいが周囲にたくさんあるかもしれません。細胞の増殖率の変化は、おそらく検出するには遅すぎ、そしてヒ素以外のさまざまな要因にも影響されるでしょう。そのため、3つのプロジェクトアイデアの中では、ヒ素に誘発されて色が変わるものが最も魅力的であるように思えます。

とりわけ、この時点では、デザインの肝心な詳細はまだ特定されていません。何色で発色するのか、ヒ素をどのように検出するのか、といったことはまだ決めていないのです。そのかわりに、おおまかな方向性だけが選

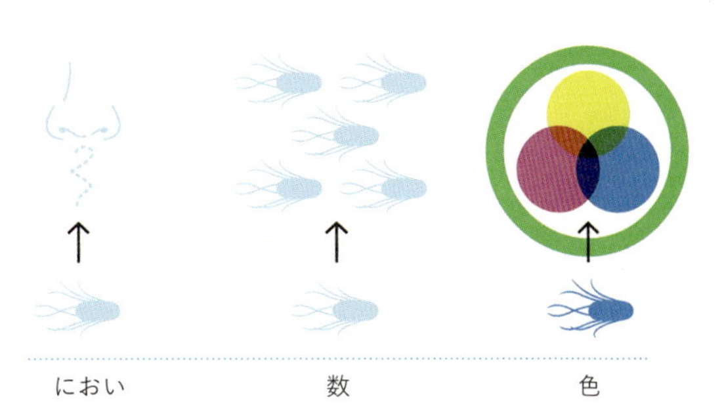

択されました。アプローチを実装するための仕様のいくつかは整ってきましたが、詳細についてはまだ掘り下げていません。それは次にしましょう！

デバイス、パーツ、DNAを使ったシステムの特定

高いレベルのシステムデザインが整理されたら、それがどのように機能するのかを特定し、実装のための詳細を掘り下げ始める時がきました。しかし、いきなり遺伝子に取りかかるよりはむしろ、抽象化の各ステップを段階的に進んでいきましょう。

前のステップでは、さまざまな刺激や環境条件に対してシステムがいかに応答すべきかを示す広範な記述を作成しました。そのようなシステムを構築するためには、DNAレベルまで降りて、「シャーシ」（遺伝子プログラムを実行するための生き物を指す用語）を決める必要があります。システムの仕様に役立つものとして、抽象化レベルの2つの中間階層、デバイスとパーツがあり、図2-3のようになっています。

ひとつ以上のパーツからなるデバイスは、指定できる「インプット」（入力）を検出可能な「アウトプット」（出力）に変換したり、そのアウトプットを他のデバイスに送ったりすることができます。ヒ素検出の例でiGEMチームは、ヒ素を検出する方法と、それに応答して色を生成する方法が必要なことを知っていました。チームはひとつのデバイス、すなわちヒ素を検出して色を生成するもので、そのシステムを実装することができたはずでした。もうひとつの方法として、ヒ素を検出するものと色を生成するものの2つのデバイスに分けてシステムを実装することもできます（実際には彼らはこちらの方法を選びました）。ヒ素検出デバイスへのインプットはヒ素であり、そのアウトプットは発色デバイスが検出可能な信号です。色を生成するデバイスのアウトプットは色です。このとても広範な仕様は、ヒ素検出システムを実装するために必要となるデバイスを定義するには十分であり、これらの各デバイスがどのように個別に機能するのか、そしてどのように相互に伝達するのかといった詳細に関しては、次の抽象化レベルで検討します。

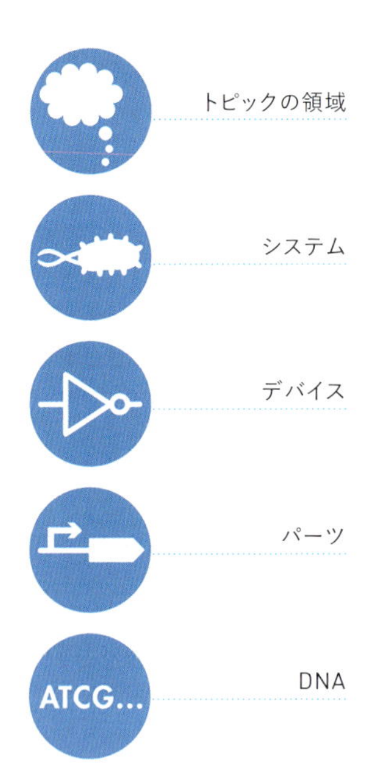

［図2-3］バイオデザインのために拡張された抽象化の階層。抽象化によって複雑なシステムデザインを支援することができる。この抽象化の階層の一番上の階層は「トピックの領域」であり、広範な課題を選択することの必要性を強調している。抽象化の階層はシステム全体を含んでいて、それには考案したデザインの平易な記述が含まれている。システムは特定のデバイス群に分割することができ、それらのデバイスは特定のパーツ群から成り立っている。そして、それらのパーツはDNAから構成されるものである。

場合によっては、デバイスはコンピューターサイエンス（計算機科学）や電気工学でよく使われているような論理関数を実行するかもしれません。少し後でもっと詳しくブール論理関数を説明しますが、ここで手短に例をあげると、ANDゲートは必要な細胞シグナルが「すべて」そろった時だけアウトプットを出し、ORゲートは要求されるシグナルのうち「どれか」があればアウトプットを出します。入力デバイス、出力デバイス、および論理デバイスはさまざまな方法で実装できるため、抽象化の階層でこれらのデバイスは、それを組み上げるパーツよりも上位にあります。次は、このことについて掘り下げていきましょう。実際、パーツをどう組み立てるかを考えることなく、考えたシステムに使えるデバイスのリストを考え出すことは可能です（望ましいことさえあります）。

「パーツ」はDNA配列であり、例えば、プロモーター、オープンリーディングフレーム（ORF）、リボソーム結合部位などの基本的な生物学的機能をコードするものです（これらについては3章「DNA工学の基礎」でさらに詳しく扱う）。デバイスに要求される機能を実現するために、合成生物学者はシンプルなパーツ群からデバイスをアセンブリ（組み立て）します。DNA配列はパーツになりますし、デバイスにもなるのです。それは、システムの中でどのように機能するのかで決まってきます。とはいえ一般的には、デバイスはシステムの中でおよぼす生物学的影響によって定義されていて、そしてほとんどの場合それらは複数のパーツからできています。ヒ素検出デバイスは、ヒ素に結合するタンパク質のパーツと同時に、そのタンパク質をコードしている配列の転写を開始するプロモーターのパーツも必要であり、一方の発色デバイスは、さまざまな色の化学的信号を生成する別のタンパク質のパーツを含むかもしれません。そのデバイスのアウトプットである発色タンパク質を発現するために、ヒ素検出デバイスで使われているものと同じ、あるいは別のプロモーターパーツを使うこともできるでしょう。

システムを設計して構築するうえで役立つため、私たちはデバイスとパーツを異なる抽象化レベルとして捉えています。しかし、デバイスとパーツの境界は周期表の元素間の境界のようなものではありません。陽子の数で元素を定義することはできますが、何が「デバイス」であり、何が「パーツ」であるかを規定する万有の物理法則はないのです。実際にあなたは、同じ生物学的構成要素をデバイスかパーツのいずれかとして捉えるケースに出くわすかもしれませんね。このデザインの文脈で何度も強調してきたように、そこに「正解」あるいは「不正解」はありません。むしろ、抽象化の各階層は、設計者が複雑なシステムを考えるにあたって非常に有用なもので、設計者にとっての実用性は、この抽象化の階層の最も重要な側面です。だから、デバイスかパーツかどうかで泥沼にはまらないように。これらの異なる呼称の目的は、設計に役立たせることです。次の例でこれらの異なるラベルの実用性を説明しましょう。

システムレベルのデザイン

システムレベルのデザインの2つの構成要素、システムの振る舞いとシャーシの選択に焦点を当てます。

バイオデザインの枠組みの初期の段階を踏んだことによって、あなたはシステムの振る舞いを決定することができました。ヒ素プロジェクトのアイデアでiGEMチームは、望む全体的な振る舞いを、ヒ素によって視覚的な色の変化をもたらすことと定義しました。これはシステムの「平易な」記述です。システムの振る舞いを表現する2つ目の方法は、「真理値表」を使うことです。これは電気工学やコンピューターサイエンスの分野で広く使われている基本的な論理ツールです。真理値表はインプットのあり／なしでシステムがどう振る舞うべきかを表します。ヒ素検出システムでは、真理値表は非常にシンプルになります。もしインプット（ヒ素）が「なし」ならば、アウトプットは「オフ」になります（色は生成されない）。もしインプットが「あり」ならば、アウトプットが「オン」になります（色が生成される）。

インプット	アウトプット
なし	オフ
あり	オン

また、この論理はいくつかの他の方法でも記述できます。例えば、偽が「オフ」に対応し、真が「オン」に対応するようにすると、こうなります。

インプット	アウトプット
偽	偽
真	真

あるいは、数学記号を使うと、「−」が「オフ」に対応し、「＋」が「オン」に対応して、こうなります。

インプット	アウトプット
−	−
＋	＋

あるいは、バイナリーコードを使うと、「0」が「オフ」に対応して、「1」が「オン」に対応して、こうなります。

インプット	アウトプット
0	0
1	1

これらすべてがシステムの同じ基本論理を示していて、単に異なる表記を使っているだけということを覚えておきましょう。より複雑なシステムを構築するようになるにつれて、もっと複雑な真理値表が必要になってくるかもしれません。また、真理値表は複雑なデバイスを設計する際にも有用です。論理デバイスに関する次の項で、いくつかの例を見てみます。

システムレベルのデザインのもうひとつの側面は、遺伝子プログラムの実行に使用するための宿主生物またはシャーシ（図2-4参照）を決定することです。設計したシステムのシャーシとして、細菌、酵母、ウイルス、動物細胞を含む、さまざまな生き物や細胞種を利用することができます。合成生物学で最も一般的なシャーシは、大腸菌（*Escherichia coli*）と酵母（*Saccharomyces cerevisiae*：出芽酵母）です。この2つの宿主生物は、よく特徴がわかっていて、安全で、比較的信頼できる振る舞いをするため、多くの設計されたシステムのシャーシとして適しています。しかし、アプリケーションによっては、特定の増殖特性を持ったものや、考案したデザインに有益なタンパク質を自然に持っている宿主を選んだほうが賢明なこともあります。この章の前半のバックパッキングの例えに戻ると、システムとしてヨセミテが選ばれましたが、もしもあなたが急勾配の登山道や人混みが嫌いだとしたら、それは正しい選択とならないでしょう。あなたはヨセミテをハイキングするという決断を考え直し、アパラチアン・トレイルあるいは谷を見下ろすヨセミテの高地と比較したほうがいいでしょう。

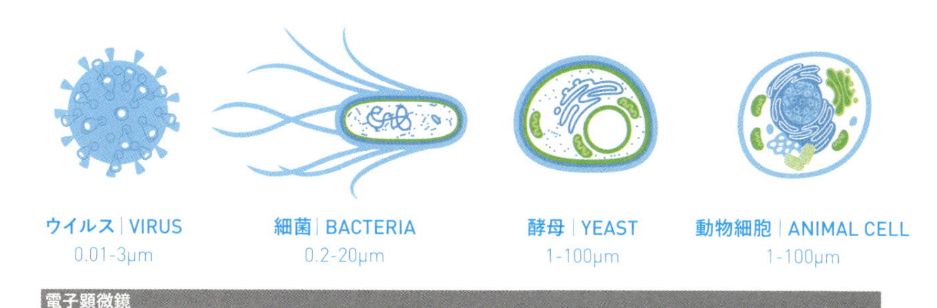

［図2-4］シャーシの選択。合成の遺伝子プログラムは、ここに示したものを含め、比較的よく理解されているシステムや細胞中に通常格納されている。シャーシは小さいもの（左端）から大きなもの（右端）まである。それぞれのアイコンの下にそのおおよそのサイズとそれらを可視化するための道具を記している。

デバイスレベルのデザイン

システムレベルのデザインを決定した後は、デバイスレベルの実装に取りかかり始めます。バックパッキングの例えでいえば、ハーフドームを登ることになります。いま一度、デバイスが機能するための物理的機構を明確にする必要はないことを思い出しましょう。そのかわり、図2-5で示すように、「ヒ素検出デバイス」や「発色デバイス」といった大まかなラベル付けを行います。そうすることによって、それらのデバイスが「何」をするかを際立たせるのです。それを「どのように」実現するのかということは、必ずしもいりません。言いかえると、この時点では、どんなタイプのデバイスの名前もあげることができるし、それがどのように機能するか、それが実在しているかといったことを心配する必要もありません。これはあたかも何もないところからデバイスをでっちあげているように思えるかもしれませんが、自然の生物システムは非常に多様であるため、既存の生物学的パーツ、あるいはそれに小さな改変を加えたものを基に、おそらくどんな種類の所望のデバイスも作り出すことができるでしょう。

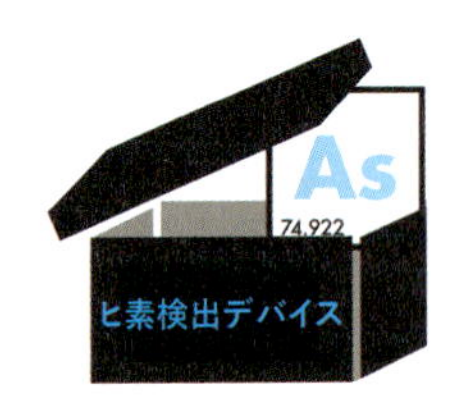

[図2-5]「ブラックボックス」として表現された2つのデバイス。ヒ素検出デバイスと発色デバイスは、それらがどのように機能するかより、何をするのかを示すように描かれている。

システムを構築するのに必要なデバイスの種類の他に、もうひとつ考えておくべきことは、デバイスの最適な個数です。例えばヒ素検出システムを作ったiGEMチームは、そのシステムを2つのデバイスで特定しました。インプットとしてヒ素を受け取り、アウトプットとして信号を出すヒ素検出デバイスと、ヒ素検出デバイスからの信号をインプットとして受け取り、アウトプットとして色を生成する発色デバイスです。チームは、同じシステムの機能を持ったものをひとつのデバイスで構築することもできたでしょう。それはインプットとしてヒ素を受け取ったら、アウトプットとして色を生成するというものになります。しかし、そのデバイスは非常に特殊なもので、彼らのシステムにしか使えない可能性がありました。システムを2つのデバイスに分けたことで、将来、他の応用にも役立つかもしれない、より一般化が可能なデバイスとして特徴付けることができました。さまざまな応用分野で長期にわたって実用性があるようなデバイスを考えることは有益なことです。

システムが複数のデバイスを必要とする時、デザインの詳細を整理するためには電気工学の別のツールを使うことが役立ちます。それは「回路図」です。電気工学者は、回路図を使って回路を図式化し、パーツやデバイスがお互いどのように接続しているかを表します。実際の配線を表す接続部と、トランジスタやコンデンサといった特定の電子部品を表すパーツを使って回路をありのままの形で表すことができます。あるいは、より抽象化された概念図で設計がどのように機能するのかを表すこともできます。私たちの生物学的な実装で使う回路図は、ほとんど概念的です。それは、このシステムでは、異なる構成要素間の接続に実際の配線は使用しないからです。このような回路図を作ることは、デザインをうまく考え出し、他の合成生物学者とコミュニケーションを取るのに役立つアプローチとなるでしょう。これらの回路図は、ハーフドーム登山のバックパッキングのために描く地図のようなものです。計画を洗練させることも、他の人と詳細を共有することもできます。

図2-6に示す通り、ヒ素検出システムの回路図はかなりシンプルになります。

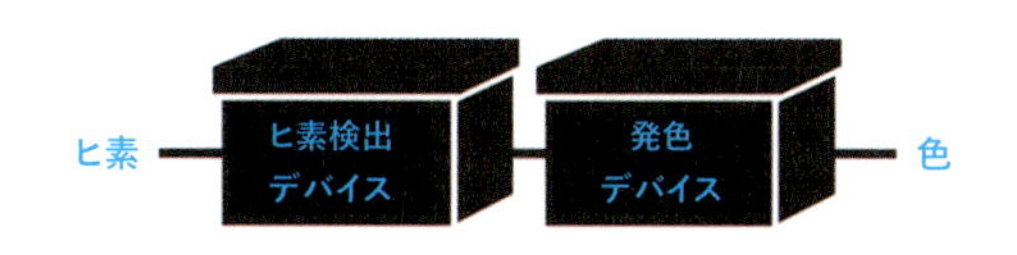

［図2-6］ヒ素検出システムの回路図。（まだブラックボックスである）ヒ素検出デバイスが、（同じくまだブラックボックスである）発色デバイスに接続されている。ヒ素のインプットが存在すると色のアウトプットが生成されることを示している。

図2-6で明らかなように、これはすでに言葉で記述してきたことの視覚的表現にすぎません。ヒ素はヒ素検出デバイスのインプットであり、ヒ素が存在した時にそのデバイスはアウトプットとして信号を生成します。それから、その信号は発色デバイスのインプットとなり、発色デバイスはアウトプットとして色を生成します。これらの図は、システムがより複雑になるにつれて著しく複雑になっていきます。論理デバイスに関する次の項では、さらなる例やバリエーションをいくつか見ていきます。

論理デバイス

真理値表はインプットのさまざまな組み合わせに対してシステムがどのように応答するかを表現する方法です。それは、応答の「ブール論理」と呼ばれています。

まず、AとBの2つの化合物があると想像してみましょう。AとBの組成とシステムの目的次第で、この2つの化合物の組み合わせに対するさまざまな応答をデザインできるでしょう。説明のために、これまで検討してきたヒ素検出システムについてさらに掘り下げ、環境中にある複数の化合物を検出したいと仮定してみます。一般性を保つため、ここではそれぞれの化合物を、A、B、C、などと呼んでおきます。もしAとBがそれぞれ毒性を持っているとしたら、どちらかがあれば応答するシステムにしたいと思うことでしょう。または、両方とも単体では毒性がないとしても、両方がそろうと反応して毒性のある化合物Cを生成するかもしれないですね。この場合は、両方が存在する時だけ応答するシステムを考えることになるでしょう。

これらの2つのケースを、真理値表で示してみます。真理値表では、インプットの可能な組み合わせをすべて示してあり、各々の組み合わせに対してひとつのアウトプットが指定されています。インプットの列は、2つの表の間で変わりません。そのかわり、システムの論理とどのインプットがあるのかにしたがって、アウトプットが変わります。例として、AかBの「どちらか」がある時に動作するシステムの真理表をここに示します。

インプット A	インプット B	アウトプット
0	0	0
0	1	1
1	0	1
1	1	1

この真理値表は「ORゲート」の演算を表しています。回路図で描くと、以下のシンボルで示されます。

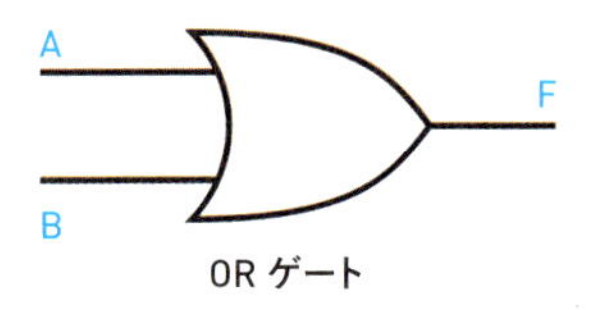

OR ゲート

これはAとBの「両方」がある時にだけ動作する2つ目のシステムの真理値表です。

インプット A	インプット B	アウトプット
0	0	0
0	1	0
1	0	0
1	1	1

この真理値表は「ANDゲート」を表していて、ORゲートとは異なるシンボルで以下のように示されます。

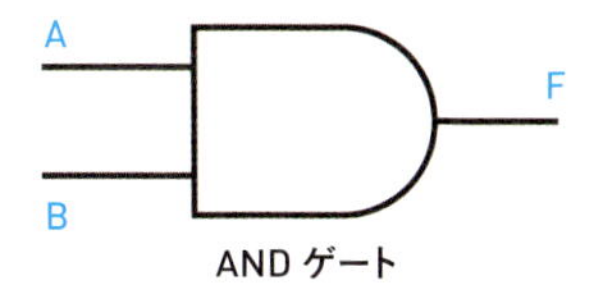

ANDゲート

ANDゲートやORゲートで記述されているものとは異なるインプットとアウトプットの論理的な組み合わせは、まだ他にもあります。例えば、ブール論理の「NOTゲート」は、インプットのシグナルを逆の状態に反転させます。これは次の真理値表とシンボルで示されます（NOTゲートはひとつのインプットしか受け取れないことに注目）。

インプットA	アウトプットF
0	1
1	0

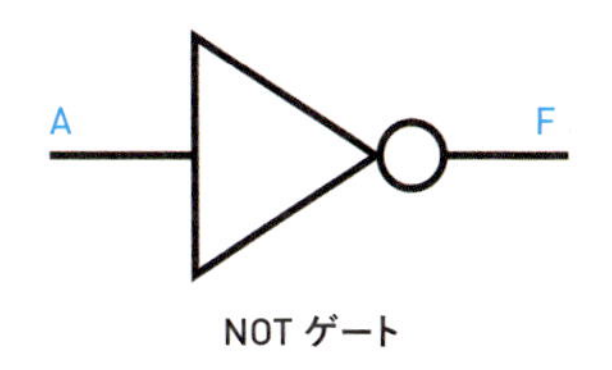

NOTゲート

この視覚的な言語と論理ゲートのシンプルな組み合わせによって、電子と生物の両方の分野で、かなり洗練されたシステムを構築することが可能になります。例えば、次に示す「NORゲート」の真理値表は、単にORゲートの表を単に反転させたものです。

インプットA	インプットB	アウトプットF
0	0	1
0	1	0
1	0	0
1	1	0

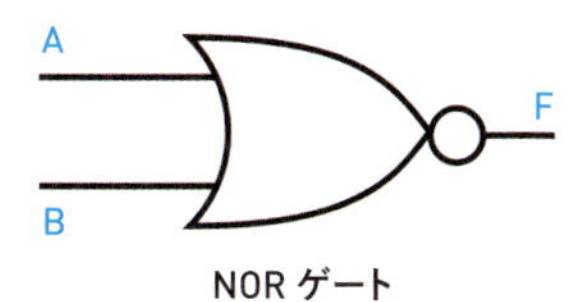

NORゲート

視覚的にはNORゲートはORゲートのシンボルの右端に円を付けることで表現され、ORにNOTの機能を付加しています。

合成生物学の分野を進展させた重要な研究成果のひとつに、生物システムの中で機能するNORゲートが構築されたことがあげられます。この研究はボストン大学のジェームズ・コリンズの研究室によるものです。彼の研究グループは、遺伝子パーツを使い、それらを交差させることで「ラッチ」(かけ金)を作り、2つのNOR論理ゲートを構築しました。

パーツレベルのデザイン

パーツレベルのデザインをする際には、デバイスが指定されたタスクを実際に「どのように」実行するのかを検討し始めます(とうとう!)。少しの間、ハイキングの計画に話を戻してみましょう。あの場合は、基本的な計画の実現をするために、ある特定の道程や既存の方法がありました。同様に、遺伝子プログラムを計画する時には、デバイスを作るための生物学的「パーツ」の道具箱があります。これらのパーツの例をいくつかあげると、転写因子や蛍光タンパク質をコードするORF、RNAポリメラーゼに転写を開始させる配列(「プロモーターパーツ」)、遺伝子発現レギュレーター(制御因子)をコードするさまざまな配列があります。世界中に存在しているパーツの数はほぼ無限にあり、完全には把握しきれていません。しかし、「標準生物学的パーツ・レジストリ」といった生物学的パーツのカタログがあり、「パーツに基づいたバイオデザインのアプローチ」を手助けしてくれます。これらのオープンに公開されているカタログに記載されているパーツやデバイスは、新しいバイオデザインのプロジェクトで再利用できるよう情報がまとめられています。

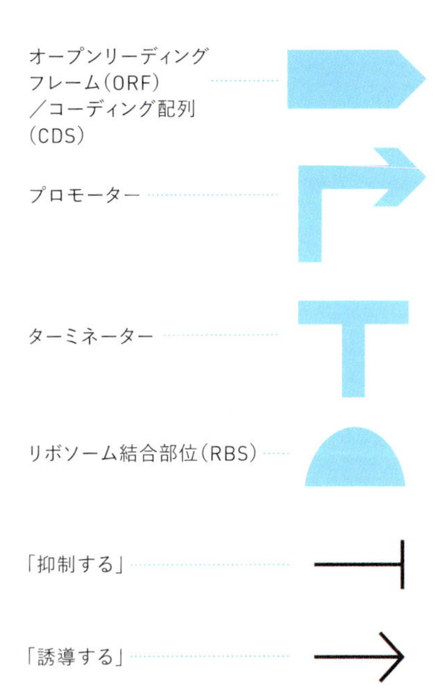

パーツレベルのデザインを説明するために、最後にもう一度、ヒ素検出システムに戻ってみましょう。このシステムには、ヒ素を検出できるようなものと、システム中の次のデバイス、すなわち発色デバイスにヒ素のあり／なしを伝える方法が必要となるでしょう。ヒ素検出システムを構築する方法はいくつかあります。ひとつのわかりやすい方法は、自然

界にあるヒ素感受性のタンパク質を基にする方法です。ヒ素検出デバイスの実装は、3つのシンプルなパーツの組み合わせで成しとげられます。つまり、デバイスのDNAの転写を開始させるプロモーター（上向きの右矢印）、そのmRNA[10]の翻訳を開始させるRBS（リボソーム結合部位）（上半円）、そしてヒ素感受性のタンパク質をコードしているORF（オープンリーディングフレーム）（長い再生ボタン）です。同様に発色デバイスも、シンプルなプロモーターのパーツ、RBS、そして溶液や細胞自体の色を変えることを誘導するORFから、構築されます。

これらのデバイスは、設計された通りに、ヒ素を検出したり、発色したりするでしょう。しかし、あるデバイスからの情報が他のデバイスに伝達されるためには、少し賢い考え方をする必要があります。ヒ素検出デバイスが発色デバイスに「伝達」できるようにするためには、ヒ素検出デバイスのアウトプットが発色デバイスのインプットに影響をおよぼさなければなりません。よく使われるアプローチのひとつは、1番目のデバイスのアウトプットを、2番目のデバイスの転写速度を調節できるようなタンパク質にすることです。この場合、ヒ素結合タンパク質は転写リプレッサー（抑制因子）でもあるので、ヒ素がない時には、発色遺伝子のプロモーターに結合し、その発現を抑制します。ヒ素がある時には、ヒ素結合タンパク質に結合してタンパク質の構造を変化させることで、プロモーターに結合できないようにし、発色の遺伝子を転写するためのプロモーターを解放します。合成生物学のシステムを探究していく過程で、このようなパーツの組み合わせの多様なバリエーションを見ることになるでしょう。

このように、言葉だけの記述を理解するのは難しいので、遺伝子回路がどのように機能するのかを視覚的な言語を用いて図2-7に示します。

この図2-7は、ヒ素がない場合にはヒ素検出デバイスのアウトプットが発色デバイスの機能を抑制することを示しています。ヒ素がある場合（例えば井戸水が汚染されている場合）は、他の抑制物質（インヒビター）によって発色デバイスの抑制ははずれて、色を生成できるようになります。

抽象化の階層の各レベルでデザインの選択が行われたのと同様に、設計しようとしているシステムの詳細に基づいて決定を行う必要もあります。例えば、すべてのプロモーターのパーツは短いDNA配列であり、そこに転写因子やRNAポリメラーゼが結合します。遺伝子のDNAをmRNAに転写させて、リボソームがそれをタンパク質へと翻訳できるように、プロモーターはいつも遺伝子の上流部分に挿入されています。しかし、プロモーターにはさまざまな種類があり、強いものや弱いもの、面白い方法で調節できるものなどあります。そのため、適切なプロモーターを選定することもまた、

10 ――mRNA（メッセンジャーRNA）とは、タンパク質を合成するために翻訳されるRNA配列のこと。遺伝情報は「DNA→（転写）→mRNA→（翻訳）→タンパク質」の順に伝達されるという「分子生物学のセントラルドグマ」については、P.56の図3-8を参照のこと。

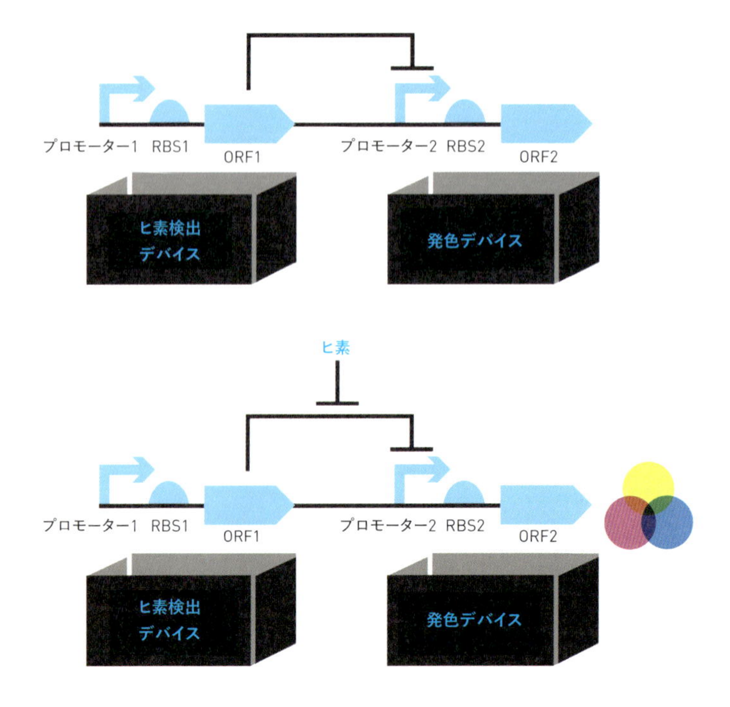

［図2-7］「ブラックボックス」のデバイスをパーツに展開する。ヒ素検出デバイスと発色デバイスは、それぞれ、プロモーター、RBS、ORFからなっている。ヒ素がない場合（上）、ORF1の生成物がプロモーター2を抑制し、発色デバイスは「オフ」である。ヒ素がある場合（下）、その抑制がはずれることで、発色デバイスは「オン」になる。

デザインプロセスの重要な側面となります。ヒ素検出システムでは、ヒ素検出タンパク質は常に存在している必要がありました。そのため、「オン」の状態を維持できるORFのプロモーターが選ばれました。このタイプのプロモーターは「構成性」と呼ばれ、レジストリの中には多くの構成性プロモーターがあります。レジストリのプロモーターの中には、このシステムにとって不適当なものも多くあります。例えば、「誘導性プロモーター」と呼ばれるプロモーターの中には、特定の条件下で活性化されるものがあります。特定の条件とは、砂糖の存在や、近くで増殖している細胞の数といったことです。ヒ素検出デバイスでは誘導性プロモーターを使わないほうがいいでしょう。なぜなら、特定の化合物が存在したり条件がそろったりした時のみ、ヒ素検出タンパク質が発現されるようになってしまうからです。けれども、そのようなプロモーターも他のシステムを構築するためには適している場合があるかもしれません。

最終的に希望の配列が決定できた後は、それを構築するための手法がいくつかあります。その詳細は3章「DNA工学の基礎」での主題ですが、簡単にいうと、たいていのDNAのアセンブリは、「デノボ」DNA合成と分子生物学のツール（例えば、PCR、制限酵素、そして分子クローニング）の組み合わせでできます。

この先は？

この章では、バイオデザインの基礎を紹介し、自分のデザインに取り組む時に役立つであろう抽象化の階層や記号表現について説明してきました。強調してきたのは、デザインプロセスを進めていくにあたっては、「正解」や「不正解」はないということです。この章の冒頭の例えに立ち返ってみてください。デザインは、旅です。生物学的なデザインを開発していく過程で、あなたは第一歩を踏みはずしたり、誤った方向に向かってしまったりする経験を経ていくでしょう。しかし、これらは学習経験であって失敗ではないのです。デザイン／ビルド／テストの繰り返しのサイクルを進んでいくにつれて、この経験はシステムのより良い理解とデザインプロセスへの情報提供に役立つでしょう。

もちろん、デザインはまだ第1段階ですので、次の段階であるデザインの実装の簡単な紹介をしてこの章を終えることにします。再びバックパッキングの例えに戻ってみると、この旅行における実装は、必要な装備を買うか作るかして、バックに詰めて、道程の出発地点に向かい、ハイキングを始めることです。ハイキングの間、木の根っこにつまづかないように目の前の地面をただ見ていたら、もしかすると一輪の野花に気づく時があるかもしれません。あるいは、休憩を取って上を見上げ、周辺の環境を楽しみ、ハーフドームの頂上に着いた時には見渡すかぎりの景色に目を奪われるかもしれません。一度や二度は（あるいはそれ以上）横道にそれるかもしれないし、計画していた元のルートが思っていたのと違っていることに気づいて計画を変更したいと思うかもしれません。途中で脱水症状になって、ハーフドームの頂上に到達することさえできない可能性もあります。そんな失敗には落胆するかもしれないですが、デザインについて何か学ぶことになり、次の旅行の計画を改善する手助けとなるでしょう。結果にかかわらず、次回のデザインに適用できるようなまったく新しい豊富な知識を、あなたは手に入れるのです。

ハイキングの装備を買ったり作ったりすることは、バイオデザインに必要となるDNA配列の購入や合成に相当します。そして、バックに詰めることは、設計した生物を構築するために、DNA配列を必要な場所に挿入することと考えることができます。それから、道程の出発地点に向かって歩き始めることは、設計を試行するプロセスに対応

しています。私たちは、小さな野花のように、デザインの個々の構成要素を見るために、さまざまな実験を行うことができます。そして、ハーフドームの頂上から景色を眺めるように、システム全体の振る舞いを調査する実験を行うこともできます。方向性を誤ることや、予定していたルートを変更すること、望んでいる結果には到達できないと時に気づくことは、すべてごく普通に予想される重要なことです。これらのすべてのケースでその過程で学んだことを活かすことで、次のデザインのサイクルを改善することができるのです。

仮想的なバックパッキングのように、バイオデザインとその関連する実装は、旅として考えることができます。その旅の間には、さまざまな角度と抽象レベルからシステムを見ることになり、目標を実現するためにさまざまなツールを使用して、軌道に乗るまでは幾度か間違った方向にも行くでしょう。システムがどのように振る舞っているかに細心の注意を払うかぎり、私たちはその過程で学び、自分たちの理解と次のデザインのサイクルの両方を改善していくことができます。

さらに詳しく学びたい人のために

- Danchin, A. Scaling up synthetic biology: Do not forget the chassis. FEBS Letters 2012;586(15): 2129-37.
- Galdzicki, M. et al. The Synthetic Biology Open Language (SBOL) provides a community standard for communicating designs in synthetic biology. Nature Biotechnology 2014;32:545-50.
- Gardner, T.S., Cantor, C.R., Collins J.J. Construction of a genetic toggle switch in Escherichia coli. Nature 2000;403(6767):339-42.
- Marchisio, M.A., Stelling, J. Automatic Design of Digital Synthetic Gene Circuits. PLOS 2011; DOI: 10.1371/journal.pcbi.1001083.
- Oremland, R.S., Stolz, JF. The ecology of arsenic. Science 2003;300(5621):939-44.
- ウェブサイト：Arsenic Detector iGEM project（http://bit.ly/arsenic_detector）
- ウェブサイト：Registry of Biological Parts（http://parts.igem.org/Main_Page）

3章

DNA工学の基礎

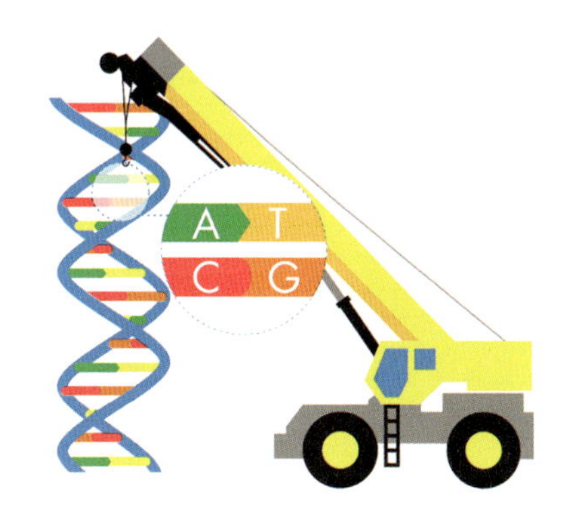

構築のために利用可能なツールはしばしば、工学の成果を特徴付けます。例えば、クレーンのような新しい建設機械は超高層ビルを建てることを可能にし、日々進化するトランジスタは私たちのコンピューターをますます速く動かしてくれます。この章では、合成生物学にとっての重要なツールであるDNA工学について考えていきます。もし私たちが、一般的なプログラム言語と同じくらい流暢に遺伝コードを書きたいと思うなら、DNAのコードを書いて、コンパイルして、デバッグするための簡単な方法が必要です。この章では、標準化という工学のテクニックがその目的の達成をいかに手助けするか、そして現在のDNA工学のツールがどのように機能し、その文脈の中で適合するかを考えます。

議論の枠組み

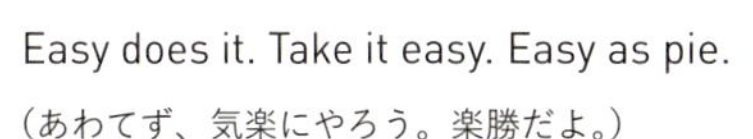

Easy does it. Take it easy. Easy as pie.

（あわてず、気楽にやろう。楽勝だよ。）

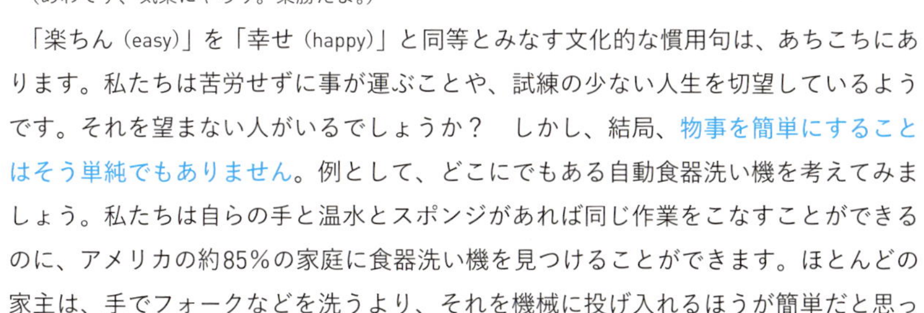

「楽ちん（easy）」を「幸せ（happy）」と同等とみなす文化的な慣用句は、あちこちにあります。私たちは苦労せずに事が運ぶことや、試練の少ない人生を切望しているようです。それを望まない人がいるでしょうか？　しかし、結局、物事を簡単にすることはそう単純でもありません。例として、どこにでもある自動食器洗い機を考えてみましょう。私たちは自らの手と温水とスポンジがあれば同じ作業をこなすことができるのに、アメリカの約85%の家庭に食器洗い機を見つけることができます。ほとんどの家主は、手でフォークなどを洗うより、それを機械に投げ入れるほうが簡単だと思っているのは明らかです。

しかし、それほどたくさんの家に食器洗い機が置かれるまでには、150年以上にわたる発明が必要でした。食器洗い機は木の箱として始まり、それは撒き散らされる水の中で皿の水切りかごを手動のクランクで回すものでした。信頼でき、時間を節約できた最初の食器洗い機は、ジョセフィン・コクランの特許発明です。彼女は、手洗いによって貴重な陶磁器に傷ができてしまうことにうんざりしていました。キッチンエイド社の設立（発明で特許を取った彼女によって設立された）と、近代の水道設備の度重なるアップグレードによって、この電化製品は広く利用可能となりました。給湯器、食器用洗剤、そして食器洗い機からお皿を全部取り出す子供たちへの毎週のお小遣いの発明のおかげで、皿洗いは楽なものになったともいえるでしょう。この例から明らかなことは、物事を簡単にするためには多くの努力が必要で、それにはしばしば長い月日がかかるということです。

物事を簡単にするのに必要な努力は、ここでも重要です。なぜなら、多くの合成生物学者は生物をもっと操作しやすくしたいと思っているからです。生物の研究室にいたことのある人なら誰でも、この分野がその目的を達成するにはまだ先が長いと言うでしょう。生物を意図した通りに振る舞わせることは、チャレンジングなことです。生きた細胞にはバリエーションが豊富にあり、細胞がどのように機能するのかをよく理解しているとしても完全に理解しているわけではありません。それゆえに、簡単なように見える実験でも完全にやりとげようとしたならば、仮にうまく完了できたとしても、予想以上に時間がかかってしまうことがよくあります。エンジニアはこの工程の遅れや予想不可能さに不満を持っていて、基礎的な構成ツール、共通のプログラミング言語、そしてファブリケーションセンターへの長期的な投資をするよう、合成生物学分野に催促しています。エンパイアステートビルのような洗練された建造物の建築は、非常に重い資材を持ち上げるクレーン、建築業者がしたがうことができる設計図、必要な建築資材を提供する製鋼所なくしては不可能でした。そのため生きた細胞の設計や構築をするためにも同様のリソースなくしてどうやって洗練された生物学を構築できるのか、と彼らは主張しています。

工学のツールを改善するためにかかる時間と労力と、与えられた仕事を達成するために誰もが持つ意欲との間に生まれている緊迫は明らかです。先ほどの食器洗い機の例は、同じく緊迫した状況の古い事例です。ジョセフィン・コクランは、機械的に稼働する食器洗い機を誰かが作るのを待っていたらどのくらいかかるのかと嫌気がさしていた、と報告されています。だから彼女は、1866年に自分自身でそれを発明しました。しかし、彼女の最初の食器洗い機は高価なものであり、レストランやホテルといった商業施設だけに適していました。食器洗い機が家庭用品となるには、50年以上のコスト削減と段階的な工学的改良が必要でした。

この章では、もし生物学のエンジニアリングがいつかもっと容易になるならば、必ず改善されなければならない、合成生物学の基礎的要素であるDNA工学を探究していきます。より着実な工学分野の歴史的事例から着想を得て、プロセスをうまく進めていくひとつのアプローチとして、「標準化」に焦点を当てます。一世代以上古いものとなってしまったクローニングやポリメラーゼ連鎖反応(PCR)技術を見ていくことによって、これらの標準化に関する考え方をDNA工学に適用します。そして、DNA配列をアセンブリするための技術の中でもより最近のものに焦点を移していきます。

パーツと測定の標準化

コンセント(図3-1参照)の形状や電圧、カップやグラムの標準測定値といった「標準」(スタンダード)は、物事を説明するための共通の語彙と一貫性をもたらすことによって工学(そして生活)をより容易にします。私たちは何かを作ったり測定したりする際に特定の標準を受け入れることによって、それらのパーツを組み合わせた時には「合致する」と確信できます。標準がない場合には、携帯電話やラップトップPCにふさわしくない充電器を持ってきてしまった時のように、いらだたしい食い違いが起こってしまいます。

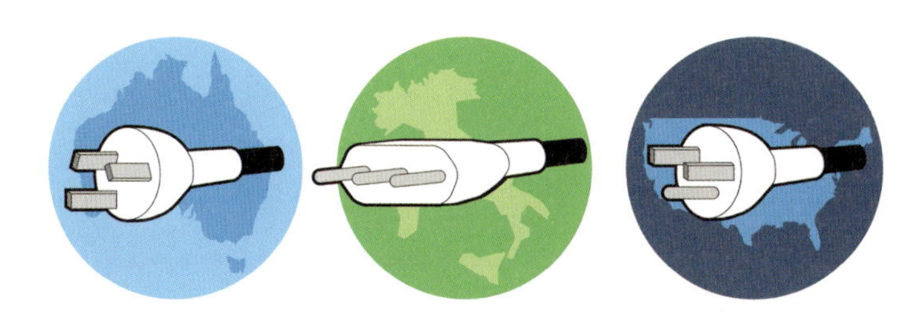

[図3-1] 世界中のコンセントの標準規格のバリエーション。コンセントの標準規格は世界中で異なり、オーストラリア(左)、イタリア(中)、アメリカ(右)では特有のプラグが必要となる。

標準化って何？

標準化は、成熟した工学分野における重要な属性で、エンジニアがエキサイティングで革新的で有用な解決策をより早く実装できるようにします。例として、産業革命時に登場した製造組立ラインを考えてみましょう。産業革命より前には、ほとんどの製品は手づくりされたもので、多くの場合、ひとりの人間が苦労して個々のパーツすべてを作り、それらを組み立てていました。このプロセスが変わり、標準パーツと互換パーツが利用できるようになったことにより、製造業に革命がもたらされました。個々のパーツは、ひとつの工場の機械で製造された後、他の工場でさまざまな製品に組み立てることができたのです。

突然、ある場所で作られたレバーが、時計、ミシン、あるいは鉄道車両の製造に使用することができるようになり、その結果、製造の効率が向上し、工学のデザインサイクルが加速されました。まぎれもなく、標準化されたパーツが供給されるようになったことで、エンジニアは新しいアイデアをより迅速に試作（プロトタイピング）できるようになったのです。

一般的に標準化された特性は、構成要素のサイズ、形状、材料特性、そして振る舞いです。これらの側面は、パーツの適切な組み立てに重要です。それは、レゴブロックの賢いデザインを見ればわかるでしょう。レゴブロックはすべて、ある一定のサイズと間隔の突起と穴を持っているため、互いに容易にかみ合います。どんなレゴブロックも、上部の突起が他のレゴブロックの底部の穴にはまるようになっていて、すべて同じ硬質プラスチックでできているので、交換してさまざまなものを作ることができます。

世界中のコンセントは、パーツの組み立ての標準化に面白い対比をもたらしています。この場合「組み立て」とは、コンセントに電化製品のプラグを差し込むことを意味しています。長い時間をかけて、世界中の国々は、さまざまなサイズ、形状、電圧のコンセントを開発してきました。その結果、アメリカで使うためにデザインされた電化製品は、他の国では直接使用できないことがあります。それは単純にプラグがコンセントにささらないためです。この話を聞いたあなたは、「ちょっと待って。もし、世界中にさまざまなタイプのコンセントがあるんだったら、それらはまったく標準化されてない！」と思うかもしれないですね。実は、標準化は必ずしも単一の標準規格に対する合意を意味するものではありません。例えば、異なるサイズや間隔の突起や穴を持ったレゴのようなブロックを、他の人が作ることもできます。各国（あるいはレゴのようなブロックの製造者）は内部に一貫した標準規格を持っていなければならないのですが、存在するすべてのパーツがユニバーサルに交換可能である必要はありません。多様性の欠点は、パーツが完全に交換可能ではなくなるということです。

実際のところ、エンジニアは、有限の数の標準規格に対応しています。その標準規格が相互交換可能であり、特定のプロジェクトでどの標準単位が使用されているのかが明らかであるかぎりは、うまく機能します。標準規格の重要性と競合する標準規格の存在の両方を説明するために、長さの測定は良い例となっていますので、次の項で説明します。

競合する標準

標準は、どんなところにも生じうるもので、実際に生じています。例えば、主にアメリカで使われる単位である「フィート」（図3-2）は、人の足のおおよその長さを基にしています。もちろん、足の長さは人によってかなり違います。「自分の足の長さ」を基準にするという元の発想は、個人にとって、例えばひとりで家を建てようとする建造者にとっては便利だったのかもしれません。しかし、その建造者が大工から資材を手に入れる必要があった場合に、建造者と大工の足のサイズが同じでなかったら建造者は困るでしょう。必要な16フィートの板材は、どっちの人の足が大きいかによって長くなりすぎたり、短くなりすぎたりするかもしれません。もちろん、今では、そのような一貫性のない状態を排除するため、標準規格化されたフィートの長さがあります。

［図3-2］競合する標準規格の例。私たちがよく知っている競合する標準の例をいくつかあげる。イギリス単位（ヤード・ポンド法）vs. 国際単位系（メートル法）（左）、TIFFvs. JPG（中）、交流（AC）vs. 直流（DC）（右）。

もうひとつの長さの標準としてメートルがありますが、これは赤道と北極点の間の距離の1,000万分の1と定義されました。この長さは人によって変わることはないですが、独力で測定することは困難です。もし家を建てる作業をしている建造者が自分の足ではなくメートルで資材を測るとしても、彼は赤道から北極点の間の距離の一部分を直接測ることはできません。そのため、すべての長さを見積もるためにはメートル尺が必要となります。それは大工も同様です。

フィートとメートルは長さの代替単位であり、「競合している標準規格」とそれぞれの選択肢に長所と短所があることを示す一例です。フィートはただちに役立ちますが、メートルはより標準化されています。どんな標準にも「正しいもの」や「間違ったもの」はなく、ただ特定の用途に対してより適切なものかどうかというだけです。大工から板材を取り寄せる必要のある建造者の場合に重要なことは、2人とも同じ単位を使っていることであって、そうでなければ長さ16フィートのつもりでいた板材が16メートルでやってくることがありえます。今やフィートもメートルも標準化されているので、エンジニアは必要に応じて2つの測定単位の間で換算することもできます。そ

のため、2つの標準規格が存在することは可能なのです。

競合する標準は、相互変換が可能なものでさえ、変わった回避策に至ることがあります。例えば、1873年、マサチューセッツ州のトーントンにあるメイソン・マシン・ワークス社は、アトランティック・ミシシッピ＆オハイオ鉄道向けの美しくて新しい機関車を製造しました（http://bit.ly/4-4-0_delivery）。しかし、線路のゲージがマサチューセッツ州（機関車が作られた場所）とオハイオ州（機関車が納品される場所）では違っていたために、マサチューセッツ州で線路にのせることができず、長物車（平台型貨車）で目的地まで運ばなければならなかったのです。

この例は、標準単位のもたらす明らかな便益を示していますが、実際には、単一の標準を開発して遵守することは、どんな分野でも難しいことがわかります。イギリス単位のヤード・ポンド法とメートル法の競合に加えて、他の歴史的な例として、ビデオではベータマックスvs.VHS、電力では交流vs.直流があげられます。おそらく、さまざまな利害関係者が違う目的や優先順位を持っており、これらの優先傾向によって、ある標準が他のものよりも促進されることになります。たとえ他の標準より優れているものであっても、もし代替の標準として推されたら、技術的、実践的、心理的な障壁が生じます。

標準化はどのように確立されるか

すべての分野に非常に多くの競合する標準規格が存在する理由のひとつは、標準規格がその場その場で生まれてくるからです。個々の研究者やエンジニアは、特定のニーズに適合する測定法や製作方法を開発するでしょう。そこから、他の人たちはその標準単位を有用なものと見て、適用するかもしれません。おそらく、自分たちの目的により適合するようにわずかな改変を加えるでしょう。この種の有機的な標準規格の開発は、研究者が自分たちの目的のためにさまざまな方法で標準単位を調整し、新しい標準の規格内でわずかな変化を加えるにつれて、混沌とした状態になることがあります。しかし、それはまた、実験や最適化のための優れた機会を与えてくれるものでもあるのです。このような非公式に開発された「擬似標準」の周りでの段階的な合意形成は、時間とお金の節約にもなります。急速に変化する分野においては特にそうで、それは予期しない方向に展開しがちであるがゆえに、最終的に必要となる標準規格を最初から知ることができないのです。

ジェイソン・ケリーは、この分野の基礎的進歩に関わっている合成生物学者で、その場その場での標準の開発の教訓的な事例として、1858年の最初の大西洋横断電信ケーブル敷設の話を引き合いに出しています。大西洋横断電信ケーブルは海面下で動作しなければならなかったので、エンジニアは1840年代の地上の電信線敷設時には経験したことのなかった測定と修理の課題に直面していました。もし地上の電信線が動作しなくなった場合は、視覚的に検査し、測定し、調整することで正常に動作させることができます。海底ケーブルの修理では視覚的に確認する簡単な方法がないため、別の対策が必要でした。そこでエンジニアは、基本に立ち返りました。ケーブルの銅線のメーカーは、標準電圧を生成するさまざまな種類のバッテリーと電流を記録するために較正(こうせい)されたガルバノメーター（検流計）を使って、銅線の電気的特性を測定することができました。その測定結果から、各ケーブルの抵抗がメーカー間でかなり違うことが明らかになったのです。ケーブルの銅が最高でも50%の純度しかなかったことを考えると、それほど驚くべきことではありませんでした。それにもかかわらず、導電性の正確な測定によって、不均一な単位の銅線は、水深1万2,000フィート（約3,660メートル）ほどの深さに2,000海里（約3,700キロ）以上にわたって動作するケーブルとして組み込まれました。1858年にケーブルの敷設は成功し、ヴィクトリア女王とジェームズ・ブキャナン大統領がイギリスとアメリカの間でメッセージを交換するのに要する時間が数日から数時間［正確には16時間半］に減少しました。

しかし、海底ケーブルの絶縁不良により、わずか3週間後には電信メッセージは途切れ、ケーブルは修理不可能なものとして見捨てなければならなくなりました。けれども、数年間のうちに技術が改良されるにつれて、後続のケーブルでの故障はケーブルの海岸端から追跡できるようになりました。故障を（おおまかにでも）見つけるために、ケーブルメーカーは正確に記録された抵抗率の測定値を頼りにし、回路が故障したと思われる箇所に修理船が送り出されました。電信線の故障箇所は、抵抗率の標準よりもむしろ、不均一なケーブルの予想される挙動で特定できたのです。

1860年代後半には、各ケーブルメーカーによって収集されたデータをよりよく比較するために、抵抗の統一な標準が推奨されました。「英国科学振興協会」は、この新しい標準規格を定めるために新しい物理的な参照標準を作りました。その参照物体は、真ちゅう容器に入った白金合金のコイルで、これが1オームの抵抗を作ると定義したのです。1オームという正確な抵抗の量には何も不思議もなく、定義はいくぶん独断的なものであっても、必要な標準が提供されました。図3-3が示すように、この参照標準は再現しやすいため、抵抗を測定する方法の手引きとともにさまざまなケーブルメーカーに広く配布されました。参照標準は多くのメーカーがケーブルの電気特性を測定することを容易にし、メーカー間での測定値の比較を可能しました。最初のオームの参照物体は完全な標準規格ではなく、時間をかけて調整されてきました。それでも、標準化のための初期の努力は、海底電信ケーブルという特別な用途に有用であることが証明され、オームの標準規格の開発を促進したのです。

この例からの教訓は、標準化の初期段階にある合成生物学に特に関連しています。何年もの間、世界中の生物学の研究室は、さまざまな技術を使ってDNA断片から遺伝子回路を構築してきました。その一部を次の節で紹介します。また合成生物学は、遺伝子回路の「拡張可能な」アセンブリに重きを置いており、そのためDNAアセンブリを標準化していく必要があります。次の節では、DNAパーツを組み立てる方法を標準化していく初期のアイデアや取り組みについても紹介します。

［図3-3］オームの標準規格を定義するための参照物体。このイラストは、抵抗の測定単位としてオームを定義するために使われた物理的な参照標準を表す。抵抗測定を行うための金属の物体と使用の手引きが入っている。

DNA工学の実践

標準化が他の工学の領域で果たす役割について紹介してきたので、今度はこの標準化が合成生物学や、合成生物学における主要な構成要素であるDNAの物理的なアセンブリにどう適用されるのかを見ていきましょう。

あなたはこう自問しているかもしれないですね。「生物学的機能には、タンパク質、脂質、DNAとRNAのような非常に多くの重要な分子が必要である。生物学をエンジニアリングするためには、DNA以外のものを必要とするのではないだろうか？」と。DNA自体は不活性分子であり、細胞の機能におけるキープレーヤーのうちのたったひとつであるという点では、あなたは正しいです。しかし、一般的に情報はDNAからRNA、そしてタンパク質へと流れていくため（「セントラルドグマ」として知られているパラダイム）、生物のDNAへの変化はすべて下流の機能に影響を与えます。細胞を機能させる生化学的機能を実行する責務を担っているのは、例えば細胞の酵素や構造分子といったDNAにコードされた生成物なのです。最終的に操作されなければならないのはこれらの機能であり、それはDNAを操作することによって成しとげられます。言いかえると、生物システムを構築する力やすぐれた点のひとつは、細胞が持っているDNA配列だけに基づいて細胞の分子組成を変えることができることなのです。このように、細胞は0

と1を解釈するかわりにDNAの言語で表現された指示を読むという点を除くと、ソフトウェアを読むコンピューターに似たような振る舞いをします。

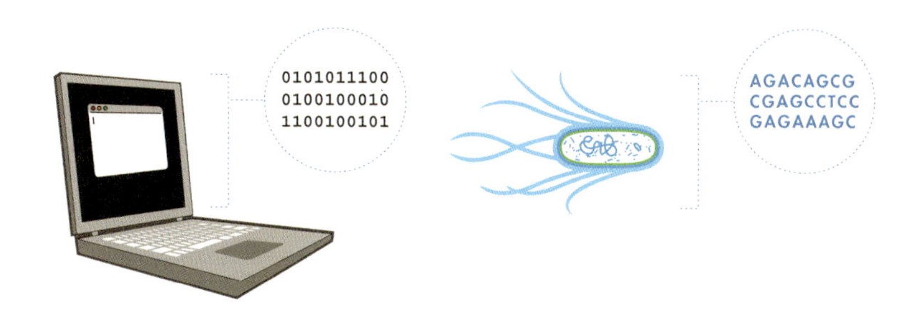

DNAは、大きな分子です。より具体的には、4種類のヌクレオチドの構成要素が頭尾結合でくっ付いて鎖になったポリマー（重合体）であり、その長さは数百万塩基のヌクレオチドからなることもあります。DNAは、他の分子と同じ化学法則にしたがいます。そのため、合成生物学者は、モノマー（単量体）のヌクレオチドの間に結合を形成することによって、DNAを一から設計することができます。さらに合成生物学者は、生物システムから抽出した自然に存在するDNAの塩基間の結合を切ったり、再構築したりすることもできます。もっとも、合成生物学者は一般的に、これらの2つのアプローチを合わせて使うことで、「合成」したDNA断片と自然に存在するDNA断片を所望の新しい遺伝子回路にアセンブリしています。これをするために、エンジニアは類似のプロセスを細胞で行う自然に存在する酵素を選び出す賢い方法を見つけ、「分子クローニング」と呼ばれるプロセスでDNA工学の反応を試験管内で行えるようになりました（P.55のコラム「クローニング酵素の起源」を参照してください）。

DNAアセンブリの最終生成物は、「組換えDNA」（rDNAと書くこともある）と呼ばれます。組換えDNAは、分子クローニング技術を使って研究室で作られたDNAを指します。得られるDNAは、自然界にあるかもしれないし、ないかもしれない配列の組み合わせです。現代の合成生物学より数十年前に開発された組換えDNAは、1章「合成生物学の基礎」で説明した従来の分子生物学のツールキットの一部となっています。次の項では、DNA操作方法の中のいくつかの共通の原理を見ていきましょう。そして、異なるレベルの標準化を採用する3つの具体的な方法を見ていきます。それぞれの方法には、利点と欠点があります。

DNAアセンブリの基礎

DNAアセンブリには、いくつかの基本的な構成要素とツールが必要です。

- 必要な特定の機能をコードするたくさんのDNA
- 正確にDNA断片を結合する方法
- これらの操作したDNA鎖を標的生物に導入する方法

DNAを操作するために使用できる方法は、非効率です。そのため一般的には、DNA工学技術者は可能なかぎり多くのDNAから始めて、それから希望のDNA成分をすべて含む比較的珍しいDNAの組み合わせを選びます。最初のたくさんのDNAを作り出すには、PCR、プラスミド調製（ミニプレップ）、合成といったいくつかの異なる方法があります。これらのプロセスは、これからさらに詳細に議論していくことになりますが、単独で使ったり、多様な組換えDNAを作り出すために組み合わせて使ったりもします。

組換えDNAは、「プラスミド」と呼ばれる小さな環状のDNAとして、形質転換というプロセスを介して細胞中に導入されることが一般的です（図3-4参照）。形質転換のプロセスについては、9章「What a Colorful World」実験実習を参照してください。DNA工学のプラスミドをベースとしたアプローチのかわりに、生物のゲノムに直接編集を加えることも可能ですが、ここでは取り扱いません。簡単なプラスミド調製プロトコルは、さらなる実験のための出発物質として必要な量のDNAを提供してくれます。制限酵素で操作可能な市販のプラスミドが多数あります（P.55のコラム「クローニング酵素の起源」を参照してください）。プラスミドは少なくとも、薬剤への耐性を付与する選択マーカーと、容易に遺伝子を挿入したり除去したりできる制限酵素サイトを多く含む複数のクローニングサイトをコードしています。そのような最小のプラスミドは、エンジニアが新しい遺伝子を構築することができる空のカンバス、あるいは「骨格」（バックボーン）として機能するように精製されるかもしれません。あるいは、そのプラスミドには目的の遺伝子がすでに入っているかもしれません。そのような場合には、いくつか追加のステップを経てプラスミドからその遺伝子を抽出

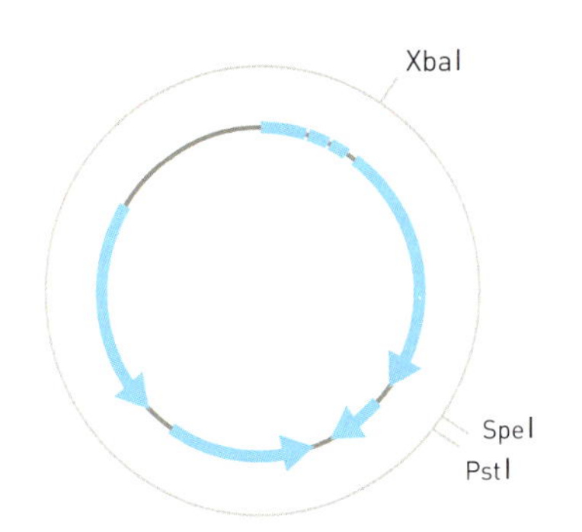

[図3-4] 標準的なプラスミドの図。グレーの円はプラスミドを表している。青い矢印はプラスミドの機能的な部分を表しており、その構成部分に必要な転写の方向を矢印で表している。XbaI、SpeI、PstIの位置は、それらに対応する制限酵素で切断される箇所を指している。

するために、プラスミドは精製されます。いずれにしても、プラスミドを調製する方法は、細胞が複製するという自然の能力をうまく利用したもので、人の労力や介入を最小限に抑えてDNAのコピーを大量に作ることができます。プラスミドDNAは、ゲノムDNAより操作が簡単であることが多いので、組換えDNAは一般的にはクローニングのプロセスの間中ずっとプラスミドの形で保持されます。

PCR（図3-5）は、アセンブリに必要なDNAを作製するためのもうひとつの一般的なアプローチです。詳細については1章「合成生物学の基礎」を参照してください。手短に説明すると、PCRを用いることでエンジニアは、特定のDNA配列のコピーを、数千塩基の長さまで直線状で、非常に少量の状態から始めて大量に作り出すことができます。PCRでは、「鋳型DNA」と呼ばれる必要なDNAの出発物質以外にも、「プライミング・オリゴマー」が必要となります。それは「プライマー」と呼ばれたり、「オリゴ」と呼ばれたりもしますが、約50塩基以下の長さのDNAの短いポリマーのことです。PCRを行うためには、鋳型DNA、プライマー、酵素［DNAポリメラーゼ（DNA合成酵素)］、そしてバッファーなどを装置に入れて[11]、異なる温度のサイクルにさらします。PCRによって作られたDNAは、あとでプラスミドに挿入することができ、以前に書いたように、簡単なプラスミド調製方法でDNA配列のコピーを単離することができます。加えて、PCRで作られるDNAは、いくつかの有用な改変を入れて操作することもできます。例えば、プライマー中に希望の改変を組み入れておくことで、制限酵素サイトなどの短い配列を付け加えることができます。

［図3-5］ポリメラーゼ連鎖反応。青色のバーは増幅されるDNA配列の領域を示している。黒い矢印はその配列の端を決めるプライマーを示している。

「DNA化学合成」（図3-6）は、DNAを作り出すためのもうひとつの方法です。ヌクレオチドは試験管内で伸長する一本鎖DNAにひとつずつ加えられます。このDNAの直接的な化学合成には、いくつかの利点があります。ひとつは、鋳型DNAを必要とせずに、ヌクレオチドが化学的に互いに結合されていくこと。したがって、望みの遺伝子は、所望の配列のデジタル情報のみから生成することができ、それは自然界にこれまで存在していたものである必要はありません。DNA化学合成のもうひとつの利点は、生成物の作製を外注できることであり、研究者が他の実験に集中できるようになること。しかし、現時点では、この化学合成はPCRに必要なプライマーを作るために最も日常的に使われています。このDNAを作るアプローチはそれ自体で、合成にかかるコ

11 ——DNA合成のための素材（基質）であるdNTPも加える。

スト、生成物を作り出すのにかかる時間、そして非常に長い配列の合成の技術的限界によって制限されます。そのため、短いDNA配列の化学合成とPCRをベースとしたアセンブリの方法を組み合わせたハイブリッドなアプローチが、自然と合成の両方の遺伝子を得る手段として、ますます一般的になってきています。

プラスミドの調製、PCR、化学合成はすべて、組換えDNAにアセンブリされる出発物質を作り出すための手法として認知されています。DNAの出発物質を「切り」「貼り」するためには、「制限酵素」がよく使われます。これらのエンドヌクレアーゼは、「制限酵素サイト」と呼ばれる特定のDNA配列を認識した時にのみ、二本鎖DNAを「切り」ます。数百種類の制限酵素があり、各々ははさみのように働き、その酵素に特有のDNA配列を認識して切断し、図3-7に示す通り酵素次第でDNA塩基を平ら（「平滑末端」）か不対（「粘着末端」）のどちらかの状態にします。異なるDNA断片が同じ制限酵素で切断された場合、それによって生じた末端は相補的であり、それらの断片は互いにくっ付くことができます。複数の酵素が使われた場合は、複数の「粘着性」の突き出た末端が切断されたDNA断片を互いに付けることになります。それらが結合された後、組換えDNAアセンブリの最終段階では、「DNAリガーゼ」という酵素を使って、その断片を「貼り」ます。リガーゼは、制限酵素がDNAの「ホスホジエステル骨格」の結合を切断したところをつなぎます。制限酵素とリガーゼは分子生物学者や合成生物学者にとって便利なツールなのですが、それらがなぜ自然界に存在しているのか知りたい人のために、次に続くコラムではクローニング酵素の起源について説明します。

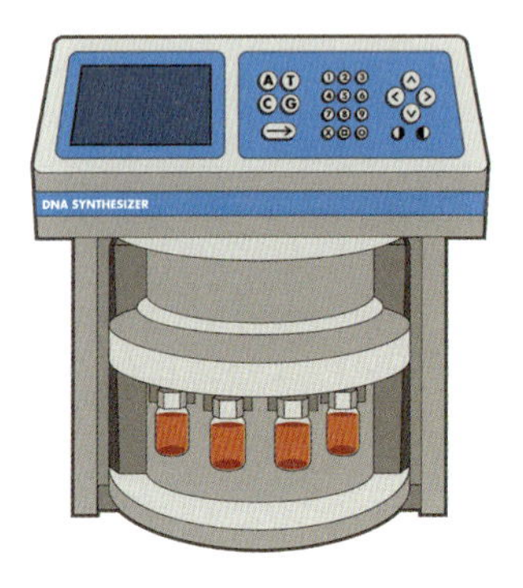

［図3-6］DNA合成機（DNAシンセサイザー）。4つのオレンジ色の小瓶は試薬を表し、DNA鎖にアセンブリされる各DNA塩基が入っている。上のコンピューター制御のインターフェースで、エンジニアが希望の配列を入力することができる。

［図3-7］組換えDNA。黒と青の2本の線は二本鎖DNAを示している。色は制限酵素で切断されたところがわかるように付けている。相補的な「粘着末端」（左）あるいは「平滑末端」（右）があり、図に示されている通り、これらは再結合することができる。

クローニング酵素の起源

DNAのクローニングで利用される酵素は、既存の生物から得られたものです。細胞は、例えば細胞分裂の前にゲノムを複製するためにDNAポリメラーゼを必要とします。制限酵素やリガーゼもまた、細胞の生存や増殖において重要な役割を担っています。

「制限酵素」

細菌は、外来DNA（例えばウイルス）の侵入から自らを守るために制限酵素を使います。これらの酵素は、制限酵素サイトと総称される特定のDNA配列を切断するように進化しました。制限酵素サイトは、典型的には4～6塩基対の長さです。ウイルスが宿主細胞にそのDNAを注入した時、その細胞の制限酵素はDNAを多くの断片に切断し、宿主のゲノムへの挿入を防ぎ、感染を阻止します。どんな種の細菌でも1種類または数種類の制限酵素しか作りません。それは細胞中の制限酵素の数が増えるにつれて、制限酵素サイトが宿主自身のゲノム中にも存在する可能性が高くなってしまうからです。制限酵素サイトと同じゲノム配列を持つことは、そのサイトを認識できる制限酵素が細胞自身のゲノムを壊す可能性があり、破壊的であることを示してしまいます。約600種類の市販の制限酵素のコレクションは、数百のさまざまな生物に由来しており、その宿主のゲノム中に存在しない、または修飾された制限酵素サイトを認識して、酵素が細胞のDNAを細かく切断してしまわないようにしています。

「DNAリガーゼ」

細胞は普通、DNA複製や修復のためにDNAリガーゼを使います。DNA複製の間、「ラギング鎖」と呼ばれる二本鎖DNAのひとつの鎖が不連続な断片で合成されます。DNAリガーゼは、これらの断片をくっ付けて単一の連続したDNA鎖を作るために使われます。それに加えて、DNAリガーゼは、DNAがダメージを受けた時、あるいは、DNA複製中に活動する校正機構によって誤ったヌクレオチドが切除され、正しいものに置き換えられた時に生じるDNA骨格の切れ目（ニック[12]）を封じ直します。DNAリガーゼは分子生物学において、DNAの粘着末端が結合した際、DNA骨格に残ったニックを封じるために利用されます。

12 ——二本鎖DNAの一方の鎖において、隣接するヌクレオチド間のホスホジエステル結合が欠けている部分のこと。

DNAアセンブリの基礎の適用

　これまで、DNAを調製して細胞に導入するという一般的な方法に焦点を当ててきました。次は、異なるDNA断片をいかに特異的に、そして正確に組み合わせられるのかについて探ります。それを解説するために、いろいろなDNAアセンブリの手法を使っていかにプラスミドを作ることができるのかを説明します。これについては、7章「iTune Device実験演習」で主に扱いますが、ここでの話についていくために7章を読んでおく必要はありません。あなたがここで知っておく必要があるのは、iTune Device実験演習では、遺伝子が異なる強さの調節要素によって調節された時、どれだけのβ-ガラクトシダーゼが生成されるかを実験するということです。iTune Device実験演習で使われる各プラスミドには、酵素のコード配列の上流に3つのプロモーター候補のうちのひとつと、3つの「リボソーム結合部位」(RBS)候補のうちのひとつが含まれています。プロモーターはRNAポリメラーゼを引き寄せることによって遺伝子の転写を指導し、RBSではリボソームによって翻訳が開始され酵素を産生します(図3-8)。これらのDNA要素の可能なすべての組み合わせとひとつのリファレンス(参照)用のプラスミドは、前もってアセンブリされたものです。ここでは、従来の分子クローニング技術(P.57「DNA構築:従来の分子クローニング」)とバイオブリック[13]・アセンブリ(P.61「DNA構築:バイオブリック・アセンブリ」)、そしてギブソン・アセンブリ(P.65「DNA構築:ギブソン・

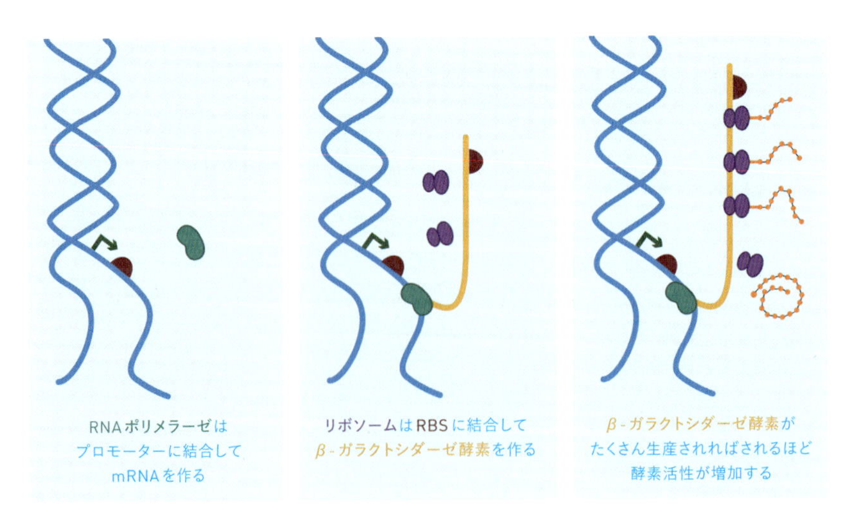

[図3-8] 分子生物学のセントラルドグマ。左の図では、RNAポリメラーゼ(緑色の豆の形のもの)が、ほどけたDNAのプロモーター領域付近に見られる。プロモーター領域は、プロモーター(緑の矢印)とRBS(茶色の半円)からなる。中央の図では、RNAポリメラーゼがプロモーターに結合して、mRNA(オレンジ色の線)の転写を開始している。リボソーム(紫色)が、mRNAのRBS近くに集まってきている。右の図には、mRNAからタンパク質への翻訳が示されており、各リボソームがmRNAにそって翻訳を進めるにつれて、タンパク質(オレンジ色)の合成が進んでいく。

アセンブリ」）を使った場合、それらがどのように作製されるのかを見ていきましょう。

お察しの通り、各手法には長所と短所があります。従来の分子クローニング技術は、確実に機能しますが、新しいDNAアセンブリの課題ごとにその場で開発しなければならないため、完璧に計画して実行するためにはかなりの専門知識が必要とされます。バイオブリック・アセンブリは、従来のクローニングを標準化する最初の試みのひとつです。それは国際合成生物学大会（iGEM）のチームによって広く受け入れられました。なぜなら、標準生物学的パーツ・レジストリにある自由に使えるバイオブリックの多くが、そのアセンブリ手法と互換性があるからです。ギブソン・アセンブリは、比較的新しい技術で、バイオブリックのパーツとも互換性がありますが、バイオブリックを必要としないものでもあります。ギブソン・アセンブリは、多くのDNA断片を同時にアセンブリすることを可能にするもので、多くの人からDNAアセンブリの未来を表すものとして見なされています。しかしまだ成熟した工学的手法に必要とされる標準化には至っていません。いつか、ギブソン・アセンブリもバイオブリック・アセンブリのように標準化された技術となるかもしれませんが、他の新技術と同様、標準化はイノベーションに後れを取るものです。

DNA構築：従来の分子クローニング

iTunesプラスミド（iTune Device実験演習で扱う）にクローニングされる3つの要素は、プロモーター、RBS、そしてβ-ガラクトシダーゼ酵素のコード配列です。β-ガラクトシダーゼは、自然界に存在する酵素で、大腸菌（*E. coli*）で見つかったlacZ遺伝子によってコードされています。lacZ遺伝子は自然界に容易に利用可能な供給源があり、遺伝子配列も知られているので、クローニングを始めるのに十分量のlacZ遺伝子を作るためのアプローチとしては、PCRが理にかなっています。プロモーターとRBSの出発物質を十分な量作る方法はあまり定かではありません。これらは自然界にも存在しますが、特定の特性を持つ新しいプロモーターまたはRBSのアイデアに基づいて新しく作ることもできます。さらに、プロモーター配列は短く、約35塩基であり、RBSに至ってはさらに短くなっています。このような短いDNA断片を産生する最も一般的な方法は、DNAオリゴマーを化学的に合成し、後に試験管内で結合させることで望みの二本鎖DNA配列を作ることです。多くの場合、合成された配列のどちらかの末端に制限酵素サイトを含むことも賢明で、そのことによって配列に操作を加えてクローニングすることが可能になります。受託のDNA合成はかなり安価で、1塩基あたり数ペニー［日

13 —— バイオブリック（BioBrick）は、工学原理の抽象化と標準化の概念に基づき、指定の組み立て標準に適合するよう開発されたDNAパーツ。コンピューターサイエンス分野出身のトム・ナイトを中心に考案され、パーツ普及のために標準生物学的パーツ・レジストリやiGEMなどのプロジェクトが行われている。

本円で数円］でサービスを提供している会社があります。最初の数回のクローニングステップのための出発物質として使うことができるように、たいてい十分量のDNAを届けてくれます。

DNAの出発物質が手に入ったら、従来の分子クローニング技術（図3-9参照）を用いて、プロモーター、RBS、lacZ遺伝子をプラスミドにクローニングするため、多くの次のステップがあります。一般的にいって、プラスミドに挿入できるのは一度にひとつのDNA断片だけであるため、終始一貫した方法を取る必要があります。例えば、iTunesプラスミドを作るためには、開始プラスミドとlacZのPCR産物を2種類の制限酵素（ここでは、酵素「C」と「D」と呼ぶことにしよう）で切断することが合理的かもしれません。理想的には、酵素Cと酵素Dは断片に粘着末端を残し、lacZとプラスミドDNAの断片は、予測可能な方法で互いに結合することができます。それから、2つのDNA断片を連結（ライゲーション）し、大腸菌に形質転換し、薬剤の入った培地上で培養することによって選択します。それから、プラスミド調製によって、細胞から成功した新しい「lacZ

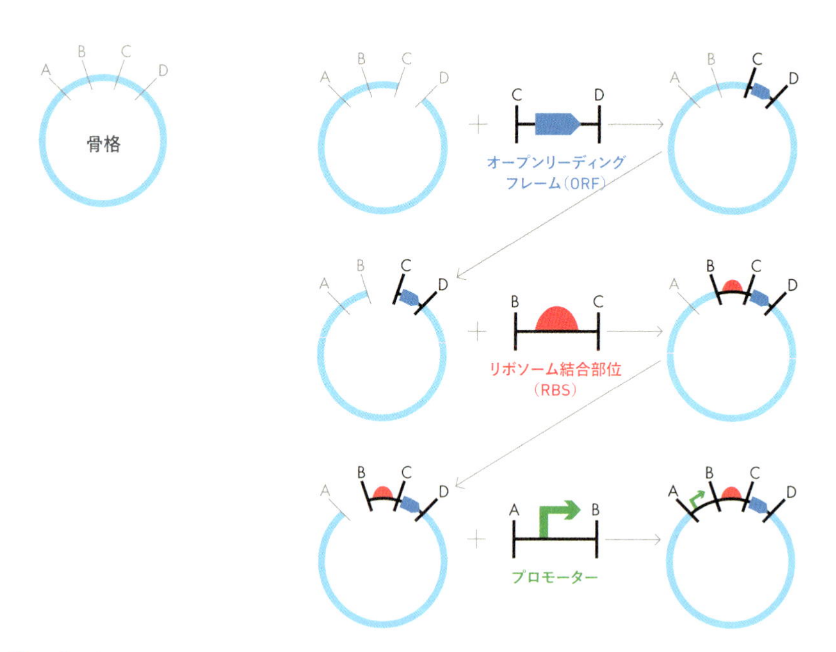

［図3-9］従来のクローニング。従来から用いられているクローニング技術を使って、単一のiTunesプラスミドを作製する。そのために、まず骨格プラスミドを制限酵素「C」と「D」で切断し、PCRを用いて「C」と「D」の制限酵素サイトが両端にある所望のDNAを作る。このDNA断片が連結されると新しい骨格となり、これを今度は制限酵素「B」と「C」で切断し、両端に「B」と「C」の制限酵素サイトがあるRBSのDNA断片と組み合わせる。その結果得られた骨格を制限酵素「A」と「B」を使って再度切断して、両端に「A」と「B」の制限酵素サイトがあるプロモーターのDNA断片と組み合わせることで、最終的にiTunesプラスミドをアセンブリする。各ステップの間では、新しくできた骨格プラスミドを大腸菌に形質転換する必要があり、そのDNAを抽出し、正しいかどうかを検証しなければならない。

＋プラスミド」DNAのクローンを精製し、RBSを加えるという次のステップへと進みます。制限酵素「B」と「C」を使って、このDNAアセンブリを実行することができます。これらの制限酵素はDNA断片を適切に整列させる粘着末端を残します。再度、DNA断片を連結し、形質転換し、所望のプラスミドのコピーをたくさん作り出すために増殖させてコロニー［目に見える微生物のクローン］を選択します。「RBS＋lacZ＋プラスミド」DNAが、DNAシーケンシング、あるいは制限酵素の切り出しパターンの検証によって正しいと実証された後、今度は制限酵素「A」と「B」を使って、開始プロモーターのDNAと一緒に「RBS＋lacZ＋プラスミド」DNAを再び切断します。もう一度、DNA断片を連結し、形質転換し、選択し、そして（ようやく）所望の最終プラスミドの調製が完了します。

はぁー！　数日後には、図3-10に示すようにiTune Device実験演習に必要な10個のプラスミドのうちのひとつを得ることができます（このプロセスがうまくいかないような状況を学ぶには、すぐ先のP.60のコラム「現実のDNA工学」を見てください）。幸いにも、中間体として作られたプラスミドのいくつか（例えば「RBS+lacZ+プラスミド」）は再利用できて、他

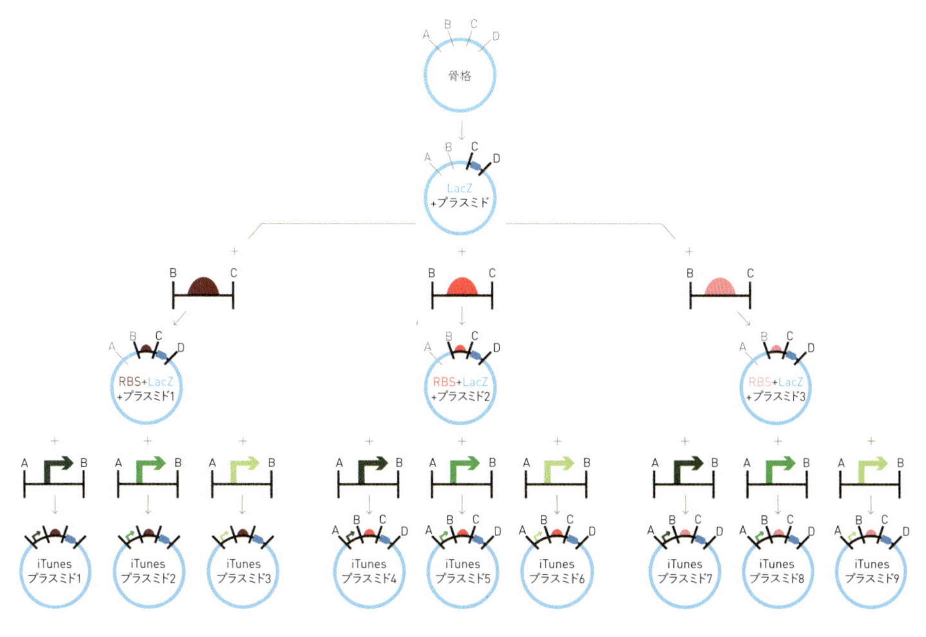

［図3-10］従来のクローニングの拡張。図3-9に示す従来のクローニング技術は、iTunesプラスミドのライブラリを作るために拡張することができる。まず、最初の反応生成物を3つのまとまりに分け、2番目のクローニングステップを各反応に対して異なるRBSを使って行う。それから、これらの各反応の産物のプラスミドを3つのまとまりに分け、異なるプロモーターを加える最終ステップを行う。ここで概説した手法は、クローニングされるDNA断片内に、必要な制限酵素サイト（「A」、「B」、「C」、または「D」）がまったくない場合にのみ機能する。

のプラスミドのアセンブリに役立てることができます。すべてのプラスミドに含まれている必要があるlacZ遺伝子からクローニングを開始することによって、その後のステップの多くを並行して実行できます。

全体的に、従来のクローニングを使って、すべてのステップが完璧に進むと仮定した時に、iTunesプラスミドのすべてのアセンブリを終えるためには、少なくとも数日間と約13回の切断／連結の反応が必要となります。もしあなたが、DNAをアセンブリするためのより一般的で早い方法があるべきだと思ったなら、多くの合成生物学者と同じことを考えています。バイオブリック・アセンブリとギブソン・アセンブリの2つは、従来の分子クローニング技術のペースと臨機応変な性質に対して欲求不満を持ったことから生まれた手法なのです。

現実のDNA工学

従来の分子クローニングに関する私たちの解説は、そのプロセスを扱いにくいもののように思わせてしまっているかもしれません。けれども実際には、一番良い場合のシナリオを提示しています。現実のクローニングは、正しく機能しないプライマー、形質転換効率の低い細胞、不活性化した酵素など、たくさんの思わぬ困難な問題にぶつかります。それがまさにラボ生活なのですが、研究者はしばしば、トラブルシューティングや外から見るかぎりではうまくいくはずなのにうまくいかない手順の最適化のため、時間を費やさなければならないのです。BioBuilderの実験演習をいくつか行ううちに、あなたもそれを経験するかもしれませんね。この種の問題に対処するためのラボマニュアルもありますが、ここでは私たちはそこに焦点は当てません。とはいえ、実験室で実際にDNA工学を行うこととはどういうことかをより良く理解するために、一般的な落とし穴をいくつか紹介しておきます。

制限酵素を利用するためのDNA配列の編集

制限酵素は、さまざまな遺伝子工学的アプローチにとって重要なツールです。エンジニアは、例えば新しいDNA断片を挿入することによってDNA配列を部分的に操作できるようにするため、特定の特徴的な配列でDNAを切断するために制限酵素を使います。酵素の配列特異性は、エンジニアが制御して狙った方法でデザインを実装できるようにするために重要ですが、エンジニアが使っているDNA配列が特定の制限酵素と素直に使えるようにするためには変更が必要となるかもしれません。具体的には、制限酵素の標的配列は、エンジニアが切断したいと思っている箇所以外のどこにも存在してはなりません。仮にその配列が存在してはいけない箇所に存在していたとしたら、エンジニアはクローニングの残りの工程を続ける前に「部位特異的変異導入」と呼ばれる手法を使って、それを変更しなければならないのです。幸運にも、遺伝子コードの冗長性は、ほとんどの場合、アミノ酸配列を変えることなく問題のある配列を変えることができるということを意味します。例えば、DNA配列でTTCがTTTに変えられた場合、EcoRI認識部位が変異されますが、その配列は依然としてアミノ酸のフェニルアラニン[14]をコードしています。

トラブルシューティングと手法の変更

生物システムの予測不能な振る舞いが主な原因で、細心の注意を払って計画されたクローニングのプロトコルでさえ失敗することはありえます。例えば、制限酵素、ヌクレアーゼ、DNAリガーゼなどの重要な酵素は、冷凍庫から出して長時間放置してしまうと機能が停止するかもしれません。細胞は形質転換効率を失う可能性があり、以前のクローニングステップがうまく機能したかどうか、エンジニアが知ることさえも本質的に不可能となってしまいます。これらの問題のほとんどは、企業に新しい酵素を注文するか、新しい細胞群を培養するかして比較的容易に解決できますが、時間がかかり、後退することになってしまいます。他の実験室の問題は、解決するのがもっと難しいかもしれません。時々、あるプライマー、または特定のクローニング手法がはっきりした理由もなく機能しないことがあります。これは、常に何が起こっているのかを知りたい科学者にとって非常に欲求不満のたまる状況です。しかし、従来のクローニングのツールボックスは十分大きく、ある配列を操作するための方法がほとんどの場合複数備わっているので、最良の方策は単純に新しいアプローチに移行して試してみることになります。

DNA構築：バイオブリック・アセンブリ

従来の分子クローニングのように、バイオブリック・アセンブリは、制限酵素とDNAリガーゼを使って、DNA断片をつなぎ合わせる手法に基づいています。しかし、すべてのDNA断片が標準化されたバイオブリック・パーツとしてできているので、ステップの中には簡素化されたものや完全にスキップされたものもあります。バイオブリック・パーツは、特定の生物学的機能を与えるDNA配列として定義されています。一般

14 ——DNAとRNAの塩基はそれぞれ4種類あるのに対して、タンパク質を構成する主要なアミノ酸は20種類ある。各アミノ酸にはコドンと呼ばれる3つの塩基配列が対応しており、この遺伝子コードに基づいて塩基配列がアミノ酸配列に翻訳される。ひとつのアミノ酸は複数のコドンと対応している場合が多い（遺伝子コードの冗長性）。

的に、プロモーター、RBS、オープンリーディングフレーム（ORF）はそれぞれ、単純な「パーツ」として定義されます。各バイオブリック・パーツは、固有のパーツ認識番号を持っています。例えば、iTunesプラスミド上のlacZ配列は「BBa_E0051」といった具合です。ここで「BBa」は「BioBrickシリーズa」を意味していて、「E0051」は標準生物学的パーツ・レジストリにあるパーツの固有情報のカタログ番号です。iTunesプラスミドにあるプロモーターパーツとRBSパーツもまた、固有のパーツ認識番号を持っているので、インターネット接続できたら誰でも、それらの配列や振る舞いについての情報を調べることができます。

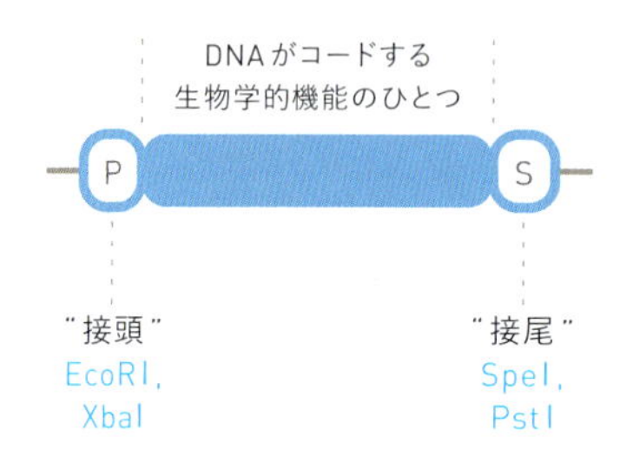

［図3-11］標準化されたバイオブリック・パーツ。DNAがコードする機能を青で示している。標準化された接頭配列「P」（Prefix）が端に配置されていて、これには2つの知られた制限酵素サイトがある。もう一端には標準化された接尾配列「S」（Suffix）が配置されていて、これにも別の2つの制限酵素サイトがある。

マサチューセッツ工科大学（MIT）のトム・ナイトが当初説明したように、各々の標準化されたバイオブリック・パーツは、図3-11に示す通り、EcoRI[15]とXbaIの制限酵素サイトを含んだ均一な「接頭」配列と、SpeIとPstIの制限酵素サイトを含んだ均一な「接尾」配列との間に挟まれています。接頭と接尾の制限酵素サイトは、バイオブリック・パーツが、1回のクローニングですべてアセンブリすることができるように慎重に選ばれました。特に、ひとつのパーツの接頭にあるXbaI制限酵素サイトは、もうひとつのパーツの接尾がSpeIで切断された後に残る粘着末端と結合することができます。これにより、予測可能な順序で2つのパーツは結合され、そして、一番端の接頭と接尾にある制限酵素サイトをそのままの形で残します。このことは、得られたアセンブリ（ここでは「コンポジット・パーツ」と呼ぶ）が、他のアセンブリ反応に使うこと、あるいは発現させるためにプラスミドにクローニングすることを可能にします。言いかえれば、バイオブリック・パーツは、単体パーツであれ、コンポジット・パーツであれ、毎回同じやり方で切断できて、どんなパーツも他のパーツと結合できるのです。

この手法を説明するために、以下のバイオブリック・パーツを用いて、iTunesプラスミドの構築を考えてみます。

- BBa_J231106 ＝ 「中ぐらいの強さ」のプロモーター
- BBa_B0034 ＝ 「強い」RBS
- BBa_E0051 ＝ lacZ遺伝子を改変したバージョン

15——制限酵素の名称は、由来する細菌の学名、菌株、ローマ数字からなる。例えばEcoRIの場合は、大腸菌（*Escherichia coli*）のR株で1番目に発見された制限酵素である。

言及しておくべきこととしては、仮に私たちのアセンブリがレジストリにないDNA断片を含んでいたとしたら、次のステップに移る前に、そのDNAを標準化されたバイオブリック・パーツにするためにいくつかのステップをプロセスに加える必要があるということがあります。この要件から、この章の始めで考えた標準化についての一側面、すなわち標準化が一般的には最初に時間とエネルギーがかかるが、長い目で見た時にはより効率的であることがわかります。

3つのパーツを組み合わせるには、2つのアセンブリのステップが必要です。最終的なDNAアセンブリのパーツの順番が重要であるため、最初にどのパーツをどの順序で切断するかを決めることが必須です。うまくいくオプションはいくつかありますが、この例では、lacZ遺伝子（BBa_E0051）の上流に強いRBS（BBa_B0034）を置くと決めたとしましょう。図3-12に示すように、BBa_B0034を含んだプラスミドでは、パーツの接頭部分をEcoRIで、接尾部分をSpeIで切断することができます。別の反応で、BBa_E0051を含んだプラスミドでは、パーツの接頭部分をXbaIで、接尾部分をPstIで切断することができます。最後に、新しいアセンブリの挿入先となるプラスミドは、BBa_B0034の接頭部分と合うようにEcoRIで、BBa_E0051の接尾と合うようにPstIで切断されます。

図3-13に示すように、これら3つのDNA断片を組み合わせて連結する時、得られたプラスミドには、新しいコンポジットパーツBBa_B0034 + E0051が含まれており、それには新しいパーツ番号：BBa_Xnnnnnが与えられます。この新しいパーツはバイオブリックの標準規格に適合します。それには、標準のバイオブリック接頭配列、元のB0034パーツとE0051パーツの「混合」サイト、そしてその後に標準のバイオブリック接尾配列があるからです。元のパーツを混合したサイトは、もはやSpeIあるいはXbaIのどちらにも認識されません[16]。そのかわり、B0034 + E0051コンポジットパーツは、事実上新しいバイオブリックになります。それは新しいパーツ番号を付けてレジストリに登録でき、図3-14に示すように、それを他のどんなバイオブリックとも組み合わせることができます。

16 ――SpeIとXbaIはそれぞれ違う配列の制限酵素サイトを認識するが、DNAを切断すると同じ配列の粘着末端ができるため、それらは互いに結合することができる。しかし、それによって制限酵素サイトの配列が融合され、どちらの制限酵素にも認識できなくなる。バイオブリックの制限酵素に関する詳細については、iGEMのウェブサイトを参照（http://parts.igem.org/Help:Restriction_enzymes）。

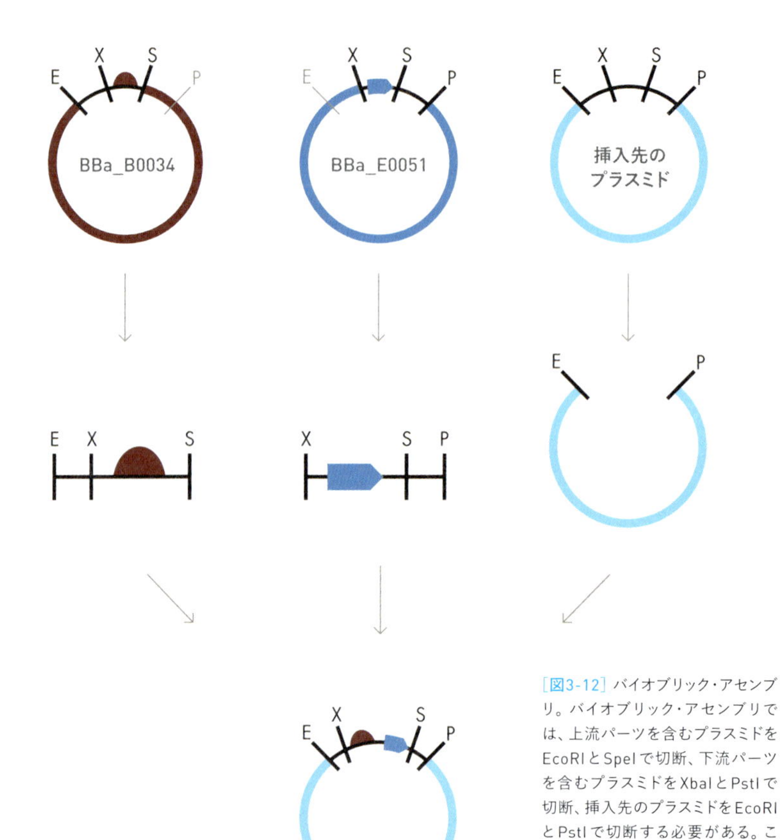

［図3-12］バイオブリック・アセンブリ。バイオブリック・アセンブリでは、上流パーツを含むプラスミドをEcoRIとSpeIで切断、下流パーツを含むプラスミドをXbaIとPstIで切断、挿入先のプラスミドをEcoRIとPstIで切断する必要がある。これらのDNA断片を組み合わせて連結し、新しいバイオブリック・パーツを運ぶプラスミドを作り出す。

バイオブリックの標準規格は、従来のクローニングと比較して、DNAアセンブリのプロセスを効率化し、DNA断片をつなぎ合わせるための信頼性の高い統一された手法を可能にします。バイオブリック・アセンブリの効率向上の要因のひとつは、事前にパーツを標準化し、それらを共有リソースに提供してくれた人々の努力によるものです。**有用であるために、バイオブリック・パーツは、期待される接頭と接尾の配列を含むように、そしてパーツ自体に接頭と接尾のどの制限酵素サイトも決して含まないように改良されなければなりません**。この改善プロセスは簡単ではなく、労力を必要とします。「部位特異的変異導入」と呼ばれる分子生物学者のツールキットの技術を通じて、あるいはDNAの化学合成法を通じて、DNA配列に必要な変異を導入することができます。いずれにしても、要求される作業はエネルギーの投入を必要とし、この標準規格の採用への障壁となっています。おそらく、それが他のアセンブリ標準規格が

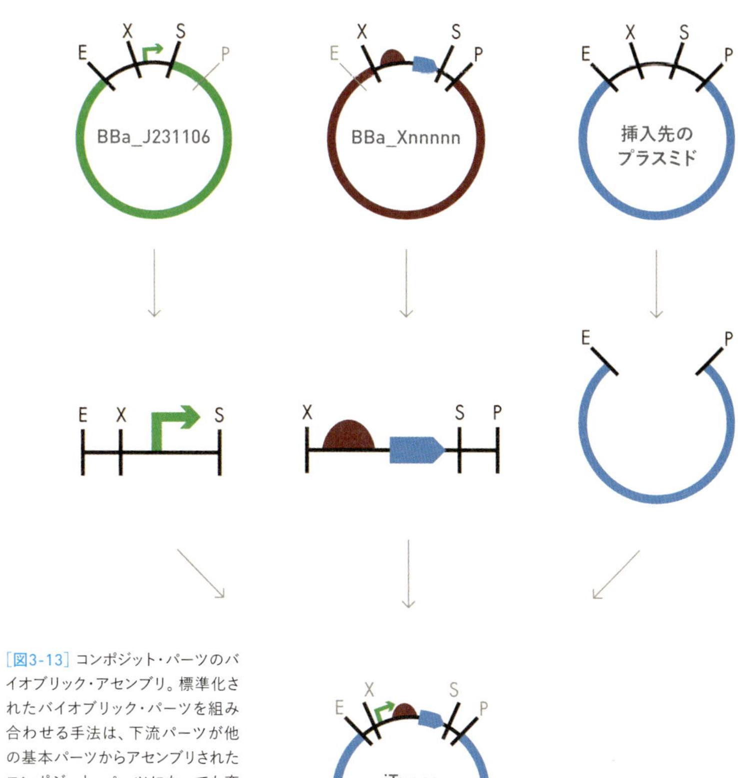

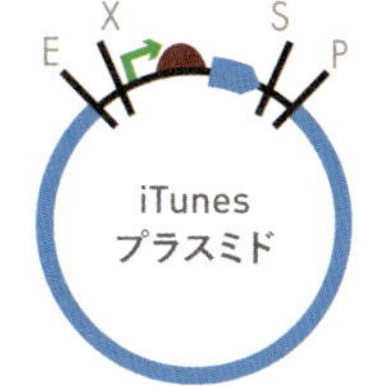

［図3-13］コンポジット・パーツのバイオブリック・アセンブリ。標準化されたバイオブリック・パーツを組み合わせる手法は、下流パーツが他の基本パーツからアセンブリされたコンポジット・パーツになっても変わらない。これは、バイオブリック・アセンブリの方法の主要な実施可能な特徴である。

開発された理由のひとつでしょう。次に紹介するギブソン・アセンブリの方法もそのひとつです。

DNA構築：ギブソン・アセンブリ

ギブソン・アセンブリには、従来のクローニングとバイオブリック・アセンブリの両方と比べていくつかの利点があります。その中でも一番大きいのが、多くのDNAパーツを同時にアセンブリできることの有用性です。その開発の初期段階でも、1回のギブソン・アセンブリ反応で10個のDNAパーツを一緒につなぎ合わせることができました。このように、この技術は、これまで紹介してきた他のDNAアセンブリ方法よりも効率性の面で大幅に向上したもので、複雑な遺伝子プログラムをアセンブリする際

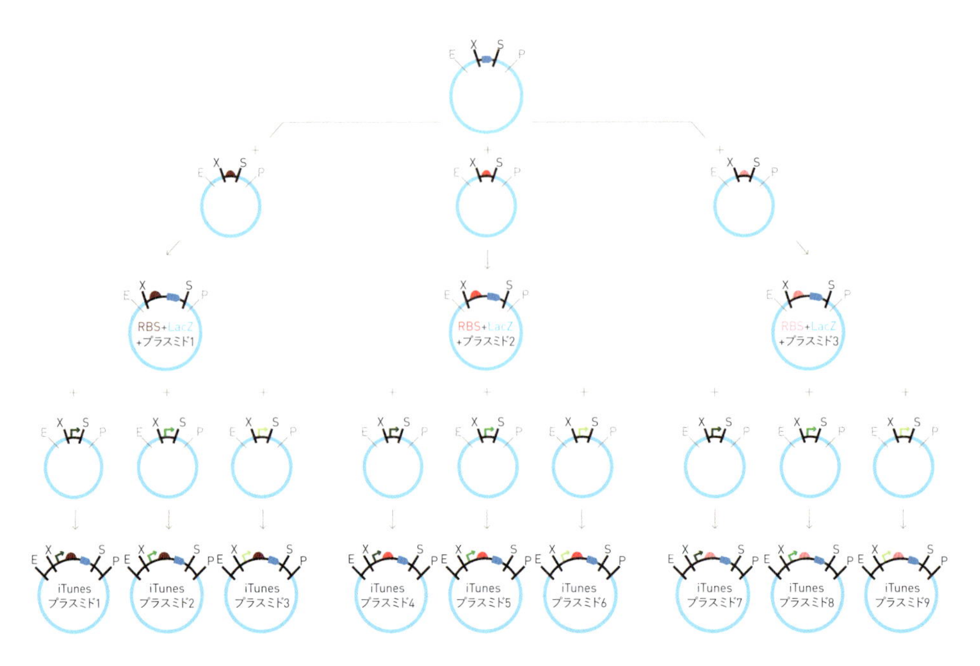

［図3-14］バイオブリック・アセンブリの拡張。iTunesライブラリ全体を作成するために、ORFのバイオブリックと3つの異なるRBSのバイオブリックを並行して組み合わせることができる。次に、得られたバイオブリックのコンポジット・パーツを3つのまとまりに分ける。それぞれのまとまりを異なるプロモーターと組み合わせ、最終的なバイオブリックのコンポジット・パーツを産生する。従来のクローニングと同様に、次のアセンブリのステップの出発物質として使用する前に、各々の新しいバイオブリックのコンポジット・パーツを大腸菌に形質転換して培養する必要があり、そのDNAを抽出して検証しなければならない。

に特に有用です。そのプログラムというのは、ここで私たちが取り上げてきたiTunesプラスミドのコレクションに見られるものよりも多くのパーツと多くのバリエーションを持つプログラムです。

クレイグ・ヴェンター研究所で全ゲノムをアセンブリする研究をしていたダニエル・ギブソンによって開発されたギブソン・アセンブリ技術は、PCRを使って同時にアセンブリするための複数のDNA断片を用意します（図3-15）。PCRのステップは、作業するのに十分な量のDNAを作り出すことと、最終的なアセンブリの中で対をなすパーツと重複する短い配列を持つように各DNAパーツを改変することの両方を行います。この技術が機能するためには、希望の隣接部分と重複する配列が少なくとも25塩基対なければなりません。次のステップでは、導入された重複配列に基づいてPCRの産物は一緒に貼り合わされます。制限酵素や制限酵素サイトは必要なく、そのかわりに、市販の酵素である「エキソヌクレアーゼ」が各DNAパーツの鎖の一方を分解して短くし、DNA断片の両端にDNAの突出を残します。エキソヌクレアーゼには配列特異性がありません。3'から5'の方向に線状のどんな二本鎖DNAでも単に咀嚼していきます。この反応によって、PCR増幅によって各DNAパーツに導入された、カスタムの「粘着末端」が出現します。

この技術をiTunesプラスミドのアセンブリに適用すること（図3-16）は、iTunesのDNAアセンブリにおけるパーツのいくつかが非常に短いため、課題を提示します。例えば、強いRBSであるBBa_B0034は、たった12塩基対の長さしかありません。PCRを使って、この短いRBSの上流側にプロモーターとの重複配列25塩基、下流側にLacZ遺伝子との重複配列25塩基を付加することは可能です。けれども、各末端に25塩基追加したこの短いRBSパーツでさえ、エキソヌクレアーゼの処理に耐えられそうにはなく、それが完全になくなるまで咀嚼される可能性は大いにあります！　いくつかの回避策が可能ですが、それらはDNAアセンブリの試みを、堅牢で信頼性の高い「頼りになる」技術というよりは、実験に後戻りさせてしまいます。さらに加えて、アセンブリごとの各パーツ間の重複配列をカスタムで構築する必要があるため、この技術を使ってDNAを組み合わせることは、標準化された工学のツールというより、それ自体を実験のように感じてしまうでしょう。

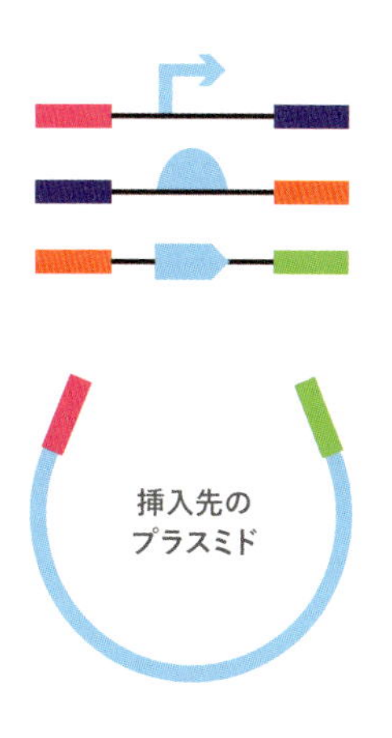

［図3-15］ギブソン・アセンブリ。望んでいる最終的なプラスミドには異なる機能的なパーツが含まれる。そのパーツとは、プロモーター、RBS、ORFで、水色で表現されている。アセンブリの順序や向きを導くために設計された端のDNA配列は色付きのバーで示している。

［図3-16］ギブソン・アセンブリで構築されたiTunesプラスミド。最終的なDNAのコンストラクト[17]のひとつを表している。1回のアセンブリ反応でお互いのパーツが順に結合されるよう、重複するように設計された配列をパーツの間にある色付きのバーで示している。

17――コンストラクトとは、人工的に構築されたDNAのこと。

この先は？

生物学は本質的に変化するものですが、エンジニアは予想可能で機能的な振る舞いを求めています。このギャップを埋めるためには、創造的なデザイン思考が必要です。最も魅力的なデザインは、細胞の分子を構成要素として再利用し、正確に構築するといった、自己組織化する生物学の特異な性質を利用するものでしょう。この章で重要だったのは、標準化という工学原理をDNAアセンブリの技術に適用したことです。ここで紹介したアセンブリ技術はすべてではなく、紹介できなかったものがいくつかありますが、それらもこの分野の標準規格としてゆくゆくは広がっていくかもしれません。こうしたアプローチの多様性は、この課題が引き付ける革新的なアイデアや完璧な解決策がまだ存在しないこと（今のところ！）を示しています。

しかし、そのうちに問いそのものが変化（進化）するかもしれないのです。デザイン思考ではそのプロセスの最後に、最初とは異なった質問を結局問いかけることがしばしばあります。例えば、あなたの工場の労働者が座る場所を確保できるように、3本足のスツールをトラック1台分頼もうとした時、実際に変更が必要だったのは勤務スケジュールであって、短いシフトにして労働者の疲れを軽減したほうが椅子をそろえるより良いことがわかるかもしれないですよね。大西洋横断電信ケーブルの敷設について議論を始めた時に、オームの標準規格を想像できた人は誰もいませんでした。おそらく、DNAや生物学を操作する最良の方法はまだ誰も想像できていないのでしょう。

さらに詳しく学びたい人のために

- Alberts, B. et al. Molecular Biology of the Cell, 4th ed. New York: Garland Science, 2002. オープンアクセス：http://bit.ly/mol_bio_of_the_cell
- Gibson, D.G. et al. Enzymatic assembly of DNA molecules up to several hundred kilobases. Nature Methods 2009;6:343-5.
- Knight, T. Idempotent Vector Design for Standard Assembly of Biobricks. DSpace@MIT Citable URI 2003:（http://hdl.handle.net/1721.1/21168）
- ウェブサイト：History of the Atlantic Cable & Undersea Communications（http://atlantic-cable.com/）
- ウェブサイト：Josephine Cochrane, inventor of the dishwasher（http://bit.ly/dishwasher_cochran）
- ウェブサイト：National Institute of Standards and Technology（http://bit.ly/engineered_bio）

4章
生命倫理の基礎

倫理学の分野からは、道徳的かつ社会的に価値ある方法で行動することとは何かを決めるための意志決定ツールが提供されます。モラルの視点を通して行動を見る倫理学は、私たちが相容れない選択肢の間で判断する際に力を貸してくれます。この章では、最近の事例から生じた合成生物学の分野における倫理的な問題をいくつか紹介し、これらの問題によって提起されているトピックをBioBuilderの演習に結び付けていきます。

「良い研究」とは何か

研究室の実験台で、熱心に研究に取り組んでいる研究者を想像してみてください。想像の中でその研究者は、きれいな白衣を着て、手にはピペットを持っているかもしれません。研究室自体は、物を混合したり、分離したり、培養したり、測定したりするための装置やガラス器具でいっぱいでしょう。この想像上の研究室では、人がグループで話し合っているかもしれないし、あるいは研究者が明るい窓辺で独り作業しているかもしれないですね。この想像上の研究室環境から、研究者が「良い研究」をしているかどうかわかりますか？　あなたが見事なレベルのディテールでこの架空の環境を思い描けたとしても、表面的な手がかりは目に見えない労力の本質についてはあまり語りません。単に想像した研究者が微笑んでいるからとか、研究室の壁に賞状が掲げられていて机の上には発表した論文が山積されているからという理由だけで良い研究をしているかどうかは決められないのです。これらの手がかりは、幸せで、公に認められた、見聞の広い人が研究をしていることを明らかにすることはあっても、研究そのものの価値を反映しているわけではありません。研究が良い研究であることを保証するものは何でしょうか？　この質問は、驚くほど複雑で、答えるのが難しいものなのです。

「個人的な献身や関心事を追い求める機会は、人生で最も満足させられることのひとつである」とは、MITの言語学の名誉教授ノーム・チョムスキーの言葉です。彼は、自分自身にとって価値あるものを創造することや、困難な問題を解決することに、満足のいく研究があると示唆しています。そして、この定理は、研究科学者（リサーチ・サイエンティスト）にも、大工にも当てはまります。「良い研究」の一面は、重要な問題への挑戦的で創造的な解決法を追求するためのリソースや機会が提供されるような、充実した仕事に就くことかもしれません。しかし、あなたが挑戦的な課題に自分の力で考えられるような創造的な仕事を見つけたとしても、それに完全に満足できるとはかぎらないでしょう。ほとんどの人にとって、良い仕事とは、直面する課題に対して質が高い解決策を考え出すことを含みます。優れた問題に対するひどい解答に取り組むことに高い満足感を得る人はほとんどいません。たとえそれに、かなりの対価が支払われたとしてもです。

良い研究は、魅力ある優れたものでなければなりません。それはまた、倫理的でなければなりません。倫理学は、私たちがどう行動を取るべきかの判断基準として、何が正しく何が間違っているかの判断に私たちを導いてくれますが、誰もが倫理的な行動の定義に同意するわけではありません。さらに、倫理的な行動に対するひとりの人間の定義は、時間とともに変化する可能性があります。このような理由から社会は、倫理学を継続的に進行させながらダイナミックな方法での取り組みをしています。生命倫理の分野には、長くて豊富な歴史があり、今日の生命倫理の問題への概念的基礎を提供しています。技術が変化しても、生命倫理のある種の原則は時代に即している傾

向があります。例えば、倫理的な決定が示すのは、個人の尊重と管理責任、利益を最大化する一方で害は最小化すること、そして自由、公平、正義の問題を検討することです。この章の後半であげるいくつかの実例の中で、これらの基本原則を探求します。おわかりのように、倫理学は、科学や工学における良い仕事を定義するために不可欠な要素で、その結果は研究室の実験台に留まるものではありません。

合成生物学は、実世界の課題に対処するために科学と工学を使っています。必然的に、これらの技術的解決策は、相反する考えや優先順位でいっぱいの社会によって考慮されることになります。合成生物学を研究している個人もまた、複雑で時に相反する義務に立ち向かうことになるでしょう。例えばエンジニアは、社会、顧客、職業に対する義務を負っています。

今日、合成生物学の周辺で生じている懸念の多くは、組換えDNA技術の出現した1970年代にも生じたものです。合成生物学における倫理学の私たちの議論に文脈を与えるために、まずはマサチューセッツ州ケンブリッジのハーバード大学とMITの研究室で最初に組換えDNA技術が使われた1976年の歴史的実例を検討します。ケンブリッジの住民と地元選出の当局者は、この新しい遺伝子工学技術に関連するリスクを議論するために公聴会を開催しました。彼らは最終的に、リスクを評価しながら、半年間の研究活動の一時停止措置を講じました。一時停止が解除された時には、大学当局と地元住民の両方を含む規制委員会の指導の下、研究を継続することが許されました。これらの公聴会で提起された懸念事項は、新たな技術に関する多くの今日の議論に反映され、貴重な洞察を与え続けています。

この章では、まだ若い分野である合成生物学に関連する特定のプロジェクト周辺で起こった倫理的問題もいくつか考察します。間違いなく、近い将来に考えることになる新しい事例があるでしょう。それにもかかわらず、ここであげる例は、この分野の倫理的な複雑さの起点を提示します。それらは共通の倫理的な問題を反映し、新たな技術に広く適用される倫理的指針を明らかにしてくれます。最後に、BioBuilderの演習と資料を使用して、これらの問題に直接取り組む方法をいくつか紹介します。

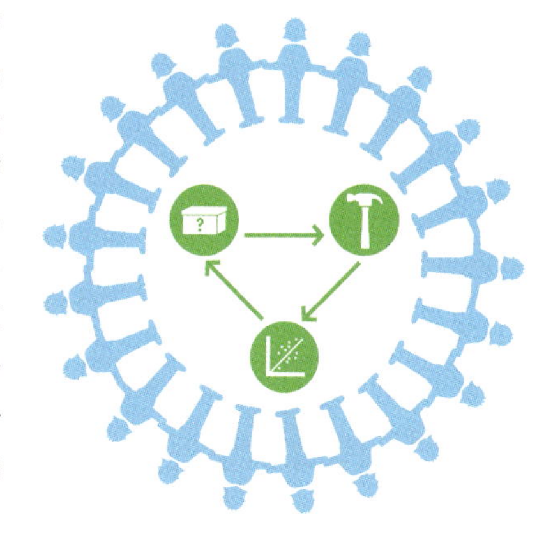

倫理的研究のための規制

合成生物学は、人々の生活や惑星全体に永続的な影響を与える可能性を持っています。どんな新たな技術もそうであるように、可能性から危険性を切り離すことは必ずしも容易ではありません。合成生物学のプロジェクトの各アイデアは、そのメリットとリスクから考慮される必要があります。科学者はある程度、個人の嗜好に基づいて、どのプロジェクトに取り組むかを選ぶことができます。しかし、科学研究は決して孤立して存在してはいません。資金調達、政府の規制、企業利益といったものすべてが、研究の方向性（つまりその目標、応用、制約）の舵取りをしています。

合成生物学の未来は、研究者、政府、そして生活に影響を受けるすべての人々の間での意味のある対話にかかっています。

こうした対話で画期的だった出来事のひとつは、2010年、アメリカ大統領のバラク・オバマが彼の諮問機関のひとつである「生命倫理問題の研究に関する大統領諮問委員会」に、合成生物学について調査して報告するように委託したことです。この要請は、合成されたゲノムを宿主細胞に挿入することによって「生命を創造した」と公表された主張に応えたものでした。この事例は、少し後により詳しく説明します。当時のニュース記事の中には、クレイグ・ヴェンターによる科学的進展をフランケンシュタインのような蘇生と同一視したものもありましたが、委員会は合成生物学の分野を幅広く調査し、一から新しい生き物を作り出す技術は手に入れていないと結論付けました。この分野における彼らの分析は18の政策提言をもたらしましたが、合成生物学の研究に対する新しい規制には至りませんでした。委員会は、合成生物学の潜在的利益が主なリスクを大きく上回ることに留意したのです。しかし、彼らは将来的には危険性が増す可能性があると警告し、引き続き連邦政府の監督を通した「慎重な警戒」を勧告しました。

合成生物学は、政府に精査された最初のバイオテクノロジー分野ではありません。同じような議論が、分子生物学が可能になった1970年代にも起こっています。当時の議論は、今日の合成生物学や組換えDNAの研究に今もなお適用されているガイドラインに帰結しています。これらのガイドラインの策定の重要な一側面は、研究を行っていた科学者が対話を始めたことでした。科学者の彼らにとって、倫理的な良い研究をするということは、彼らの研究室や同僚の研究室で進めている研究に関する難しい課題を一般に公開することを意味していました。

科学的進歩による倫理的問題の提起

1970年代には、いくつかの研究室で異なる生物からのDNAを人工的に結合し、そのDNAを生きた細胞中で発現させる方法が発見されました。例えば、スタンフォード大学のポール・バーグは、改変されたサルの腫瘍ウイルスを使って細菌に新しい遺伝子を組み込む方法を発見しました。しかし彼の成功は、彼自身や他の人々に重要な懸念をいくつか提起することになりました。もし科学者がこれらの技術を使って細菌を改変し、その後に形質転換された細胞の一部を誤って摂取してしまったらどうなるでしょうか？　組換えDNAはその細菌からヒトの腸内にある他の細菌に移される可能性はあるのでしょうか？　そのDNAが完全に機能したなら、サルの腫瘍ウイルスは感染を引き起こす可能性があるのでしょうか？

これらのリスクや疑問が評価されるまで、1970年代に組換えDNAの研究をしていた科学者たちは予防措置を取り、リスクがより良く理解されるまで、組換えDNAや動物ウイルスに関わるさらなる研究をすべて自発的に一時停止することを決めました。この研究活動の中断は、アメリカ国立衛生研究所（NIH）の研究者であったマキシン・シンガーを含む科学者の一団が米国科学アカデミーに提出した懸念の手紙を通じて始まったものです。憂慮した科学者らは、アカデミーに技術の安全性を考えるための委員会を設置するよう要請しました。組換えDNA技術の先駆者であるポール・バーグは、組換えDNA技術によって可能となった進行中の研究活動の安全性を検討するために委員会の議長を務めました。この技術の「示したリスクよりも潜在的なリスク」が、組換えDNAの実験の自発的かつ一時的な停止を始めるのに十分な動機となると、委員会は結論付けました。研究者らは、新しい抗生物質耐性の遺伝子や毒素をコードする遺伝子、また動物ウイルスDNAを持ったプラスミドの作製を含む実験を中止したのです。一時停止は自発的ではありましたが、ハーバート・ボイヤーやスタンリー・コーエン、ポール・バーグとともにノーベル化学賞を受賞した共同受賞者たち［フレデリック・サンガー、ウォルター・ギルバート］、そしてDNA二重らせん構造の共同発見者であるジェームズ・ワトソンを含む委員会メンバーの権威のおかげで、その要請は科学コミュニティ内で影響力を発揮しました。

一時停止期間中、科学者と政策立案者は共同してリスクを特定し、安全に研究を行うための戦略を立てました。よく知られているように、科学者たちはカリフォルニア州のモントレー郊外のアシロマ会議場に招集され、NIHへの勧告を準備しました。これらのガイドラインが発展して現在のバイオセーフティレベルになり、リスクの高い実験の定義と規制をするために、今日でも使われています。

一般の反応

アシロマ会議での結果を多くの研究者は、安全で責任ある研究を確実にするのに役立つ素晴らしい成功だと見ていました。しかし、一時停止が引き付けた注目にはまた、研究に対する科学コミュニティ内外からの懸念を引き起こすというような、意図しない副作用がいくつかありました。当時、科学研究への一般の注目のほとんどは、原子力時代を導いた軍事実験や物理学の進歩に向けられていました。アシロマ会議までは、生物学に関連するリスクはあまり注目されていなかったのです。組換えDNA研究への具体的な危惧を明らかにし、その研究の一時停止を提唱したことにより、生物学者たちはかなりの注目を集め、公開討論を始めることになりました。

1976年のマサチューセッツ州ケンブリッジ市議会の公聴会は、組換えDNA研究に対する一般の反応を劇的に示しています。当時のケンブリッジ市長のアルフレッド・ベルッツィは、NIHが組換えDNA研究のためのガイドラインを発表した直後に、ハーバード大学がそのような危険性の高い研究のための特別な研究所を建設予定であると知り、動揺したのです。この研究所が市や地元の市民にとって何を意味するのかを疑問視したベルッツィ市長は、ケンブリッジ市議会の公聴会を開き、科学者に組換えDNAとそれに関連するリスクについて証言するよう求めました。この役人と科学者の意見交換は、関係する人々の不安と憤慨を捉えています。疑問の多くが、合成生物学を含め初期段階のどんな技術にも関連するものでした。3つの具体的な問題（リスク評価、自己規制、および懸念）について、この章の後半で扱っていきます。この公聴会をすべて収めたビデオには、科学的能力に変化があった時に生じるまた別の複雑な市民問題が記録されています。

リスク評価：利益を最大化しながら害を最小化する

倫理は、ある行動のリスクとメリットの比較検討を手引きしてくれます。しかし、ケンブリッジ市議会の公聴会を通じて取り上げられた最も複雑な問題のひとつは、組換えDNA研究に関連するリスクの評価でした。科学者、市当局ともに保守的な立場に傾いていましたが、それぞれは対極にありました。市当局は、ケンブリッジ市民への潜在的な被害を最小化したかったのです。少なくともベルッツィ市長は、すべてのリスクを排除したいと考えていました。「この実験から生じる危険性がまったくないことを、100%確実に保証できますか？」と彼は科学者に尋ねました。「危険性はゼロなのですか？」

一方、証言していた科学者は、リスクに関してそのような絶対的な主張をすることはできないことを認めながら、新しい技術に関する彼らの慎重な意見を伝えました。科学者は断言するのではなく可能性で話すように訓練されているので、ベルッツィ市長が求めるような言葉遣いと確実性で市議会に伝えることは困難でした。例えば、ハーバード大学のマーク・プタシュネ教授は、「許可された実験には実のところ重大なリスクはないというのが、微生物学者の圧倒的多数の意見であると私は信じています（略）」と言いました。プタシュネは、「圧倒的多数」や「重大なリスクはない」といったフレーズが合意の強い発言になるように意図したのかもしれないのですが、市長や市議会議員には決定的ではないものとして解釈されたようでした。

「関連するリスクがあることを科学者から聞くのは気がかりだというのはわかっていますが、そのリスクは非常に低いです」。プタシュネは続けました。「このリスクは、あなたが日常で通りを横切る時に遭遇するような典型的なリスクよりも低いのです」。実際、私たちの日常生活の中では、ほとんどすべてのことに何らかのリスクが伴います。意思決定の際には、潜在的なメリットをリスクと比較検討しながら、潜在的な危険を最小限に抑えるためにできるかぎりのことをします。通りに立ち入る前に左右を確認するのは、リスクを伴う活動をする際に自分自身を守ることの一例です。仕事に行ったり夕食を食べたりといった日常のありふれた活動に対して、「ここから生じる危険性がまったくないことを、100%確実に保証できますか？」というベルッツィ市長の元の質問を適用すると、その答えは決して明確な「イエス」ではありません。しかし、組換えDNA実験の初期段階に科学者と一般市民が直面したように、新しい未知の潜在的な危険に直面した時、率直なリスク評価は、あまり安心をもたらすものではないかもしれません。

自主規制vs.政府立法：自由、公平、正義

ケンブリッジ市議会の公聴会当時、組換えDNA研究のリスクが低いということにすべての科学者が賛成していたわけではありませんでした。数名の研究者にとっては、アシロマ会議から出たガイドラインは問題のあるものでもありました。MITのジョナサン・キング教授らは、NIHのような機関が資金提供した科学研究に対して、自らが客観的に評価できるとは信用していなかったのです。「私は個人的には非常に憤慨しています。それは、NIHの代表者がここに来ていて、続行する側でプレゼンテーションを行ったからです」と、彼は言いました。「私には、これらのガイドラインが一般市民やその利益を代表するような人たちによって書かれたとは思えません。（略）彼らは実験を行っていた当事者でした。一般市民を民主的に代表したと信じるに足る理由は何ひとつありません。それらのガイドラインは、タバコ産業にタバコの安全性に関するガイドラインを書かせたようなものです」

市議会議員のデビッド・クレムは、同じ懸念を以下のように述べました。「この国には重要な原則があります。それは、特定の活動に既得権益を持つ人はそれを広めるだけでなく、規制する役割も担うべきではないというものです。この国は核研究と原子力委員会でチャンスを逃しました。そして、唯一既得権益のある機関が研究を開始し、資金を提供し、奨励できることを認めているので、いずれわれわれは苦境に陥ることになるでしょう。それにもかかわらず私たちは、その機関が公平で、それを規制する能力があり、さらに重要なことに規制を実施できると決めてかかっています」

しかし、他の人々にとっては、このガイドラインは心配を和らげるのに十分でした。「私は心配してきたし、引き続き心配し続けます」。一時停止に拍車をかけた米国科学アカデミーへの元の手紙を書いたひとりであるマキシン・シンガーは、語りました。彼女は続けます。「これらの『組換えDNA研究のための』ガイドラインは、その懸念に対する非常に責任ある対応であると私は感じています。NIH内の全体の審議は、非常にオープンなプロセスでした」

1970年代に組換えDNA研究に関するこれらの対話が開催されて以来、対話のプラットフォームは劇的に変わりました。しかし、セルフガバナンスと法律制定の間の緊張

は、残ったままとなっています。地域の健全性、個人の安全、知識の向上といった中核にある価値観の重要性は変わらないままですが、インターネットを介した情報の急速かつ広範な利用可能性は、対話の力学に影響を与えています。アシロマ会議のようなカンファレンスやケンブリッジ市議会のような公聴会に加えて、ブログやツイッターを含むウェブサイトを通じて、アイデアや情報は幅広く交換できるようになりました。けれども、対話する場所に関係なく、慎重な監視と抑圧的な監視の間にバランスを見つけることは、新しい技術に関する倫理的議論とコミュニティごとの「良い研究」の定義の中心に残り続けています。

懸念：個人の尊重

新しい技術、特に生命科学を含む技術に対して多くの人が持っている直感的な不安を無視することは不可能です。DNAに手を加えて新しい生物を構築することは、生命の本質についての根本的な信念に疑問を投げかけることになります。ケンブリッジ市議会の議員は、この懸念を明確には述べなかったけれども、いくつかのコメントは哲学的な対立を示唆していました。「私がこの1週間でフランケンシュタインに言及したことを、まったく馬鹿げた話だと思っている人がいます」と、ベルッツィ市長は言いました。「あれは、生物が新しい方法で合成された時に起こることを説明するための私のやり方でした。これは大真面目な問題です。（略）最悪の場合、私たちは甚大な災害を被ることになるでしょう」。市議会議員のデビッド・クレムもまた、組換えDNAについて感じていることを語りました。「私は、人にはそもそも組換えをする権利はないと思います。けれどこれは、私の個人的な意見です」

当時の組換えDNA研究と、現在の合成生物学の研究の根幹そのものに対するこの種の深刻な不安は、無視できるものではありません。この研究に従事している科学者は、自然に存在している遺伝物質の改変に本質的な問題はないと結論付けたかもしれませんが、彼らの研究が彼らを取り巻く社会から影響され、影響をおよぼすものであることを認識しなければなりません。ある分野における固有の専門知識を持つことには、継続的なリスク評価やコミュニケーションを含む固有の責任が伴います。たとえ科学者がリスク評価にかなり自信を持っていたとしても、新しいデータや状況がその評価を時間経過とともに変えていくことがあるでしょう。次に続く節で紹介する合成生物学の事例研究では、社会の文脈の中での科学に焦点を当てます。

合成生物学の3つの事例研究

安全な組換えDNA研究を実行するための研究所の方針は、もはや公開討論会で盛んに議論されなくなりましたが、合成生物学の研究周辺の近年の対話は、過去に提起された懸念事項を一部反映しています。合成生物学の研究に関連する3つのプロジェクトについて、ここで少し詳しく説明します。それぞれは世間の注目を集め、詮索されたものです。これらの事例では、それぞれ違う生命倫理の問題に焦点を当てています。各例は、この章の後半で記述されている生命倫理の演習によく適しているものでもあります。

自分で育てる光る植物

「電気の街灯のかわりに樹木で街路を照らしたらどうでしょう？」と、2013年にキックスターターのウェブサイトに投稿された「Glowing Plant（グローイング・プラント）」プロジェクトの紹介ビデオは問いかけます。このプロジェクトの開発者は、植物を発光させるため、その遺伝子操作を行うことを提案しました。彼らのプロジェクトは、ホタル、クラゲ、特定の細菌などの自然に光を発する他の生き物に触発されたものです。Glowing Plantプロジェクトの開発者は、ルシフェラーゼをコードする遺伝子を使うことにしました。ルシフェラーゼは、ホタル由来の酵素で、ルシフェラーゼの化学基質であるルシフェリンから可視光を生み出します。彼らはまた、「シロイヌナズナ」という植物を選択しました。シロイヌナズナは、学術研究や産業研究に広く使われている一般的な実験生物です。開発者が制作したこのプロジェクトの紹介ビデオでは、シロイヌナズナにルシフェラーゼを挿入する彼らの意図を「未来の象徴、持続可能性の象徴」としています。多くの人々がこのプロジェクトは試みる価値があると賛同して、Glowing Plantプロジェクトの開発チームは、キックスターターのウェブサイトでのクラウドファンディング・キャンペーンにより、8,433名の支援者から48万4,013ドルを調達しました。

高尚な説明とプロジェクトの多くの支持者にもかかわらず、このプロジェクトの安全性と倫理面に関する懸念を表明した反対者は、それが適切に規制されていたのかどうかを公に尋ねました。何十年もの間、遺伝子操作された作物（遺伝子組換え作物）は論争の的になっており、遺伝子組換え作物を摂取することの安全性、環境や生態に対する潜在的な影響、そのような作物の使用を時に取り巻く制限的なビジネス手法などが懸念されてきました。抗議した人たちは、Glowing Plantプロジェクトの種がもし野生へ「逃げて」しまった場合、それが侵入生物になるのか、あるいは自然の生態系を破壊するのかといった起こりうることについて問いかけました。立派なことに、このプロジェクトを率いていた研究者たちは、プロジェクトの非常に初期の段階でこのような懸念事項を予想していました。例えば、研究者のひとりは、「ネイチャー」誌に対して、栄養補給剤を必要とするバージョンの植物を利用する見込みがあり、制御できない拡散の可能性をそれで減少できると述べています。しかし、この保証は、プロジェクトに関するすべての懸念を軽減するのには十分ではありませんでした。こうしたシャーシの安全性については、9章「What a Colorful World実験演習」でより広範に検討します。

2つ目の不安材料は、プロジェクトの「do-it-yourself（DIY）」精神から生じました。その光る植物は、大学に所属してない個人によって開発されていました。そのグループは、伝統的で厳しく規制された学術研究や産業研究の研究室とは対照的な「バイオハッカー」スペースに所属していたのです。プロジェクトリーダーのうちの少なくともひとりは訓練された科学者でしたが、Glowing Plantプロジェクトのチームから受け取れるメッセージのひとつは「誰でもこれができる」ということでしょう。実際、プロジェクトが掲げた目標のひとつは、合成生物学の可能性があらゆる人の手元にいかに届くかを示すことで、それはどの技術を開発して展開すべきかの決定がどのように行われなければならないかという問いにつながります。彼らの紹介ビデオでは、このプロジェクトを「新しい生物を創ろうとみんなをインスパイアするシンボル」と紹介しています。新しい生物を広範囲に操作する合成生物学の可能性は、力を与えてくれるもので機会に満ちているものと一部の人には見なされていますが、他の人々は相当な害をおよぼす基本的なツールをいくつか提供してしまうものと見なしています。こうして、Glowing Plantプロジェクトは、市民科学の新たな可能性が試される早期のテストケースとなりました。

Glowing Plantのような生物工学プロジェクトはほとんどの既存の規制機関に見過ごされているので、バイオハッカーの取り組みは、その分野の一般人を引き付ける民主的な性質をいかに保持しつつ、適切な予防措置や規制監督を徹底するかという重要な議論の起点となりました。既存の法律や規制は、多数の人々がバイオテクノロジーを実践する能力を身に付けることを想定していませんでした。光る植物がどんな重大な害をおよぼすのかは想像しにくいかもしれませんが、合成生物学のツールと目標は何が可能なのかの境界線を押し広げ続けています。そのため、合成生物学の研究者にとって、将来必要とされる規制を予測し、必ずこの分野が「良い研究」を促進する方向で続くようにするために、Glowing Plantプロジェクトのような初期のテストケースが提起する倫理的な問題を検討することは重要です[18]。

ゲノムを「創る」

改良されたDNA操作ツールのおかげで、合成生物学の研究室は、前述の光る植物や、特定の医薬品またはバイオ燃料を産生するような特殊な微生物など、新しい生物システムの構築を目指すことができます。改良されたツールはまた、一から全ゲノムを書く新しい試みを含め、他の可能性も広げています。かつてないほどの簡便さとスピードで、合成生物学者は物理的な鋳型ではなくデジタル配列データを使って、研究室の中であらゆる生物のゲノムDNAを合成することができます。1章「合成生物学の基礎」では、シーケンシング技術と合成技術についてより詳しく扱っています。

研究者が膨大な量のゲノムのシーケンシングデータを集め始めるにつれ、1990年代後半には、DNA配列データをオープンに共有するのが一般的となりました。配列データを溜め込むことが研究者にとって非効率で、時間と資源の無駄であることが明らかになっていたのです。その解決策は、公開されたデータベースを作成し、そこに情報を格納することでした。そうすれば、インターネットに接続している人なら誰でも、あらゆる種類の生物の配列データにアクセスできます。多くの種の植物や動物、一般的に使われている薬剤耐性遺伝子、ヒト病原体などのDNA配列情報が公開されています。

この利用可能な遺伝データを基に、理論上研究者は一から新しい生物をコードする合成的に作られたゲノムを構築することができます。しかし、ハリウッド映画「ジェラシック・パーク」があのように提案したにもかかわらず、現状では、生きている生物をうまく再構築するには遺伝物質以外の多くのものが必要となります。それでもなお、遺伝子情報から生命を召喚する（呼び起こす）可能性は、刺激的なことで気がかりなことでもあります。多くの生物や病原体のDNA配列情報は、一般に公開されていて利用可能なものであり、基本的なDNA合成技術によって、買うことができる人なら誰でも遺伝子コードを合成することが可能になります。この技術を、良い目的にも悪い目的にも利用できる可能性は、明らかです。根絶されていたり高度に封じ込められていたりする病原体をテロリストが合成して、破壊的な生物兵器を放出するのではないかと恐れる人もいます。絶滅種の復活や地球の生物多様性の強化に可能性を見ている人もいます。これらの可能性のある応用のすべてが、付随して多くの倫理学的、生態学的、社会学的な疑問を引き起こします。例えば、ゲノムを合成する装置のデジタル配列情報へのアクセスは、何かしらの方法で規制すべきなのでしょうか？　研究者は、DNA合成を含む特定の実験に対して安全性や倫理面のさらなる承認を得る必要がある

18 ——Glowing Plantプロジェクトのチームは，植物に6つの遺伝子を導入することに手間取っていたので、その研究を続けるための助成金を集めるために、違う種類のにおいを生成する遺伝子組換えの苔のプロジェクト（Orbella Fragrant Moss）を並行で開始した。しかし、チームは苔のプロジェクトに専念することに決め、2017年4月19日にGlowing Plantプロジェクトの中止を発表している。

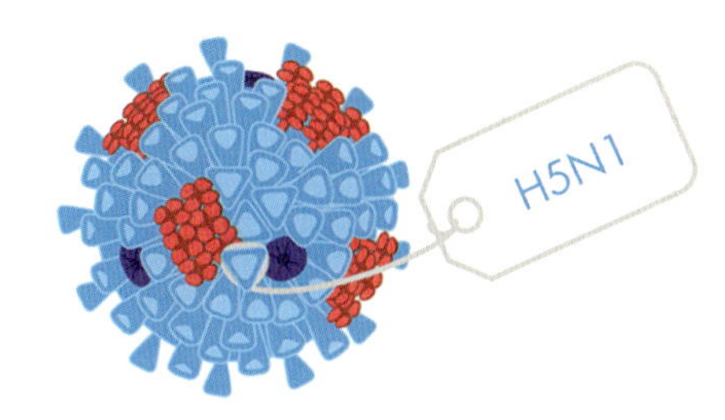

でしょうか？　すでに絶滅した種を復活させることの生態的影響は何でしょうか？

研究者は現在、遺伝情報のみから複雑な生物を生み出すことができるようになるには程遠いところにいます。またさらにいえば、そのような生物のゲノムDNAをつなぎ合わせることさえできません。とはいえ、ウイルスのゲノムを合成することには成功しており、いくつか例があります。それは、他の生物に依存しない自由生活性の生物と比較して、これらの微小な病原体のゲノムや構造体がより単純であることによります。ウイルスは基本的にはタンパク膜に囲まれた遺伝物質の小包です。ウイルスゲノムは、宿主細胞の合成機構を乗っ取って利用し、合成機構にウイルスのDNAとタンパク質のコピーを多く作り出すように指示します。言いかえれば、研究者は、DNAを化学合成して、その合成されたウイルスゲノムを宿主細胞に通過させることで機能的なウイルスを生成することができます。

この初期の適用例は、2002年に報告されました。ニューヨーク州立大学ストーニーブルック校の科学者が、短い合成DNA断片からポリオウイルスのゲノムを再構成し、活性なウイルスが生成できることを示しました。DNA合成受託会社から購入した短いDNA断片をつなぎ合わせるにはかなりの熟練が必要でしたが、このプロジェクトが完了してから数年間のうちに合成技術は改善されてより長いDNA断片の生成が可能になり、この種の作業をするのに必要なスキルや労力は軽減されました。2002年のポリオウイルス研究は、規制管理された実験環境で安全に実施されました。しかし、この技術が異なる目的を持ち、異なる環境下で働く人々によってどのように危険な応用をされうるのかを想像するのは、比較的簡単です。

ゲノム合成のプロジェクトは、ウイルスを超えてもっと複雑な自由生活性の細菌細胞にまで拡張されてきています。2010年には、クレイグ・ヴェンター研究所の研究者らが、ウイルスゲノムのように、細菌の宿主細胞の活動を乗っ取ることができる細菌ゲノムを合成できることを示しました。ヴェンターのグループは、DNA合成受託会社に短いDNA断片を注文し、その断片を実験室で全ゲノムに組み立てることによって、「マイコプラズマ・ミコイデス」（*Mycoplasma mycoides*）のゲノムを化学的に合成しました。彼らは合成されたDNAと「マイコプラズマ・カプリコルム」（*Mycoplasma capricolum*）宿主のゲノムを区別できるようにするため、検出可能な「透かし（ウォーターマーク）」[19]をいくつか加えました。合成されたマイコプラズマ・ミコイデスのゲノムはうまく構築

19——合成ゲノムにはDNAによって暗号化された4つの透かし配列が挿入された。それは、今回用いた暗号の説明、暗号を解いた人がアクセスできるURL、46人の関係者の名前、そして複数の有名な引用文であり、それぞれ1000塩基対以上からなる。

され、マイコプラズマ・カプリコルム宿主細胞に挿入され、最終的に宿主種の固有のタンパク質やその他の構成成分は合成ゲノムによってコードされたものに置き換えられました。重要なことに、供与体（ドナー）と宿主（ホスト）の種の両方が同じ属のマイコプラズマに由来しています。ドナーとホスト間の緊密な関連というこの要件は、この種の研究のひとつの制約を示します。とはいえ、研究者らはDNAだけでマイコプラズマ・カプリコルムを異なる種であるマイコプラズマ・ミコイデスに本質的に換えたのです。

ヴェンターの研究以前でさえ、研究者と一般の人々は、多くの生物のDNA配列データの公開とDNA合成技術の利用可能性の高まりに懸念を抱いていました。2011年、2つの研究室が鳥インフルエンザのH5N1の変異株を開発した時にも、公開された遺伝情報リポジトリの開示性が問題として取り上げられました。彼らが独自に発見したこの変異株は、自然の株よりもより容易に哺乳類の間で感染するウイルスでした。研究結果が発表された際、変異株ウイルスの配列データを公開すべきかどうかについての専門家の意見が別れていました。遺伝データはウイルス伝染について価値のある洞察を与える可能性があると信じて、共有されるべきだと考える人もいました。一方で、バイオテロリストや悪事を企む人がこの情報を使って高い毒性と高い伝染力を持ったヒトインフルエンザを作成する可能性があると心配する人もいました。多くの議論と論文の出版の遅延の後に、世界保健機関（WHO）は、配列データは公表されるべきであると結論付けました。物理的なDNA配列が、実体の出発物質ではなく公開されているデジタル情報からより容易に作れるようになるにつれ、この種のジレンマは間違いなく再び浮上してくるでしょう。

病原体の合成の可能性を制限する別のアプローチは、DNA合成受託会社自体を規制することです。しかし、これらの会社は世界中に散在しており、規制の承認と実施が課題となります。そのかわりに、DNA合成受託会社の多くは安全プロトコルに自発的に参画しています。それは、注文を受託するかどうか決める前に、すべての注文を審査し、既知の病原体に類似したDNA合成の依頼があれば質問をすることです。

DNA合成受託会社がしたがっている自主的な行動規範は、悪意のある個人をいくらかは抑止できるかもしれないですが、絶対に確実とはいえません。2006年に英国の新聞、ガーディアン紙は厳しく規制されていた天然痘ウイルスのわずかに改変したDNAを注文することで、そのシステムに抜け穴があることを示しました。ガーディアンの記者は、遺伝子配列情報を格納している多くの公開リポジトリの中のひとつからウイルスの完全なDNA配列を探し出し、そのDNAを断片で合成して編集室に配達するよう注文しました。そうして、物理的なウイルスは既知の厳しく規制管理された2つの研究所を除くすべての場所から根絶されていたにもかかわらず、記者は致命的な天然痘ウイルスをコードする遺伝物質を入手することができたのです。このニュースとなった話はDNA合成産業の認知度を高めましたが、バイオセキュリティの問題については目覚ましい進展をもたらしはしませんでした。悪事を働こうとしている人を抑止するために合成技術や配列情報の十分な安全を確保することと、学術機関や産業界の研究者がワクチンや他の治療法の開発のために悪性の病原体のDNA配列を注文するといった正当な研究の理由でのアクセスを保証することの適切なバランスを取ることが重大な課題として残っています。

生合成の薬と公益の経済

合成生物学の最も初期の成功のひとつに、合成生物学の会社アミリス（Amyris）によるアルテミシニン酸（抗マラリア薬アルテミシニンの貴重な前駆体）の微生物生産があげられます。その抗マラリアの特性が発見されて以来、アルテミシニンの需要は高まってきていますが、生産するのは幾分難しさもあります。歴史的には、アルテミシニンは、それを自然に生成する中国のヨモギ属の植物クソニンジン（*Artemisia annua*）から抽出されていました。しかし、農家はこの抽出プロセスに対する薬の安定供給に苦労し、その結果、供給と価格の大きな変動を招いていたのです。アルテミシニンの信頼できる供給源が薬の市場価格を安定させ、また需要をさらに満たすと信じて、カリフォルニア大学バークレー校のジェイ・キーズリング教授と彼の研究室はアルテミシニンを合成的に生産する研究に着手しました。合成生物学の多くの基礎技術と代謝工学の分野の確立されたツールを使うことで、薬の前駆体を産生できる細菌と酵母株を操作することができました。最終的に、生産会社のアミリスが設立されてから10年後の2013年、合成アルテミシニンの大規模工業生産が開始されました。

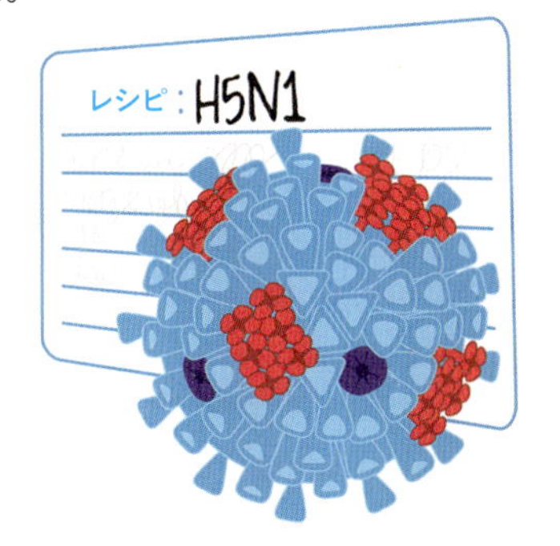

合成生物学が役立つ一例としてこの成功を歓迎する人がいる一方で、この研究の社会学的および経済的影響についての懸念を表明する人もいました。主に、これまでアルテミシニンを世界に供給してきた農家にどう影響するのかについてです。この化合物が経験してきたジェットコースターのように急激に変化する供給サイクルにも関わらず、近年の生産環境は安定しており、実際には農家は薬の高まる需要に適切に対応する体制ができていると考えている人もいます。仮にそれが事実なら、農家は薬の価格の大きな変動をきたすことなく需要と供給の変化に対応することができて、合成アルテミシニンは農家の生計に不要な脅威と見なされる可能性があります。

さらなる検討事項も議論されています。例えば、クソニンジンを栽培しなくなった農家や土地は、より必要とされる食料作物を育てるために転換できるといった提案もありました。どのアルテミシニンの生産プロセスが最終的に最も安価な治療法をもたらすか、あるいはそもそも費用が最重要問題であるかどうか、他にも疑問はあります。特に治療を受ける機会については、その費用と同等かそれ以上の重要性を持つ可能性があり、必要な化合物を製造すること以上に、治療機会の阻害要因へのインフラや政策手段による対処がなされなければなりません。

その成功と崇高な使命にもかかわらず、抗マラリア薬の合成生産は単純明快な事例ではありません。手頃で安定した治療を必要とする患者と生計を立てる必要のある農家の両方にとって、どの供給源がより良いかの議論は続いています。これまでの事例研究では、主に健康、安全、環境の健全性の問題にフォーカスしていたのに対して、このアルテミシニンの例は、合成生物学の応用が科学や医学を越えて文化や経済を含む複雑な世界問題までおよぶことを示しています。どんなプロジェクトにおいても、追求するか支援するかの判断は複雑であり、研究者、資金提供機関、消費者のすべてが、何を「良い研究」と見なすのかを決定する義務の一部を負います。

生命倫理のグループ演習

生命倫理とバイオデザインの演習は、課題と機会の多くを共有しています。どちらも明らかに「正解」あるいは「不正解」のアプローチというものはなく、両方とも答えよりもプロセスを重視して進められます。生命倫理を教えるうえで、私たちが個人に望むことは以下のことです。

- 新しい進展から生じる倫理的ジレンマを認識すること
- 異なる視点の意見を聞いて評価する方法を実践すること
- 政策や考えのギャップを解決する行動方針を提案し正当化すること
  いくつかの解決は誰の目にも明らかであり、またいくつかは永遠に議論され続けるだろう。しかし教育のスイートスポットは、その広大な中間領域にある

ここでは、生命倫理を紹介するために合成生物学を使う方法を提案します。BioBuilderの演習内容は、1976年の組換えDNA研究に関するケンブリッジ市議会の公聴会のビデオを使って、意思決定の難しいプロセスをモデル化することから始めます。この演習は、この章で示した事例研究、あるいはあなたがニュースで目にするような実例にも適用できるはずです。BioBuilderの生命倫理オンライン資料では、学習目標や評価ガイドを含む、より詳細な追加演習を見つけることができます。他の優れた資料とし

ては、NIHのカリキュラム補足「生命倫理の探究（Exploring Bioethics）」があります。あなたがこのプロセスに対してどのアプローチを取ろうと、この演習が個人に複雑な質問を問いかけ、専門家や市民としての複数の役割を引き受けるようにうながすことを願っています。

生命倫理は意思決定プロセスを含む

1970年代の組換えDNAや現代の合成生物学のツールのような新しいバイオテクノロジーの登場は、私たちがこれまで経験したことのない方法で生命体（生物系）を変えることを可能にします。BioBuilderのほとんどの演習では、「どのように」合成生物学を行うかに着目していますが、この項では合成生物学を使って何を「すべきか」に焦点を当てます。「どのように」するのかという質問ではなく、「すべきか」どうかという質問に答えるために、私たちは道徳的に複雑な問題に決定を下すプロセスを提供してくれる倫理学の分野に頼ります。次に、「すべきか」という質問をするためのひとつのアプローチを大まかに説明します。

倫理的な質問の特定

倫理学は、複数の視点から慎重に問題を熟考することによって、難しい問題に取り組むプロセスを与えてくれます。このプロセスの第1段階は、特定のシナリオの倫理的な構成要素を特定することです。「すべきか」という質問は、ひとつの特徴です。例えば「科学者は新しい生物を作るべきか？」は明らかに生命倫理の質問ですが、「新しい生物を作ることは安全か？」は科学的な質問です。他の種類の質問には、合法的なもの（「新しい生物を作ったら罰金を科せられるか、刑務所に入れられるか？」）、あるいは個人の好みの問題（「どのような種類の研究をすべきか？」）もあるかもしれません。個人の好みと倫理的な質問は、両方とも「すべきか」という質問を含むことがあるため、その区別はかなり厄介になります。ひとつの大きな違いは、質問の決定が他者にどのように影響を与えるかです。他者がその結果と利害関係があれば、その質問は単なる好みの問題よりむしろ倫理的なものとなります。

利害関係者の特定

ある問題の中心となる倫理的な質問を特定した後、次の段階では、結果の影響を受ける可能性のある人物や対象を特定することになります。これらの「利害関係者」は、政府、学界、企業、市民、あるいは環境など、人間以外のものも含まれます。多くの視点から問題を熟考することは、倫理的な意思決定を行う際の重要な側面です。すべての利害関係者を満足させることは常に可能というわけではありません。そのため、誰の利益を保護するのかを決定することがプロセスの重要な部分となります。

倫理的指針と事実を結び付ける

プロセスの次の段階では、関連する事実と倫理規定の指針の全体像を示します。科学的事実と社会的事実の両方ともが、生命倫理的な意思決定をする際には重要です。科学者が新しい生物を作るべきかどうかを決定する時には、安全についての科学的事実を考えるのと同時に、特定のグループの人々が不相応に危険にさらされるかどうかについての社会的事実も考慮することが重要です。問題に関する情報が不完全な場合は、十分な情報に基づいた決定を行うために、さらなる調査が必要となる場合もあります。あるいは、利用可能な最良の知見に基づいて判断を行い、新しい情報が明らかになった時に反映できるように柔軟性を組み込んでおきます。関連する事実は、特定の状況にかなり固有なものですが、倫理規定の指針はしばしばより広く適用できます。倫理規定の指針は、私たちが住んでいる社会、あるいは少なくとも私たちが目指している社会を反映しています。倫理的な意思決定を導く共通の基本原則には、個人の尊重、害の最小化と利益の最大化、そして公平性が含まれます。私たちはこれらの基本原則に異なる優先順位をつけるかもしれないし、あるいは他の関連する原則を含めるかもしれません。しかし、多くの倫理的意思決定はこれらの原則の概念をひとつ以上組み込んでいます。

最後は、これまで考えてきた視点に基づいて決定を下す段階です。実際の世界で倫理学は、思考の演習以上のものです。決定は、公共政策や法律に影響をおよぼす可能性があります。結局のところ、そのような結果が起こり得るからこそ、倫理的熟考を行うのです。社会全体として倫理問題に全会一致で同意することはめったにありませんが、このプロセスを使うことで自分たちの論理的思考に十分な根拠を示すことができます。

ケンブリッジ市議会公聴会：生命倫理の実践

マサチューセッツ州ケンブリッジ市の元市長であるアルフレッド・ベルッツィは、1976年のケンブリッジ市議会公聴会に集合した科学者の集団に「アルファベットを使うことを控えてほしい」と伝え、科学者に専門用語の使用を避けるように求めていましたが、彼はまた、科学と社会の間の隔たりを示すスローガンを掲げていました。公聴会の30分間のビデオ「仮定上のリスク：ケンブリッジにおけるDNA実験に関するケンブリッジ市議会公聴会」は、MIT 150のウェブサイト（http://bit.ly/hypothetical_risk）で見ることができます。ビデオ中の意見交換の様子は、組換えDNA技術だけでなく、どんな新しい技術にも関係するたくさんのことを明らかにしています。

ビデオを見る前に、「組換えDNA」と「バイオセーフティレベル」の意味を復習しておくことが助けになります。組換えDNAとは、異なる源からの自然のDNAあるいは合成したDNAを一緒につなぎ合わせたDNAのことです（詳細な説明は1章「合成生物学の基礎」と3章「DNA工学の基礎」を参照してください）。またバイオセーフティレベルとは、危険な生物材料を封じ込めるために必要な手順を記述した実験室のレベル指定のことです（これについての詳細は、次のコラムやNIHとBioBuilderのウェブサイトにある補足資料を参照してください）。

バイオセーフティレベル

アメリカ国立衛生研究所（NIH）は、危険な生物材料を扱う実験室を分類するための4つのバイオセーフティレベルを設定しています。1970年代にバイオハザードレベルP1、P2、P3、P4と呼ばれていたレベルは、現在ではバイオセーフティレベル（BSL）1、2、3、4と呼ばれています。BSL1（またはBL1、過去のP1）は最も危険性の低い生物や試料を扱っているラボを示し、一方、BL4は、最も危険な病原体や試薬類を扱うラボを示しています。各レベルは実験室の設定のリスクを最小に抑えるために必要な注意事項（予防措置）と手順を明記しています。

例えば、BL1ラボでは、健康な成人に病気を起こすことが知られていない、よく研究された生物のみが使われます。BL1ラボには、典型的な高校や大学の学部生の実習室などがあります。これらのラボでは、科学者は必要に応じて、手袋、白衣、保護ゴーグルを着用します。

BL2ラボは、ライム病やサルモネラ感染症といった非致死的疾患を引き起こす原因となる細菌やウイルスを扱う研究に適合しています。またヒト細胞や細胞株も扱うことができます。これらのラボは、実験を物理的に封じ込めて（実験室外の）「クリーン」な領域に病原菌が拡散するのを防ぐ特殊な装置を備えています。

BL3ラボは、治療可能でありながら危険な病原菌、例えば、腺ペスト、SARS、西ナイル脳炎を引き起こすようなウイルスを使った科学者の研究に必要となります。BL3ラボでは研究者は非常に特殊な防護具と手順が必要となります。例えば、ラボからの排気は外に排出される前にフィルターに通され、ラボへの出入りは厳しく制限されます。

BL4ラボは、致命的な病気を引き起こすリスクが最も高い感染性の病原体を扱います。エボラウイルスのような世界で最も危険な病原体に関する研究が行われている場所です。BL4のラボはまれで、近隣のコミュニティを守るためにたいていは隔離された建物内に設置されます。

ここで記載されている演習の状況設定をするために、科学界が組換えDNA実験の安全性についての懸念を表明してから3年後を想像してみてください。NIHが組換えDNA研究を規制するガイドラインを発表してから、1カ月後です。ケンブリッジ市議会は、近隣の機関の科学者と会って、研究所を取り囲む地域社会に対するガイドラインの影響を議論し、市が市民の安全を確保するために取るべき追加の解決策や行動を検討しています。公聴会の様子は、1976年にケンブリッジ市庁舎で収録され、音声と映像の品質は劣化していますが、これらの議論の力学を垣間見る非常に貴重な機会を与えてくれます。これは振り返ってみると、単なるアカデミックな議論のように見られますし、あるいは過度に感情的な世間の反応として単純化されるような人間の一面をあらわにもしています。

ケンブリッジ市議会のビデオを見た後で、BioBuilderのウェブサイトやこの章の最後に記載されている公聴会の記録のコピーを配ってください。みんなで登場人物をおさらいしましょう。次に、小さいグループに別れて、各グループに主要人物のひとりを割り当ててください。各グループで、次の質問に対してその人物がどのように対応した（あるいは対応しなかった）のかを記録する記録係を決めてください。

- 組換えDNA実験は危険な生物を作り出すことができますか？
- 組換えDNA実験はNIHによって規制されるべきですか？
- 組換えDNA実験はケンブリッジ市議会によって規制されるべきですか？
- 「定期的」に行われる組換えDNA実験は、その実験を行う研究者を危険にさらしますか？
- 「定期的」に行われる組換えDNA実験は、ケンブリッジ市民を危険にさらしますか？
- 組換えDNA研究のメリットはありますか？
- 組換えDNA研究はケンブリッジ市において許可されるべきですか？

各人物が、1）組換えDNA実験はNIHの既存のガイドラインのもとで継続すべき、2）さらなる調査が行われるまでケンブリッジ市でのすべての組換えDNA実験に一時停止措置を取るべき、のどちらに決定したかを記録しましょう。

決定の結果によって影響を受ける立場の人として利害関係者の概念を紹介してください。ビデオにはどんな利害関係者が登場していたでしょうか？　いくつか例をあげてみると、科学者、市民、選出された政府当局者、任命された政府当局者、環境保護提唱者、学者、漁師などがいます。

各人物に利害関係者としての主な役割を割り当てたら、次の質問に答えましょう。

- あなたの人物の利害関係者としての主な役割は何でしたか？
- 人物に利害関係者としての役割を割り当てた時、みんなですぐ同意できましたか？
- あなたが考えた別の役割は何かありましたか？

みんなで、利害関係者としての役割が登場人物の決断とどう合っているのか確認してください。同じ役割の利害関係者はすべて同じ意見を共有しているのでしょうか？　議論は、次の主要なテーマをひとつまたは複数活用すると、さらに促進されるはずです。

「リスク評価」

各利害関係者は、組換えDNA研究のリスク評価にどのようにアプローチするでしょうか？

「脅威の察知と監視」

利害関係者の予備知識や経験は、脅威を察知する方法にどのように影響するでしょうか？　潜在的な脅威に直接取り組めて制御できることは、その脅威に対する認識にどのように影響するでしょうか？

「緊急事態のシナリオと準備」

緊急事態のシナリオに備える妥当なレベルの準備は、何でしょうか？　まれではあるが予想されるひどい状況への妥当なレベルの準備に合意するため、何ができるでしょうか？　そのような準備の取り決めはどのように特定し、議論できるでしょうか？

「会話と言葉遣い」

科学者の言語と市会議員の言語の違いが、異なる見解にどのように反映されるでしょうか？　それは単なる言語の違いでしょうか、あるいは意味がまったく違うのでしょうか？

「自主規制vs.政府による法規制」

科学コミュニティにとって、自主規制と政府の法規制の良い点と悪い点は何でしょうか？　それらは地元の市民にとっては異なるものになるでしょうか？

「科学的プロセス」

科学的プロセスは、法的プロセスまたは市民的プロセスとどのように違っているでしょうか？　またどのように似ていますか？　証拠がアイデアを「証明」するのではなくそれを築いていく科学的プロセスの反復的性質は、どんな見込み違いにつながるでしょうか？　科学的プロセスのより良い理解は、議論に役立つでしょうか？　もし可能ならば、どのようにして共通理解に達することができるでしょうか？

利害関係者の演習

この演習では、グループまたは個人が利害関係者の身になって、生命倫理の意思決定を実践します。ここで紹介された事例研究やあなたが選んだものを取り上げることができます。この演習は、単独で行うことも可能で、前項の「ケンブリッジ市議会公聴会：生命倫理の実践」（P.86）は利害関係者の概念を紹介し、倫理的意志決定のプロセスをモデル化しています。

次の質問をすることによって、生命倫理は枠付けできるプロセスであることを再確認してみましょう。

「倫理的問題は何ですか？」

倫理的な問題のひとつの重要な特徴は、その結果が個人またはグループに対してネガティブな影響を与える可能性が高いということです。

「関連する事実は何ですか？」

科学的、社会学的、歴史的、そしてすべての種類の事実が重要な可能性があることを考慮してください。

「問題が解決された方法によって影響を受ける可能性があるのは誰か、または何か？」

これは利害関係者のことです。全員に各人物が割り当てられるようにするため、カードに各利害関係者を書き込んでください。

「関連する倫理規定は何ですか？」

個人を尊重し、利益を最大化しながら害は最小に抑え、そして公平であることが私たちの議論してきた基本原則ですが、このリストは決して網羅的ではありません。

この章の事例研究、またはニュースからの事例を選ぶところから始めて、それから上記の主要な質問に答えてください。設定に応じてひとつ、またはすべての質問に答えるのが適切かもしれません。上級者のグループでは、一緒に質問を考えて、共同で複数の答えにたどり着くほうがより賢明かもしれません。

次に、グループ分けを行って、各々のグループに利害関係者の役割を割り振ってみましょう。例えば、政府関係者はすべてひとつのグループにまとめます。他の利害関係者の役割は、科学、産業、市民社会、政治、教育、芸術、その他の分野への所属に基づけることもできます。この演習の目的のためには、利害関係者の数を4〜5人に制限するのが最適です。なぜならこれが小グループの数を決定するからです。これは最も直接的に影響を受ける利害関係者以外を除外すること、またはより広いカテゴリーを作成することによってできます。例えば、選出された政府当局者と指名された政府当局者は同じグループにできるでしょうし、消費者と投資家と子供はひとつの「市民」カテゴリーにまとめることができます。これらのグループでは、その利害関係者の視点から倫理的問題をじっくり議論してください。グループは、関連する事実と倫理規定（個人の尊重、害の最小化と利益の最大化、公平さ）、そしてその他に思い浮かびそうなことを考慮する必要があります。各グループは、利害関係者が望ましいとする行動方針とそれを支える正当な理由の集団的決定に到達するべきです。

次に、それぞれのグループが各利害関係者の代表者が含まれるように、グループをシャッフルします。例えば、政府関係者ひとり、科学者ひとり、市民ひとり、企業のリーダーひとりをすべて入れてひとつのグループにします。この混合されたグループでは、割り振られた利害関係者の役割の視点から関連する事実と倫理的規定を考慮して、倫理的問題を再び議論します。各グループは望ましいとする行動方針の決定に至るはずですが、各個人にはっきりと異なる視点と保護すべき利益があるため、今回の決定には投票が必要となるかもしれません。各グループの代表者に、決めたことを全体に共有してもらうようにしてください。すべてのグループで同じ結論になったでしょうか？

最後に、個人の思考を利害関係者グループの思考に結び付けるため、同じ利害関係者のグループから利害関係者が混合されたグループへと移行した時に、行動方針や論理的思考が変わったかどうかを各個人が説明する補足見解を述べたり、書いたりすることができます。個人的見解と利害関係者属性によって述べられた見解の間にはつながりがありますか？　究極的に、もしも利害関係者の職業のひとつに就いたとしたら、個人的な視点も変化すると彼らは想像できるでしょうか？

さらに詳しく学びたい人のために

- The "Belmont Report": National Commission for the Protection of Human Subjects of Biomedical and Behavioral Research. (1979) Ethical Principles and Guidelines for the Protection of Human Subjects of Research.
- Berg, P., Singer M.F. The recombinant DNA controversy: twenty years later. Proc Natl Acad Sci USA. 1995;92(20):9011-3.
- Cello, J., Paul, A.V., Wimmer E. Chemical Synthesis of Poliovirus cDNA: Generation of Infectious Virus in the Absence of Natural Template. Science 2002;297(5583):1016-8.
- Gibson D.G. et al. Creation of a bacterial cell controlled by a chemically synthesized genome. Science 2010;329(5987):52-6.
- Randerson J. Did anyone order smallpox? The Guardian, 2006. (https://www.theguardian.com/science/2006/jun/23/weaponstechnology.guardianweekly)
- Rogers, M. The Pandora's box Congress. Rolling Stone 1975;18:19.
- ウェブサイト：DIYbio Code of Ethics (https://diybio.org/codes/)
- ウェブサイト：Glowing plant reference (http://www.glowingplant.com/)
- ウェブサイト：MIT 150 Website: "Hypothetical Risk: Cambridge City Council's Hearings on Recombinant DNA Research" (https://teachingexcellence.mit.edu/from-the-vault/hypothetical-risk-cambridge-city-councils-hearings-on-recombinant-dna-research-1976)
- ウェブサイト：NIH's "Exploring Bioethics" (http://bit.ly/exploring_bioethics)
- ウェブサイト：NIH Biosafety guidelines (http://bit.ly/biosafety_guidelines)

5章

BioBuilder 実験演習入門

合成生物学のツールキットを使った生物工学

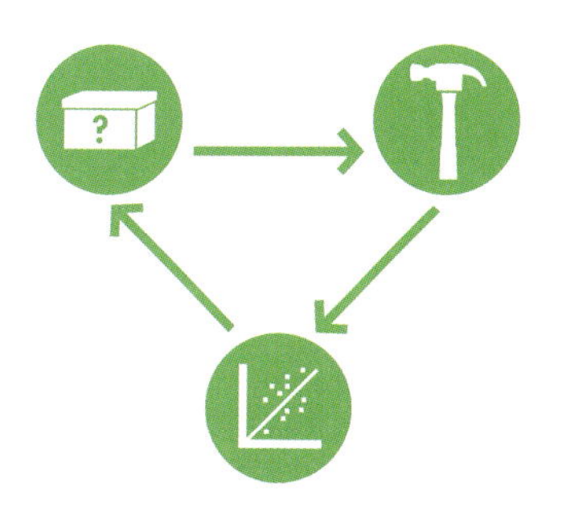

「デザイン／ビルド／テスト」のエンジニアのプロセスは、「仮説／実験／分析」の科学的手法と似ています。これらのプロセスはほとんどの場合、工学では「デザイン」、科学では「仮説」から始める直線的な試みとして示されますが、実際にはサイクル中のどこからでも始めることができる反復の試みです。したがって、BioBuilderの実践的な演習には、デザイン／ビルド／テストの枠組みへの複数の入口があり、より科学的な仮説／実験／分析をもたらすように意図されています。BioBuilderの実験演習のいずれかを使用して、合理的に設計された生物システムを評価しながら、科学と工学のアプローチ間のつながりを探ることができます。おそらく、私たちが提供する出発物質から始まる科学的探索のオプションを追求したくなるかもしれません。あるいは、私たちが提供するものよりも信頼性の高い、または新しいニーズに合った新しいシステムを設計したくなるかもしれません。いずれにしても、このBioBuilder実験演習における科学的および工学的アプローチの短いプレビューは、各分野での実践にこれらの取り組みの枠付けをすることを意図しています。

従来の説明では、工学の場合はデザイン段階の定義から入り、科学の場合は仮説の定義から入るので、これらの出発点がどのように機能するか少し考えてみましょう。ある問題に一から取り組むための十分な基礎知識がある時には、デザインファースト（設計優先）の工学が可能になります。この「フォワード・エンジニアリング」のアプローチは、工学のプロセスを想像する時に大部分の人が頭に思い浮かべるものです。多くの点で、それは最も論理的で満足のいく始め方になります。なぜなら、そのシステムについてすでに多くのことが知られているため、新しく設計されたシステムがどのように振る舞うのかをモデル化してシミュレートすることが可能だからです。コンピューター支援設計（CAD）は、この点で革新的でした。例えば、ボーイング777は、

コンピューター上での完全なデザインに成功した最初の飛行機です。飛行機の設計には238チームのエンジニアが参加し、各チームはそれぞれの専門分野を担当して責任を負いました。分業と複雑な課題の抽象化によって管理可能なタスクに分けることで、飛行機はうまく設計されました。最終的な試作機を作り上げてテストした時、それは最初のシステム要件をすべて満たしただけでなく、予想よりも優れた性能を発揮しました。このデザインファーストの成功は、物理学、建造資材、そして大気条件の深い科学的理解なしには成しとげられませんでした。

残念ながら、このレベルの詳細で生物学がどう機能するかの理解は、遠い道のりの先にあります。「危険な量のヒ素がある時には、それを検出して赤色に変わる細胞を作ってほしい」とコンピューターに指示して、生物システムにこの振る舞いを行わせるために必要なACGTの塩基配列を出力させることはまだできません。とはいえ、すべての仕組みがわからないからといって、合成生物学者がフォワード・エンジニアリングを試みるべきではないというわけではありません。例えば、私たちはDNAが機能的な単位でどう構成されているかについて、たくさんのことを知っています。実際のところ、合成生物学者が生物システムをフォワード・エンジニアリングする時にはしばしば、特定のデザインのバージョンを複数構築しています。

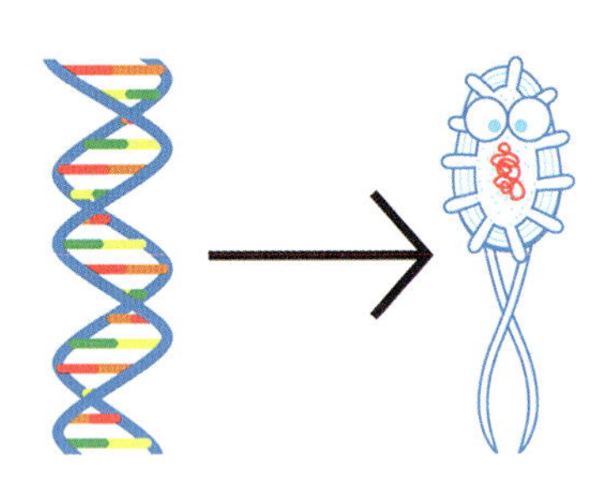

「リバース・エンジニアリング」は、デザイン／ビルド／テストのサイクルのテストのフェーズから入ります。既製品は、そのデザインの複製または改変をする目的で構成要素に分解できます。模倣品のデザイナーハンドバッグから第一次世界大戦中の燃料輸送に初めて使われた象徴的なジェリカン〔ガソリン缶〕まで、あらゆるものがリバース・エンジニアリングのおかげです。ジェリカンはドイツで発明され、以前のデザインと比べて大幅な改善としてみなされました。その後、イギリス軍は戦場で捨てられた缶を発見して、それをリバース・エンジニアリングしたことで、自分たちが利用するための容器を「再発明」しました。現在、合成生物学はリバース・エンジニア

リングに大きく頼っています。多くのデザインは、自然界の複雑なシステムから着想を得たもの、さもなければ直接採ったものです。生物から採取されたパーツやデバイスの使用と改変をするために、合成生物学者はまず、それを他の細胞型で再構築するのに必要な最小限の構成要素を特定しなければなりません。それから予測通りに振る舞うことを確認するため、広範な実験を行います。

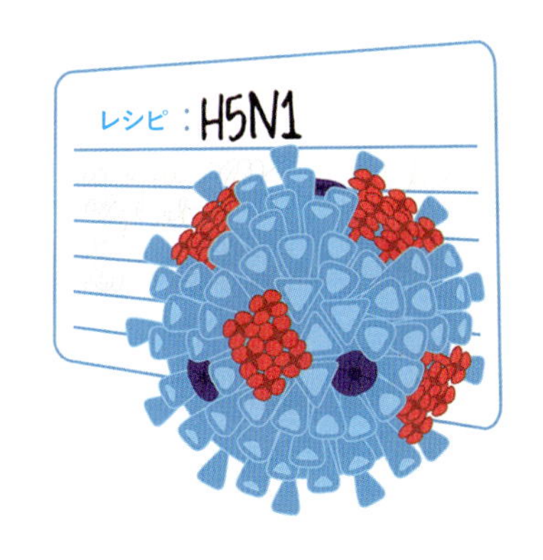

デザイン／ビルド／テストのサイクルの中で、最も直感的でない入口がビルドです。あなたが建てている家で、次のレンガを置く場所を決めるためにサイコロを振っていると想像してみてください。最後にはその構造がうまく機能するだけでなく、次のラウンドで再建築、再設計できる造りになることを期待するでしょう。それは、何かを設計するためにはあまり賢い方法ではなさそうです。しかし面白いことに、これがまさに進化によって生命が創られる方法なのです。新しい種はDNA配列のランダムなシャッフルから出現し、上出来なバージョンが次のラウンドの生殖に進みます。自然は、ビルドとテストのステップをひとつにまとめる方法を見つけたのです。

合成生物学でビルドのプロセス自体は、イケアの家具の組み立てと似て比較的単純ですが、予測不能でもあります。それはまるで、知らないレシピに挑戦したり、レシピなしで料理したりする時のよう！　ただ、どれだけ効率的にデザインを構築し、それを複製できるかは、情報の詳細さと出発物質の品質に大きく依存します。出発物質にばらつきがある時や特定のシステムについての情報が少ない時には、ビルドのフェーズはより信頼できないもの、あるいはより予測不能なものになる傾向があります。

良い科学実験と同様に、工学の成功がさらなる疑問と課題につながることがよくあります。エンジニアは、新しいシステムがどのくらい堅牢かを知りたがるかもしれません。プロトタイプは繰り返し使用しても機能し続けるでしょうか？　さまざまな条件下で機能することができるでしょうか？　プロトタイプが機能しなかった場合、その分析はより複雑になるでしょう。元のデザインのどの構成要素が「本当に」機能しますか？　パーツ、デバイス、システムのどのレベルで故障が起こっていますか？　思慮深い

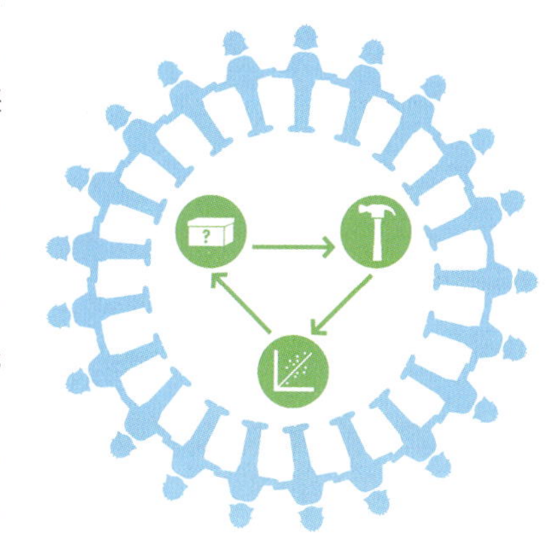

データ分析は、良い科学と良い工学の根底にあります。初期の発見は、デザイン／ビルド／テスト、あるいは仮説／実験／分析の次のラウンドに情報を与えます。サイクルはより良い情報で再開され、その作業が完了するまで繰り返されます。BioBuilder実験演習の探求は、生物を操作する複雑さと可能性を紹介するために設計されています。

6章

Eau That Smell 実験演習

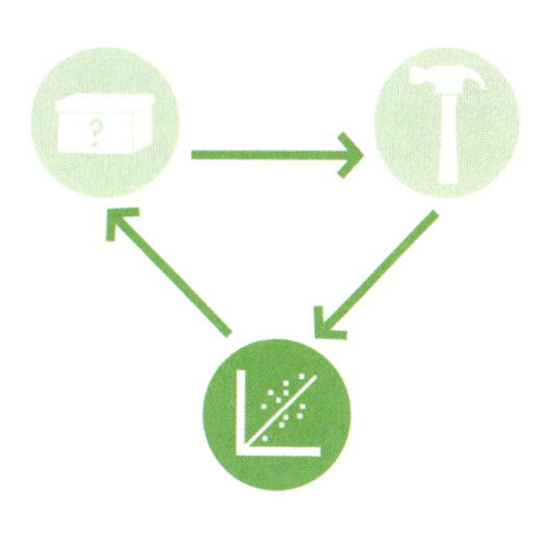

「Eau That Smell」実験演習は、工学のデザイン／ビルド／テストのサイクルの「テスト」フェーズを重視しています。すでに他のエンジニアによってデザインされ、ビルドされている2つの異なる合成生物システムをテストします。比較のため、2つのデザインの選択肢を用意しています。どちらのデザインも、通常は悪臭がする細菌のにおいを変えるのですが、どちらも「正しく」機能しているように見えます。デザインを比較する際に、遺伝子制御や細胞増殖といった科学的に重要なアイデアを学んだり指導したりできるだけでなく、合成生物学者がどのようにしてデザインの選択をしているかについても探求できるでしょう。この演習は、2006年の国際合成生物学大会（iGEM）でMITの学部生チームがデザインした「Eau d'coli（オーデコリー）」[20]という新種の細菌株のプロジェクトに触発されています。このチームは、細胞の増殖相によってバナナやウィンターグリーン（ヒメコウジ）のような香りを放つ大腸菌の株を作製しました。BioBuilder実験演習では、細胞の増殖サイクルと香りの生成の関係を制御する2つの遺伝子プログラムに注目します。理論上は、2つのデザインの選択肢はほとんど同等に見えるのですが、実際の世界での振る舞いは、予想から逸脱することが多いものです。だからこそ、実験室での演習では、先に説明した細菌株で直接テストすることを可能にしています。実験の詳細に入る前に、この実験にコンテクストや、さらに抽象化、階層デザイン、反復の利用を含むデザインプロセスの例証を与えるために、実験の基となっているiGEMプロジェクトについて説明しておきましょう。

20――Eau de Cologne（フランス語でオーデコロン）と*E.coli*（大腸菌）を組み合わせた造語。プロジェクトの詳細については、ウェブサイトを参照（https://2006.igem.org/wiki/index.php/MIT_2006）。

iGEMプロジェクト「Eau d'coli」からの着想

2006年のMITのiGEMチームがどのようにして最終デザインに到達し、合成システムを構築したのかを見てみることによって、デザインプロセスを例証するだけでなく、細胞増殖と遺伝子発現が一般的にはどのように制御されているのかといった背景についても少し説明します。Eau d'coliの例はまた、物質（この場合は良いにおいのするもの）を作る工場としての細胞の利用と同様に、前駆体と生成物との関係性を議論する良い機会を広げてくれるものでもあります。

課題の特定

Eau d'coliプロジェクトのチームは、非常にシンプルな見解から始めました。それは、大腸菌は本当にひどいにおいがするということです。においは問題です。なぜなら、多くの合成生物学者は、薬や他の所望の化合物のような分子を作るために、微生物を使うからです。小さな化学工場として大腸菌を使用するには大量のくさい細菌が必要となり、最終的に研究室もひどいにおいにしてしまいます。そこで彼らは考えました。代わりに良いにおいがする大腸菌株を作ったらどうでしょう？

解決策のブレインストーミング

iGEMチームは扱いたい問題を特定した後に、さまざまな解決策を検討しました。特定された2つの選択肢は、自然に発生するひどいにおいを取り除くか、あるいはもっと好ましいにおいを新しく生み出すようにするかでした。チームは最初、自然に発生するにおいを取り除くよりも、むしろ新しいにおいを導入することに決めました。ひどいにおいは、さまざまな代謝経路と化合物から生じるため、完全に取り除くのは難しいと考えたのです。

システムレベルのデザイン

この時点で、チームは、システムレベルのデザインを特定する準備ができていました。平たく言えば、細菌はある前駆体化合物をインプットとして取り込み、それは細胞によって良いにおいのするアウトプットに転換されます。

そのシステムをデザインするため、iGEMチームは、どのタイプの細胞あるいは生物を使うべきか考えなければなりませんでした。チームは、自然な悪臭よりも強い、好ましいにおいを大腸菌に生み出してほしかったので、大腸菌を扱うことが明らかな選択でした。しかし、株の選択肢はたくさんあり、後に説明しますが、チームは最終的なシステムが構築される前にシャーシ（宿主細菌）に対して後で調整を加えなければなりませんでした。

デバイスレベルのデザイン

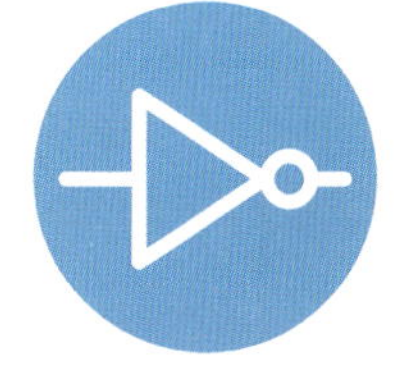

システムレベルのデザインの特定が完了して、チームはデバイスについて考え始めました。まず明らかなのは、チームはにおいのしない前駆体化合物をにおいに変換する、ある種の香り生成デバイスが必要でした。チームメンバーは、科学文献を検索し、この要求を満たす自然にある代謝経路を5つ特定しました。これらの酵素経路はすべて、特定の前駆体化合物を好ましいにおいのする生成物へと転換することができました。チームが利用を考えた経路は、モデル植物である「*Arabidopsis thaliana*」（シロイヌナズナ）由来のジャスミンの香り、バジル栽培品種由来のシナモンの香り、キンギョソウの花由来の「フレッシュでフローラル」な香り、クラーキア属の植物由来のウィンターグリーンの香り、そして、「*Saccharomyces cerevisiae*」（サッカロマイセス・セレビシエ、出芽酵母）由来のバナナの香りです。

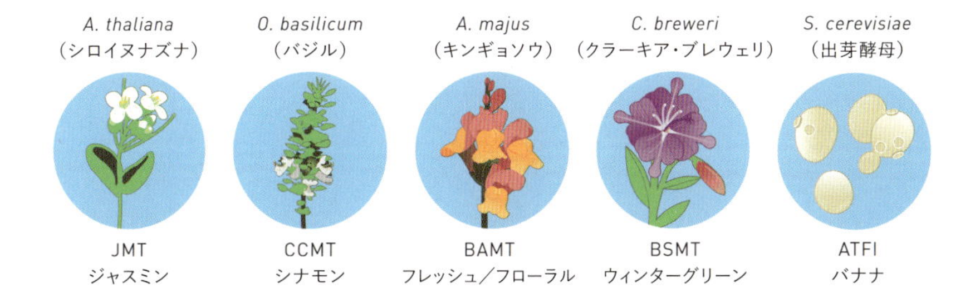

理論上、チームはこれらのどのデバイスでも進めていくことができました。しかし、デザインプロセスを続ける前に、問題となっているデバイスを単離することが可能かどうか、そしてそのデバイスが望んだにおいを生み出すかどうかを確認するために、い

くつかの初期実験で選択肢を狭めておくことが重要でした。チームはまだデザインのフェーズにいたので、この初期段階でテストを実施することは、デザイン／ビルド／テストのサイクルにそむくように思えるかもしれません。しかし、実際には、必要に応じてこれらのフェーズの間を移動することは非常に役に立ちます。この場合にチームは、実際にはまったく機能しない可能性があるデバイスのデザインを完了するのではなく、見込みがある各デバイスが正しい方向へ向かっているかどうかをテストするため、各デバイスに対して最小のデザイン／ビルド／テストのサイクルを実行しました。

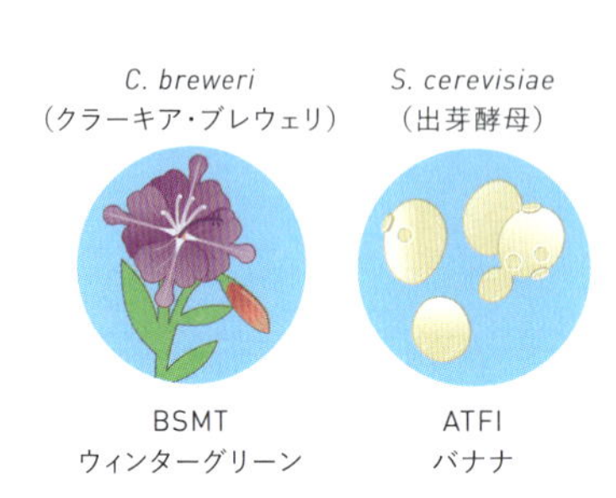

これらの初期実験を通して、チームはジャスミンとシナモンの香りに関与しているDNAを単離することはできませんでした。言いかえれば、これはサイクルのビルドフェーズで行き止まったことになり、これらのデバイスで続けることは不可能となりました。そして、テストフェーズで「フレッシュでフローラル」なにおいとして文献で報告されていたものが、どちらかというとチェリー風味の咳シロップに近く、これは実験室にとっては望ましいにおいではありませんでした。こうして、チームの初期実験によって、ウィンターグリーンとバナナの香りを生成するデバイスという2つの選択肢が残りました。図6-1にチームが行ったデバイスレベルのデザインを示します。

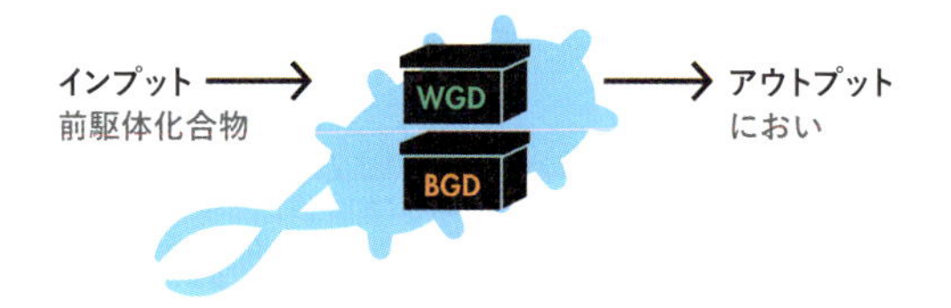

［図6-1］デバイスレベルのデザイン。ウィンターグリーンの香り生成デバイス（wintergreen-generating device:WGD）は前駆体化合物のインプットを転換して、ウィンターグリーンの香りのアウトプットを出す。バナナの香り生成デバイス（banana-generating device:BGD）は、前駆体のインプットを転換して、バナナの香りのアウトプットを出す。

ここからチームは、引き続きこれらのデバイスを特定するためにパーツレベルのデザインに進むこともできましたが、そのかわりにこれをシステムレベルのデザインを改良する機会として捉え、つまり2つの香り生成デバイス間を切り替えできるようにシステムをデザインし直すことにしました。このシステムレベルのデザインの変更は、初期のデザインにおける失敗や欠陥を示しているのではありません。異なる抽象化レベル間でのこの種の動きは、デザインプロセスに不可欠です。

システムレベルのデザインの変更

2つの香り生成デバイスを手にしたチームは、良いにおいのする細菌を作るというもともとのゴールに加えて、においが細胞機能のレポーターとして使えるかもしれないことに気づきました。多くの合成生物学のレポーターは視覚的で、緑色蛍光タンパク質（GFP）が人気です。しかし、においのするレポーターがより適切な応用先があるかもしれません。

チームは複数のにおいを細胞増殖のレポーターとして使うことにして、細胞が活発に成長と分裂を行っている時にはあるにおいを出し、最大密度に達した時には別のにおいを出すものに決めました。細菌の細胞増殖は、特徴的なパターンにしたがいます。それを図6-2に示します。

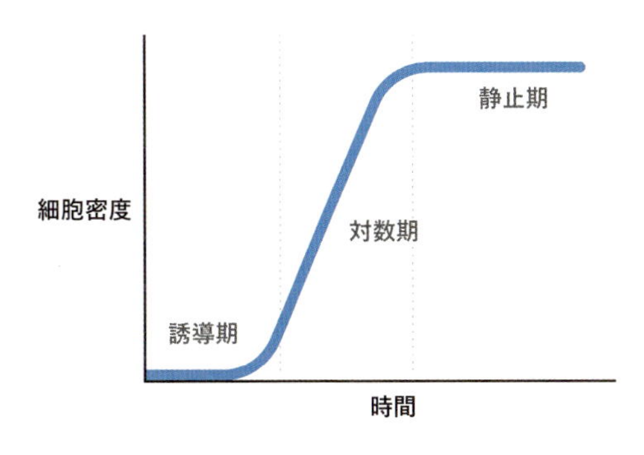

［図6-2］細胞増殖曲線。細胞密度は、分光光度計あるいは他の方法で測定されたもので、時間の関数として描画されている。細菌の3つの増殖相（誘導期、対数期、静止期）に対応した領域の境界は、点線で示されている。

細胞は最初、新鮮な培養液に移されると、「誘導期」を過ごします。その間中、細胞は新しい環境に順応していき、活発に成長したりあるいは分裂したりはしません。培養液中の細胞の数は、この間、劇的には増えないのです。だから、増殖曲線は、この期間中、フラットなままです。この誘導期の間、細胞は増殖の準備をしています。その後、指数増殖期とも呼ばれる「対数期」に入ります。その間中、細胞は非常に早く、成長と分裂を行います。実験室の中で37°Cで培養された大腸菌は、約30分ごとに倍になります。分裂するにつれて、細胞は、培地中の栄養素を取り込み、増殖を阻害する老廃物を分泌します。それにより細胞は、3番目の増殖相である「静止期」に入り、成長も分裂もしなくなります。この段階で細胞は、まだ生きているので、そのサンプルを新しい培養液中に薄めてやると、誘導期から対数期そして静止期へと増殖曲線全体が再び開始されます。

実験室で大腸菌を増殖させている研究者は、実験を遂行するにあたって、これらの増殖相を観察しなければならないことがよくあります。例えば、精製化学薬品や薬を作るために大腸菌が使われている時、生産性はしばしば静止期に一番高くなります。対照的に、タンパク質の産物は一般的に増殖に連動しており、望みの化合物（タンパク質）を最も多く産生するためには、可能な限り対数期に留まらせるべきです。従来から研究者は、「分光光度計」を使って、実験の細胞の増殖段階を判定しています。分光光度計は、サンプルを通る光の量を測定するものです。サンプルに通す光の量とサンプルを通過した光の量との差はサンプルの「光学密度」（吸光度）と呼ばれます。分光光度計が600nmの波長に設定された時、細菌細胞は、入ってくる光を散乱させます。そのため、サンプルの密度が、600nmの光におけるサンプルの光学密度（Optical Density）「OD600」として測定できます。時間とともに変化するOD600を基に、図6-2で示したような増殖曲線を作ることができます。ここでは、時間をx軸、細胞密度をy軸として表しています。しかし、どの実験室にも分光光度計があるわけではないでしょう。そのため、高価な装置に依存しないもうひとつの増殖相の指標、例えばにおいといったものを使うことは非常に役立ちます。

このことを念頭に置いて、iGEMチームはプロジェクトのシステムレベルのデザインを改良しました。それを図6-3と図6-4に示します。

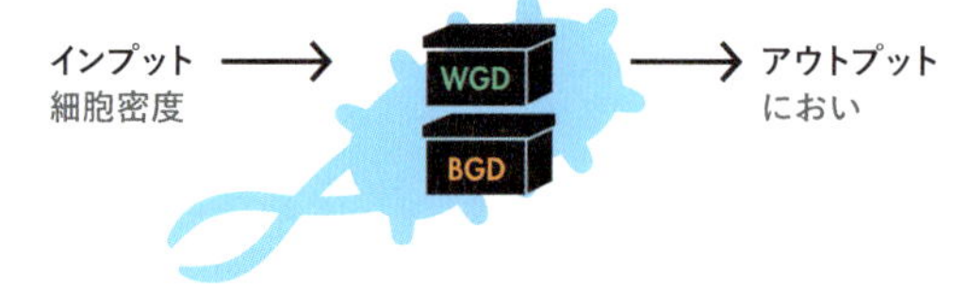

[図6-3] 変更されたデバイスレベルのデザイン。新しいインプットを細胞増殖にしたことによって、システムのもともとのデバイスレベルのデザインの記述を変更する必要がある。

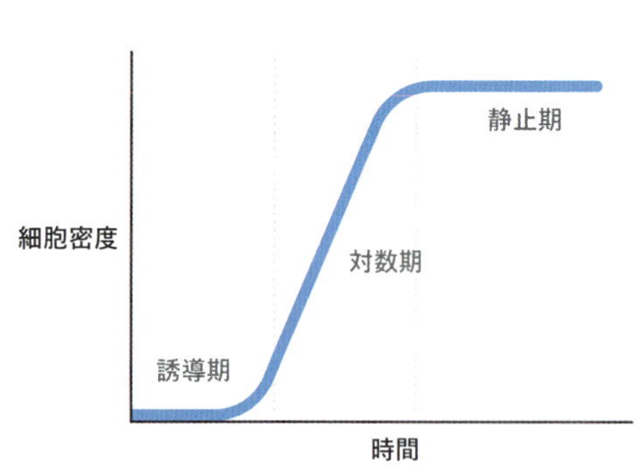

[図6-4] 香り生成デバイスは、細胞増殖相に応答する。システムの2つの香り生成デバイスが示されている。それらは、細胞増殖の特定の期間に対して感受性があり、その間機能する。

現在のインプットは細胞増殖相であって、前駆体化合物でない点に注目してください。チームは、増殖曲線のどの時点で細胞がどのようなにおいを出すのかを決定するために、プロジェクトのシステムレベルのデザインをさらに明確にする必要がありました。2つのにおいと3つの増殖相がありました。対数期と静止期が通常研究者にとって最も関連性が高いものですので、チームはこれら2つの期間でにおいを発することに決めました。初期実験を通じて、チームはバナナの香りよりウィンターグリーンの香りのほうが弱いことがわかっていました。そのため、一番良い解決策は、対数期にはウィンターグリーンの香りを細胞に出させ、それから静止期にはバナナの香りに切り替わるようにすることだと判断しました。この方法だと、より強いバナナの香りは、残っているウィンターグリーンの香りの上からでも検出可能になるはずです。

デバイスレベルのデザインの変更

この新しい計画が整ったところで、iGEMチームはプロジェクトのデバイスレベルのデザインもまた変更する必要がありました。元のデザインでは、デバイスはにおいのしない前駆体化合物をにおいに転換するものでした。新しいデザインでは、追加のステップが必要となります。細胞は、ウィンターグリーンやバナナの香りを出すための香り生成デバイスに与える前駆体化合物を生み出さなくてはならなくなりました。ここで再び、科学文献を調べることが重要になります。ウィンターグリーンのデバイスに対する前駆体はサリチル酸と呼ばれる分子であると知られていて、バナナのデバイスに対する前駆体はイソアミルアルコールであると知られています。細胞中でこれらの前駆体化合物を生み出すデバイスが必要であり、更新されたデバイスのリスト（図6-5）には、サリチル酸生成デバイスとイソアミルアルコール生成デバイスが含まれることとなりました。

［図6-5］再び変更されたデバイスレベルのデザイン。新しいデバイスレベルのデザインには、新たに2つのデバイスが含まれている。それは、サリチル酸生成デバイス（salicylic acid-generating device:saGD）とイソアミルアルコール生成デバイス（isoamyl alcohol-generating device:iaGD）である。

ここでは、2章「バイオデザインの基礎」で広範囲にわたって議論したヒ素検出システムのヒ素センサーのデザインとの類似性を見ることができます。そのヒ素検出システムもまた、2つのデバイスを含んでいました。ヒ素検出デバイスと、発色デバイスです。設計者はこれら2つの機能を単一のデバイスに結合できたかもしれませんが、そのようなデザインはパーツの再利用を難しくするものでもありました。香り生成システムのデザインにも似た原理が作用されています。理論的には細胞増殖相を2つのにおいのうちのひとつで表現する単一のデバイスを作ることは可能ですが、システムを複数のデバイスに分解することによってデザインの柔軟性とモジュール性は強化されるのです。

どのデバイスが細胞増殖相に敏感に反応するのかをまだ特定していないことに、あなたは気づいたかもしれないですね。前駆体が特定の増殖相でだけ作られるようにシステムをデザインするのか、あるいは前駆体は常に作られていて香り生成デバイスだけが細胞の増殖相に敏感に反応するようにシステムをデザインするのか、これは両方とも可能でしょう。これらのデザインの選択肢には、それぞれにメリットがあります。前駆体が常に作られていて香り生成デバイスが制御されている場合は、香りは早く作られるかもしれません。一方で、前駆体がいつも作られるということは、細胞の代謝の負担が増加するかもしれません。この方法では、細胞の健康に影響がおよぶでしょうし、また他の機能への影響も考えられます。この時点では、唯一の正解や不正解がないのは明らかです。むしろ、バイオビルダーとして選択する必要があります。この実例では、iGEMチームは、増殖相にしたがって香り生成デバイスを制御し、そして前駆体化合物は恒常的に生成することを選びました。

パーツレベルのデザイン

このデバイスレベルの仕様が決まれば、パーツレベルのデザインフェーズが開始できます。

	静止期	対数期
osmY	1	0
osmY+インバーター	0	1

最初に考えるべきことのひとつは、システムの重要なインプットである細胞の増殖相を検出する方法です。幸いなことに生物学は、自然に存在する解決策を与えてくれます。細菌のプロモーターには、細胞増殖サイクルのある段階でだけ活発になるものが存在するのです。細菌のRNAポリメラーゼ分子がプロモーターと結合して転写を開始させる時、「ホロ酵素」としてこれを行います。それは、ポリメラーゼの中心ユニットが、「RNAポリメラーゼのσ（シグマ）サブユニット」と呼ばれる特定のサブユニットと結合することです。σサブユニットは、いくつかの「特徴」に分けられます。例えば、σ70サブユニットは、対数期のプロモーターの典型的なDNA配列に結合し、σ38サブユニットは、静止期のプロモーターに関連するDNA配列に結合します。MITのiGEMチームは、細胞増殖の静止期の間だけ活発になるプロモーターの配列を文献から検索し、「osmY」プロモーターを見つけました。チームは、プロジェクトのシステムレベルのデザイン仕様で定義した通りに、デバイスが静止期の間だけ活発になるよう、このプロモーターをバナナの香り生成デバイス中に挿入しました。

ウィンターグリーンの香り生成デバイスに対数期で発現させるデバイスを構築するための最も素直なアプローチは、増殖相の対数期だけ活発となるプロモーターを見つけることでしょう。しかし、その年のMITのiGEMチームは、違う解決策を選びました。それは、バナナの香り生成デバイスに使われたものと同じosmYプロモーターを使い、そしてosmYプロモーターとウィンターグリーンの香りを作る酵素をコードするオープンリーディングフレームとの間に、もうひとつのデバイスを加えることです。チームが選んだデバイスは、インバーター、あるいはNOT論理ゲートと呼ばれるものです。真理値表とインバーターデバイスの根底にある遺伝子については、この後に続くP.106のコラム「ブラックボックスの中身」で触れています。しかし、どのように機能するのかの仕組みの理解がなくても、インバーターは有用な構築ツールとなるでしょう。インバーターは、そのインプットを反転させます。もしosmYプロモーターが「オン」ならば（静止期ではこの状態）、静止期においてosmYプロモーターとインバーターの組み合わせは下流の部分を「オフ」にします。細胞が誘導期あるいは対数期にある場合、この時osmYプロモーターは通常「オフ」ですが、細胞の増殖段階においてosmYとインバーターはその下流域を「オン」にします。これを図6-6に示します。

[図6-6] パーツレベルのデザイン。バナナの香り生成デバイス（BGD）の上流にosmYプロモーターがあることで、静止期の間にバナナの香りが生み出されることになる。ウィンターグリーンの香り生成デバイス（WGD）の上流にosmYプロモーターに続きインバーター（図中、右端の頂点に円の付いた白い三角）があることで、対数期の間にウィンターグリーンの香りが生み出されることになる。

iGEMチームが、osmYプロモーターを使って静止期にバナナの香りを発現させ、osmYプロモーターとインバーターを使って対数期にウィンターグリーンの香りを発現させようとしたことは、理にかなっています。しかし、誘導期にもウィンターグリーンの香りがしてしまうのではないか、とあなたは疑問に思うかもしれないですね。それでも使えるのでしょうか？　それは問題でないのでしょうか？　気づけるくらいの量の香りを作るのに、この誘導期に十分な数の細胞はあるのでしょうか？　ウィンターグリーンの香りに対しては対数期のプロモーターを選んだほうがよかったのかもしれません。これらの質問を要約すると、このようになります。システムの仕様を満たすには、においの制御にどの程度の正確さが必要なのでしょうか？

この章に関連するBioBuilder実験演習では、実験台で香りと細胞増殖のデータを集めることにより、このデザイン決定が直接検証されます。

ブラックボックスの中身

「標準生物学的パーツ・レジストリ」を検索すると、たくさんのインバーターデバイスが見つかるでしょう[21]。それらのほとんどが、転写抑制を使って、NOT論理ゲートを実装しています。一般的には、これらインバーターデバイスはいくつかの単純なパーツからなっています。まず、ラムダリプレッサー、lacリプレッサー、tetリプレッサーといったリプレッサータンパク質で始まります。その後には、コードされたリプレッサータンパク質（抑制タンパク質）に認識される抑制性プロモーターが続きます。例えば、ラムダリプレッサーを使っているなら、ラムダファージのプロモーターといった感じです。仮に、インバーターデバイスが、別のプロモーターとそのオープンリーディングフレーム（ORF）の間に置かれていたとしたら、その上流プロモーターの活性化は、リプレッサータンパク質の発現を引き起こします。このリプレッサータンパク質は、ORFの転写を指示する下流プロモーターを認識して、その発現を阻止します。結果として、そのシステムの発現パターンは、インバーターがない状態の振る舞いと正反対のものとなります。

ここで考えているシステムでは、インバーターは、osmYプロモーターとウィンターグリーンの香り生成タンパク質をコードするORFの間に置かれています。したがって、細胞が静止期にある時、osmYプロモーターは活性であり、それによってインバーターが発現されます。インバーターによってコードされているリプレッサータンパク質が生み出され、そのリプレッサーは、インバーター中にも含まれている下流プロモーターに結合します。抑制されたそのプロモーターは、インバーターの下流にあるORFの転写を制限します。それは、Eau d'coliシステムにおけるウィンターグリーンの香り生成タンパク質です。逆のシナリオを考えてみましょう。細胞が対数期にある時、osmYプロモーターは不活性であり、インバーターによってコードされているリプレッサータンパク質は生み出されません。そして、ウィンターグリーン香り生成ORFの直上流にあるプロモーターが活性化します。それによってウィンターグリーンの香りが生成されます[22]。

設計者が使用できるような、自然にあるリプレッサーを抑制するプロモーターの組み合わせ（ラムダ、lacやtetのようなもの）はたくさんあり、それぞれわずかに異なる振る舞いをします。新しいシステムを設計する時、どのインバーター

21―― http://parts.igem.org/cgi/partsdb/pgroup.cgi?pgroup=inverter
22―― iGEMチームは、osmYプロモーター[BBa_J45992]とインバーター[BBa_Q04401]を使って対数期に遺伝子を発現できるかどうかの実験を行った。GFP(緑色蛍光タンパク質)との組み合わせでは成功した(http://parts.igem.org/Part:BBa_J45994:Experience)が、香り生成デバイスとの組み合わせでは目的の振る舞いは得られなかった(http://parts.igem.org/Part:BBa_J45181:Experience)。

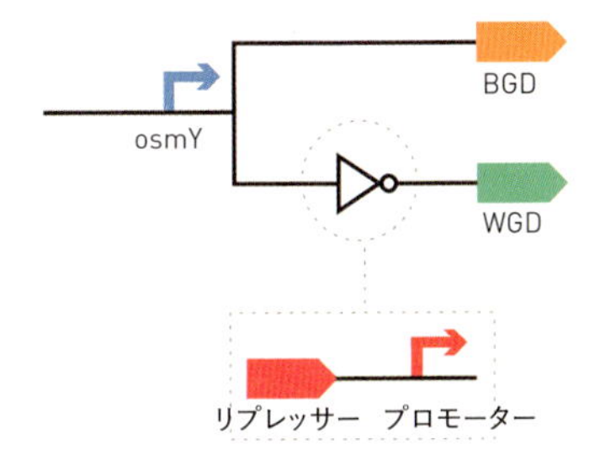

［図6-7］インバーターの中身を開く。2つのパーツレベルのデザインの詳細。静止期のプロモーターであるosmYが、各デバイスの最初の構成要素である。バナナの香り生成システムでは、バナナの香り生成デバイス（BGD）の直上流にosmYはあり、それによって、バナナの香りが静止期に作られる。ウィンターグリーンの香り生成デバイス（WGD）では、osmYプロモーターに続いてインバーターがある。このインバーター自体は、リプレッサーとWGDを指示するプロモーターからなっている。このことによって、細胞が静止期でない時にウィンターグリーンの香りを生み出すはずである。

を使うのかといった選択は、いくつかの事柄に依存します。時々、化学的外部インプットにも制御される（あるいはされない）インバーターが望まれます。例えば、イソプロピルβ-D-1-チオガラクトピラノシド（IPTG）と呼ばれるラクトースのアナログ（類似体）は、lacリプレッサータンパク質の抑制を解除するために使うことができます。このように、仮にインバーターがそのタンパク質と一緒に作られたとしても、培地中にIPTGを加えることで論理を切り替えることができます。インバーターの選択は、すでにシステムに組み込まれている他のものに依存することもあります。例えば、あなたが仮に構築している細胞で他の遺伝子のタスクを実行するためにlacリプレッサーをすでに使っていたとすると、インバーターの機能として他にも使うことは、お粗末な選択かもしれません。最後に、すべてのインバーターはインプット／アウトプットの論理を反転させるのですが、それぞれ異なるキネティクス（より早く／遅く）と、異なる効率（定常状態で80%オフvs.95%オフ）で機能することでしょう。これらは、あなたのデザインに関連する検討事項かもしれません。標準生物学的パーツ・レジストリは、異なる条件下での異なるインバーターの振る舞いの特徴を明らかにしようとしましたが、インバーターによって作られる可能性のあるシステムの数の多さを考えると、選んだインバーターが問題となっているシステムに対してうまく機能するかどうかを合成生物学者が識別できるようになるまでには、「試して結果を見る」という試行錯誤のアプローチがまだたくさん残っています。

デバイスとシステムレベルの最終的な編集

サリチル酸生成デバイスのために、iGEMチームは、モデル植物の「シロイヌナズナ」から代謝経路を特定しました。その経路では、大腸菌中に自然に存在する化合物であるコリスミ酸をサリチル酸に変換できます。同様に、イソアミルアルコール生成デバイスのため

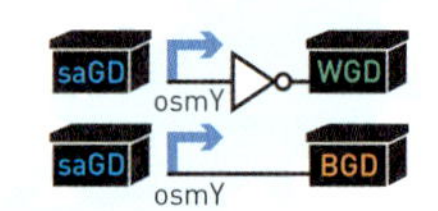

にチームは、出芽酵母の「*S. cerevisiae*」から代謝経路を特定しました。この経路では、アミノ酸のロイシンをイソアミルアルコールに変換します。香り生成デバイスは、サリチル酸とイソアミルアルコールに作用して、良いにおいのする化合物に変換します。サリチル酸は、サリチル酸メチルに変換され、ミントの香りがします。イソアミルアルコールは、酢酸イソアミルに変換され、バナナのような香りがします。

この時点で、プロジェクトの仕様は完成したように思えますが、実際には、指摘すべき最終的なデザインの選択がひとつあります。この章のかなり最初でブレインストーミングしたアイデアを思い出してください。iGEMチームは、大腸菌に良いにおいを加えるか、あるいは不快なにおいを取り除くか考えていました。しかし、バナナの香りとウィンターグリーンの香りの両方を生み出す菌株でもまだ、シャーシから出る自然の悪臭に問題があることがわかったのです。こうしてチームは、さらにもうひとつシステムレベルのデザインに変更を加えることを決めました。特に、インドールの生成に欠乏した大腸菌株を使うことに決めました。インドールは、大腸菌のひどいにおいの素となる主な化合物の中のひとつです。このインドール欠乏のシャーシは、まったくにおいがしないわけではなく、すべての応用に対して完璧なシャーシとはいえないのですが、この場合はにおいがより少ない株を使ったことによって、新しいにおいがはるかに検出しやすくなりました。

さらに詳しく学びたい人のために

- Dixon, J., Kuldell, N., Voigt, C., ed. BioBuilding: Using Banana-Scented Bacteria to Teach Synthetic Biology. Burlington, Mass.: Academic Press 2011; Methods in Enzymology;Vol. 497:255-71. [ISBN: 978-0-12-385075-1].
- Madigan M.T., Martinko J.M., Parker J., eds. Brock Biology of Microorganisms, Prentice-Hall, 2000:135-62. [ISBN: 978-0321649638].
- ウェブサイト：Bacterial Growth Curves（http://bit.ly/bacterial_growth_curves）
- ウェブサイト：Registry of Standard Biological Parts（標準生物学的パーツ・レジストリ）（http://parts.igem.org/Main_Page）
- ウェブサイト：Yale Coli Genetic Stock Center, indole deficient strain:（http://bit. ly/e_coli_resources）

準備

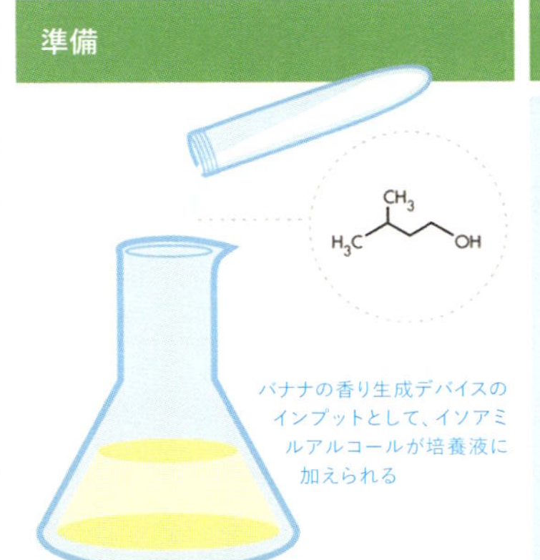

システム

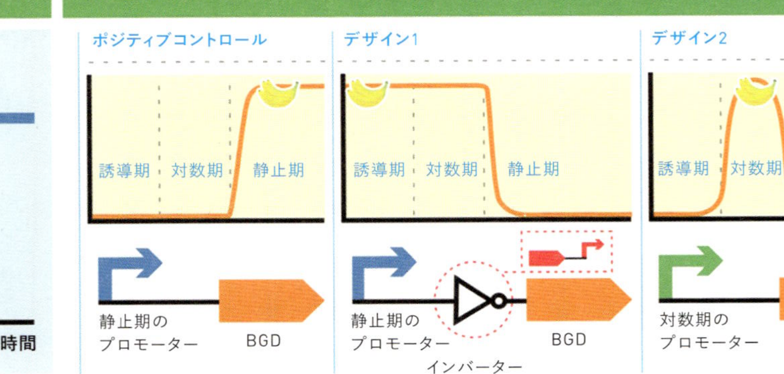

増殖相

細胞密度
誘導期
対数期
静止期
時間

実験の詳細

ポジティブコントロール
誘導期 対数期 静止期
静止期のプロモーター BGD

デザイン1
誘導期 対数期 静止期
静止期のプロモーター インバーター BGD

デザイン2
誘導期 対数期 静止期
対数期のプロモーター BGD

ネガティブコントロール
インドール欠乏の大腸菌のみ

Eau That Smell 実験演習[23]

この実験演習は、微生物の増殖と個体群動態に加えて、遺伝子の発現に必要となるタンパク質やDNA配列（プロモーター、ORF、RNAポリメラーゼなど）についての効果的な紹介となります。工学の概念である抽象化もまた、2つの競合するデザインを分析するうえで強調されています。そして、滅菌操作、標準曲線、分光光度分析のようなバイオテクノロジーのスキルが実験に組み込まれています。

デザインの選択

Eau d'coliプロジェクトの議論の中で、iGEMチームは、たくさんのデザインの選択をしたことがわかりました。それらの選択を以下にあげます。

- インプットとして増殖相を使い、アウトプットとして香りを出す
- バナナの香りとウィンターグリーンの香りを生み出すため、他の生物で自然に生じている生物的学経路を応用する
- 香り生成デバイス（前駆体生成デバイスではない）に増殖相に対しての感受性を持たせる
- 静止期のプロモーターと対数期のプロモーターを使うのではなく、静止期のプロモーターと遺伝子のインバーターを使う

時間があったなら、私たちはこれらのデザインの選択肢をそれぞれ検証できたでしょう。例えば、私たちは、インプットとして細胞増殖相以外の環境要因を用いて実験を行うことができたでしょう。システムのアウトプットとしては、においよりも色を使った実験をすることができましたし、あるいは、もし香り生成デバイスよりもむしろ前駆体生成デバイスが増殖相に応答したならば、システムがどのような応答を示すのかを試すことができました。しかし、出発点として、私たちはシステムを制御するための遺伝子のインバーターの使用を検証することにします。もし時間と興味があるようなら、前にあげた他のアイデアは素晴らしいフォローアップ実験となるでしょう。

23 —— Eau That Smellの実験キットは、Carolina Biological Supply Companyで扱っている（https://www.carolina.com/xm/biobuilder）。学校、企業のみに販売。遺伝子組換え生物を扱うため、カルタヘナ法（遺伝子組換え生物等規制法）を守り、拡散防止措置を執ること（http://www.lifescience.mext.go.jp/bioethics/anzen.html#kumikae）。また、実験で使用される試薬の調製と保存に関して詳しくは付録を参照のこと。

この実験では、バナナの香り生成デバイスが、対数期のプロモーターによって制御された場合と、静止期のプロモーターとインバーターによって制御された場合に、それぞれが生み出す増殖と香りのパターンを探求します。これらのデザインはいずれも対数期にバナナの香りを生み出すことが予想されます。しかし、ひとつのデザインがもうひとつのものよりメリットがある可能性もあるでしょう。例えば、対数期のプロモーターは細胞が静止期に入り始めた時でも、活性がまだわずかに残っているかもしれません。一方で、インバーターをベースにしたデザインでは、増殖曲線の誘導期でも活性があるかもしれません。対数期に最も強烈なバナナの香りを放つのはどれなのかは誰にもわかりませんが、合成生物学のためのコンピューター支援設計ツールが成熟するまでは、これらのシステムのデザインを評価する一番良い方法は実際に実験を行うことです。各システムの性能を特徴付けることができれば、将来のデザインへこれらの発見を応用することができるでしょう。

実験の疑問

この探究では、iGEMのEau d'coliシステムの要素のいくつかを残していますが、実験の疑問をプロモーターとインバーターの利用に焦点を合わせるのに役立つようにするため、いくつか重要な点でそのシステムからはずれています。ここでの実験では、iGEMチームが使用したものと同じインドール欠乏のシャーシと、チームが使ったosmYプロモーターを含んだバナナの香り生成デバイスを使います。iGEMチームのシステムとはいくつか決定的な違いがありますので、それを以下に示します。

- ウィンターグリーンの香りは生成しない
  私たちは異なるプロモーターの選択の相対的な効果を調べているため、異なる香り間の競合は関係ない。また、バナナの香りの方が強いので、私たちの実験ではその香りを使うことが最も理にかなっている。
- 前駆体生成デバイスは使わない
  私たちは、培溶液に直接、前駆体化合物を加える。このように、前駆体生成デバイスによって導入される可能性のある変数を最小化することで、プロモーターの選択についての疑問に焦点をあてることが可能になる。

私たちは、この実験のために使う異なった4種類の大腸菌株をあげます。表6-1にリスト化しています。

[表6-1] Eau That Smell株の詳細

株の番号	プラスミドの名前あるいはレジストリ番号	プラスミドの説明
1-1	BBa_J45250	ATF1（アルコールアセチルトランスフェラーゼ）、AmpR（アンピシリン耐性遺伝子）の転写を指示するσ38により制御されるプロモーター
1-2	BBa_J45990	ATF1、AmpRの転写を指示するσ38制御プロモーターと4部構成のtetRインバーター
1-3	BBa_J45200	ATF1、AmpRの転写を指示するσ70制御プロモーター
1-4	pUC18	AmpR

すべての株が、クロラムフェニコール耐性のインドール欠乏の株、NB370（エール・ディストリビューション・センターから提供されたもの、別名YYC912）で構成されていて、遺伝子型は、F-Δ(argF-lac)169-λ-poxB15::lacZ::CmR IN(rrnD-rrnE)1 rph-1 tnaA5

1-1株は、バナナの香りに対するポジティブコントロール[24]として使います。これは、静止期にバナナの香りを作る2006年のiGEMチームによって開発された株と同じものです。ポジティブコントロールは、私たちの実験の疑問から独立して、バナナの香りがすることが想定される株であるべきです。この場合、静止期のプロモーターを使って、静止期にバナナの香りを出す大腸菌株を使っています。仮にこの株がにおいを出せば、私たちは試薬やプロトコル（実験手順）がすべて適切に機能していることに確信を持て、私たちの実験の疑問とは関係ない、可能な変数を除外することができます。

1-4株は、ネガティブコントロール[25]として使います。これは、バナナの香りを作るために必要な遺伝子を持っていないので、バナナの香りがすることが想定されていません。この実験では、ネガティブコントロールの株は、他の株を作るのに使うシャーシと同じものですが、バナナの香り生成デバイスは含まれていません。私たちはこの株を使うことで、例えば、増殖している細胞に単純に前駆体化合物を加えたことが実験の株にバナナの香りを生成させる原因とならないことが確認できます。

ここでいうネガティブコントロールの株とは、バナナの香りに対するネガティブコントロールです。なぜなら、それはバナナの香りがすることが想定されていないからです。しかし、この場合でも成長することが予想されるため、これはまた、細胞増殖に対するポジティブコントロールと考えることもできます。バナナの香り生成デバイスが欠けているので、この株は「バナナの香り生成デバイスを株に加えることは、細胞増殖の速度を変えてしまうだろうか？」と問うために使えるでしょう。これは、今回の主な実験の疑問ではありませんが、デザインの最適化の次の段階を考える際に重要となるでしょう。

24 ——実験結果を検証するための比較対象で、結果に影響があることがわかっているもの。
25 ——実験結果を検証するための比較対象で、結果に影響をおよぼさないもの。

残りの2つの株は実験用の株で、比較したい2つのデザインを表しています。

- 静止期のプロモーター＋インバーター＋バナナの香り生成デバイス（株1-2）
- 対数期のプロモーター＋バナナの香り生成デバイス（株1-3）

一見同じようなこれら2つのデザインを比較することによって、私たちは、以下の実験の疑問、対数期のプロモーターのデザイン、あるいは静止期のプロモーター＋インバーターのデザインは、バナナの香りを対数期に特化してより良く生み出すかを問うことができます。

始めるにあたって

これら4つの株を液体培地で培養します。増殖中、異なった時点で細胞密度を測定します。その際には、OD600を測定するための分光光度計、あるいはマクファーランド比濁法[26]のどちらかを使います。時間軸に沿って、細胞密度をグラフ化することによって、サンプルの増殖相を特定することができるはずです。細胞密度を測定するたびにサンプルのにおいも嗅ぎ、そして一式の標準液と比較してバナナのにおいの強さの記録を行います。その範囲は、まったくバナナの香りのしない「におい標準液0」と呼ばれるものから、強烈なにおい「におい標準液7」と呼ばれるものまであります。この標準液は、異なる濃度のバナナ抽出液を使って調製します。バナナ抽出液とは、化学名では酢酸イソアミルのことです。バナナのにおい標準液の範囲は、細菌培養液から検出されるであろうにおいを測定するために作られました。特定の標準液と細菌培養液のにおいを照合させることによって、あなたは、生成された酢酸イソアミルの濃度を知ることができます。これらのにおいの測定によって、どのプロモーターのコンストラクトが増殖相の機能としてバナナの香りの制御により向いているのかを判定することができるでしょう。

事前の準備

- **バナナのにおい標準液の準備**

バナナ抽出液（banana extract）の化学名は、酢酸イソアミル（isoamyl acetate）です。あなたは、表6-2に示してある通り、各標準液に対して50mlのコニカルチューブに抽出液と水を加えることで、におい標準液を調製することができます。蒸留水あるいは飲

26 ——目で濁りを見比べ、おおよその生菌数濃度を推定する方法。見比べるための標準液が、「マクファーランド濁度（だくど）標準液」。

料水を使って標準液を作製でき、最終的に約25mlの量にするには、チューブ側面にある目盛りを使うことができます。サンプルは時間とともに劣化しますが、室温で約1カ月間は持ちます。

[表6-2] におい標準液の作り方

標準液	濃度(%)	水に入れる抽出液の量(最終容量25ml)
0	0	0
1	0.1	25μl
2	0.25	62.5μl
3	0.5	125μl
4	1	250μl
5	2.5	625μl
6	5	1.25 ml

バナナ抽出液はオイルなので水には溶けない。しかし、濃度が低いため、においを嗅ぐ前に標準液の入ったチューブを振れば十分懸濁されるだろう。

- **濁度標準液の準備**

表6-3に示したマクファーランド濁度漂準液は、分光光度計を使わずにプロトコルを実行する際に細胞密度を測定するための代替方法です。この方法は、1%のH_2SO_4(硫酸)に1%の$BaCl_2$(塩化バリウム)を入れた懸濁(けんだく)液を使います。これは、大腸菌が、液体培地で増殖する際の密度の懸濁液と視覚的に似ています。これらの濁度標準液は、実験演習のかなり前から準備しておくことができます。濁度標準液はどんな量でも作ることができますが、懸濁してキャップ付きの小さなガラスチューブに分注するべきです。チューブのサイズとそれに入れる標準液の量は、大して問題ではありません。

[表6-3] マクファーランド濁度標準液

濁度の基準	OD600	1% $BaCl_2$/1% H_2SO_4(ml)
0	0	0.0/10
1	0.1	1.05/9.95
2	0.2	0.1/9.9
3	0.4	0.2/9.8
4	0.5	0.3/9.7
5	0.65	0.4/9.6
6	0.85	0.5/9.5
7	1.0	0.6/9.4

細菌サンプルの濁度を測定するために、濁度標準液で使われているものと同じサイズのガラスチューブに細菌のサンプルを少し移します。ガラスチューブの後ろに置かれた暗い目印をサンプルと同じ程度にぼかしている濁度標準液を特定することによって、サンプルの濁度は決定されます。
概算法：1OD600が、~1×10^9細胞／mlであることを使って、濁度測定値を細胞密度に変換します。

実験演習前の手順

［注意事項：実験で使用したすべての生物材料は実験後に滅菌する必要がある。また、実験中に生物に接したもの（ループ、ピペットチップなど）も滅菌しなければならないので、それを捨てるための10%漂白剤の入った滅菌用ビーカーを事前に用意すること。あるいはオートクレーブを使用する場合は、オートクレーブバッグを用意すること］

- **1日目：スタブ**（高層培地）**からプレート**（固形培地）**への細菌株のストリーク**（画線培養）

　この実験で使われる細菌株には、これから試す遺伝子回路をコードしたプラスミドDNAがすでに入っています。また、プラスミドは、抗生物質のアンピシリンへの耐性（マーカー遺伝子。選択マーカーともいう）[27]を付与しています。細菌は、「高層培地」（スタブ）あるいは「斜面培地」（スラント）として届きます。スラントとは、傾斜の寒天培地に少量の細菌が入っている試験管のことです。

1. 滅菌した爪楊枝あるいは接種ループ（白金耳）を使ってプレート上に細菌を塗布する。爪楊枝あるいはループでスタブから少量の細菌を採取して、それから100μg/mlのアンピシリンを含んだLB（Luria Broth）寒天培地の入ったシャーレ（「ペトリ皿」とも呼ばれる）に植菌する[28]。
2. 残ったスタブのサンプルでも同じことを繰り返して、別のプレートにそれぞれ塗布する。
3. 37℃のインキュベーター内にこれらのシャーレを培地側が上になるようにして一晩置く。もしインキュベーターがない場合は、室温で2晩置くと通常は同じ結果が得られる。

27 ——BioBrickパーツにおける選択マーカーのリスト http://parts.igem.org/Protein_coding_sequences/Selection_markers
28 ——https://youtu.be/KU1XgordEY8

- **2日目：細菌株を液体培地で一晩培養**

この演習の実験段階のために種菌を作るには、各株を3mlのLB+アンピシリン培地に37°Cで一晩培養します。チューブ中のアンピシリンの最終濃度は、100μg/mlです。3mlの種菌は、続くプロトコルには十分な量です。滅菌した接種ループ、爪楊枝、あるいはマイクロピペットのチップを使って、細菌のコロニーをひとつのシャーレから、3mlのLB培地と3μlのアンピシリンを含んだ滅菌した大きいカルチャーチューブに移します[29]。この量は、学生ひとりひとりあるいは、学生のチームが各株を培養するのに十分な量です。

1. 植菌する各株に対して繰り返す。
2. インキュベーターの中にある回転型振とう器（ローテーター）にカルチャーチューブを入れて37°Cで一晩置く。振とう器のストレスを最小にするために、チューブが向かい合わせにバランスを取っていることを確かめてほしい。
3. 培養された細菌は、冷蔵庫で保存した場合、少なくとも1週間程度は安定で活発である。仮にこの方法で保存した時には、継代培養する際は増殖し始めるまでより長い時間がかかることを覚悟するように。従来の1.5時間が最大3時間程度になるだろう。

もし、回転型振とう器あるいはインキュベーターがない場合、各々の種菌の量を10mlのLB＋アンピシリン培地に増やせばよいでしょう。そして、回転子（スターラーバー）を入れた小さな三角フラスコをマグネチックスターラーの上に置き、サンプルを撹拌させながら室温で培養します。この方法だと、飽和状態に達するまで少なくとも24時間培養するべきです。

実験演習のプロトコル

ここで紹介するプロトコルは短いバージョンで、データ収集よりもデータ解析を重視しています。BioBuilderのウェブサイトでも、増殖曲線のデータ収集に重点を置いた長いバージョンのプロトコルを紹介しています。ここでは、大量の細菌培養液がデータ収集の1日前に用意されます。それからサンプルは次の日に準備が整い、1回の実験演習のうちにデータが収集できます。

プロトコルには、全員が4つの細菌培養液をそれぞれ3つの時点ですべて測定し、大量の細菌培養液が共有されるものとして書かれてあります。75mlの培養液は、12グ

29 ――https://youtu.be/IQnTaWg4Wto

ループ以内なら十分な量であり、各グループがひとつの時点だけを測定することを想定しています。

データを集める前の日に、次のことをしてください[30]。

1. 以下の項目にしたがって、液体培地を準備する。
   - 300mlのLB培地
   - 300μlのアンピシリン（最終濃度100μg/ml）
   - 250μlのイソアミルアルコール（isoamyl alcohol）
2. ボトルをぐるぐる回して、株用の液体培地を混合する。
3. もし、データ収集に分光光度計を使う場合、分光光度計のブランクとして使うため、この培地を2ml取っておく。この培地は冷蔵庫で保存する。
4. 滅菌した125mlの三角フラスコに75mlの液体培地を移す。それから、一晩培養した種菌のうちのひとつ、例えば、株1-1から2mlの細菌を液体培地に加える。
5. 一晩培養した各々の種菌に対して、三角フラスコに入った75mlの液体培地に2mlの細菌を加える作業を繰り返す。
6. 4つの50mlコニカルチューブにラベルする。各チューブにT（LAG）と細菌の株番号（例えば、1-1）を書く。
7. 培養液1-1から25mlを採り、適切なコニカルチューブに移して、冷蔵庫で保存する。これはデータ収集の日に誘導期のサンプルとして測定するものである。
8. それぞれの培養液に対して前のステップを繰り返す。
9. 三角フラスコをアルミホイルで蓋をして、マグネチックスターラー上で、サンプルを6〜8時間緩やかに攪拌する。室温でこれを行う。それぞれの培養液の攪拌を開始した時間を記録すること。サンプルは37℃で培養することもでき、その場合は次の増殖相に到達するまでにかかる時間は短く、最大4〜5時間程度である。
10. 4つの50mlコニカルチューブにラベルする。各々にT（LOG）と細菌の株番号（例えば1-1）を書く。培養液の攪拌を開始した時点から経過した時間を記録すること。
11. 培養液1-1から25mlを採り、コニカルチューブに移して、冷蔵庫に保存する。これは、データ収集の日に対数期のサンプルとして測定するものである。
12. 各々の培養液に対して前のステップを繰り返す。
13. 残った細菌培養液は、マグネチックスターラー上で室温、あるいはインキュベーターで培養していた場合は37℃で一晩培養する。これらは、データ収集の日に静止期のサンプルとして測定するものである。

30 ——ステップ1〜7の動画 https://youtu.be/A-I9owG0WSY

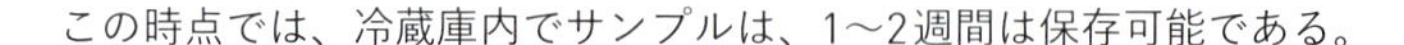

この時点では、冷蔵庫内でサンプルは、1〜2週間は保存可能である。

データ収集：分光光度計を使った濁度の測定

1. 細菌が50mlのコニカルチューブの底に沈殿しているようなら各チューブをボルテックスミキサーで攪拌するか転倒混和する。
2. 各誘導期サンプルから2mlを採り、それぞれの密度を測定する。仮にあなたが4つの株の誘導期サンプルからデータを集めようとしていたら、5本の小さなキュベット（分光光度計に使用する容器）が手元にあるはずだ。4つは細菌サンプル用で、ひとつは分光光度計のブランク用だ。
3. 分光光度計を600nmの波長に合わせる。
4. ブランクを測定して、吸光度（%）をゼロに合わせる。
5. 細菌サンプルの濁度を測定して、吸光度を記録する。
6. 細菌の密度を計算する。1 OD600ユニットが、1×10^9の細菌数である。
7. 対数期、静止期の細菌サンプルについてもこのデータ収集を繰り返す。

データ収集：濁度標準液を使った濁度の測定

1. 細菌が50mlのコニカルチューブの底に沈殿しているようなら、ボルテックスミキサーで攪拌するか転倒混和する。
2. 各誘導期サンプルから2mlを採り、各々の密度を測定する。仮にあなたが4つの株の誘導期サンプルのデータを集めようとしていたら、4つの小さなテストチューブ（試験管）にサンプルを入れる。チューブは、濁度標準液を入れたものと同じであるべきである。
3. サンプルと濁度標準液を試験管立てに置く。こうすることで、横から液体サンプルを見ることができるようになる。何も書かれていないインデックスカードあるいは白紙にマーカーを使って太い線を2本引く。これらのラインの間隔は、標準液の高さの範囲内にすること。
4. チューブの後ろに2本の黒い平行線が引かれた白い紙を置く。
5. 背景のカードの黒い線を最も似た度合いでぼかしている標準液を探すことによって、細菌サンプルと標準液を比較する。
6. 表6-3を使って、濁度標準液をOD600の値に変換する。それから、1OD600ユニットが1×10^9細胞／mlという単純な変換係数を使って細胞密度を計算する。

7. 対数期、静止期の細菌サンプルについてもこのデータ収集を繰り返す。

データ収集：バナナの香り

1. 細菌が50mlのコニカルチューブの底に沈殿しているようなら、ボルテックスミキサーで攪拌するか転倒混和する。チューブを室温あるいは37°Cに暖めることで、においの検出がより容易になる。
2. バナナの香りを確認するために50mlのコニカルチューブを嗅ぐ。そして、バナナのにおい標準液と比較する。嗅ぐ前ににおい標準液を振ることを忘れないように。データを記録する。
3. 対数期、静止期の細菌サンプルについても上記のステップを繰り返す。

バナナの香りは、チューブが開いている間に消散してしまう。可能な限りチューブは閉めたままにして、必要に応じて振ってにおいを取り戻す。

事前の準備

実験する4つの株の培養液を一晩培養させる。**
バナナのにおい標準液を用意する。

実験演習当日

1日目

1. 滅菌したボトルあるいはフラスコに、培養液（LB＋アンピシリン＋イソアミルアルコール）を準備する。
2. 培養液を1ml採って、冷蔵庫に保存する。これは、分光光度計のブランクとして使う。
3. 滅菌した125mlの三角フラスコに75mlの培養液を移す。一晩置いた培養液のひとつ（例えば、株1-1）から2ml採り、培養液に加える**。残りの3つの株についても同じ操作を繰り返す。
4. 4本の50mlコニカルチューブに「LAG（誘導期）」と株の名前、1-1、1-2、1-3、1-4を書く。
5. 各フラスコから植菌された培養液25mlを適当なコニカルチューブに移す。これらのチューブを測定の準備ができるまで、冷蔵庫で保存する。
6. 三角フラスコに残った各々の培養液を室温あるいは37℃で、マグネチックスターラーで撹拌させながら4〜7時間程度培養する。細胞を培養した時間を必ず記録すること。
7. 4本の50mlコニカルチューブに「LOG（対数期）」と株の名前、1-1、1-2、1-3、1-4を書く。
8. 各フラスコから培養液25mlを適当なコニカルチューブに移す。これらのチューブを測定の準備ができるまで、冷蔵庫で保存する。

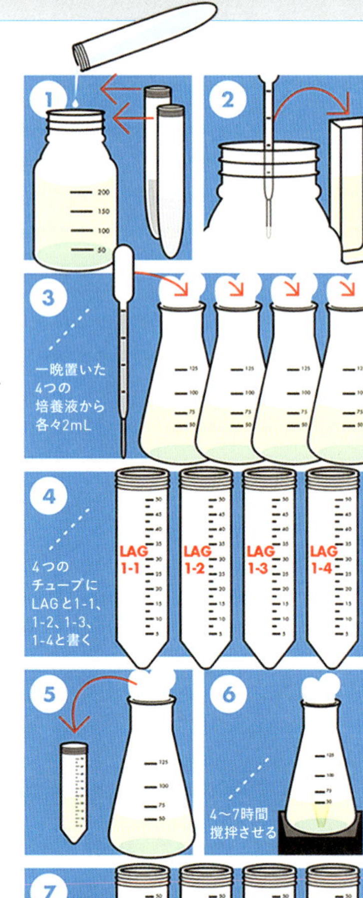

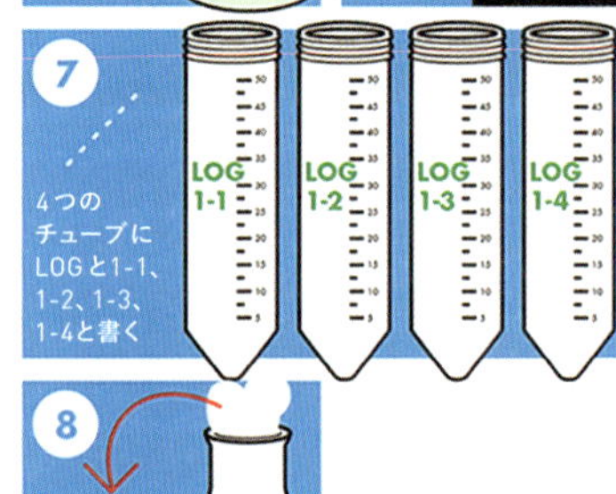

BioBuilder
Educational Foundation

9. 三角フラスコに残った各々の培養液を室温あるいは37°Cで、マグネチックスターラーで撹拌させながら一晩度培養する。細胞を培養した時間を必ず記録すること。
10. 4本の50mlコニカルチューブに「STATIONARY（静止期）」と株の名前、1-1、1-2、1-3、1-4を書く。各フラスコから培養液をこれらのコニカルチューブに移す。これらのチューブを2日目の測定の準備ができるまで、冷蔵庫で保存する。

2日目

11. 「LAG」のコニカルチューブを数回ひっくり返して、細胞と培地を完全に混ぜる。
12. 各「LAG」サンプルから1ml採り、キュベットへ移す。
13. 各サンプルのOD600を測定して記録する。1日目で取っておいた植菌してない培地を使って、600nmにセットされた分光光度計のベースラインを取ってから始めること。
14. コニカルチューブの上の空気を鼻に向けて扇いで、バナナの香りを確認する（実験の際は直接鼻を近づけて嗅がないように）。バナナの香りの強さをバナナのにおい標準液と比較する。
15. 11-14のステップを「LOG」と「STATIONARY」についても繰り返す。
16. 実験で使用したすべての生物材料とそれに接したもの（ループ、ピペットチップなど）は、10%漂白剤に30分以上置く、あるいはオートクレーブで滅菌した後に捨てる。

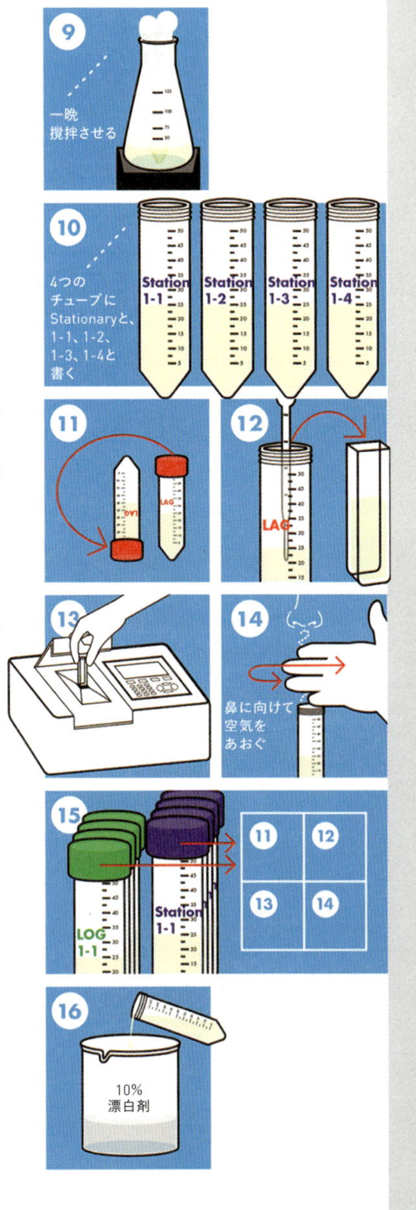

** ――手順の動画はサイトに掲載されています。https://biobuilder.org/lab/eau-that-smell/

7章

iTune Device 実験演習

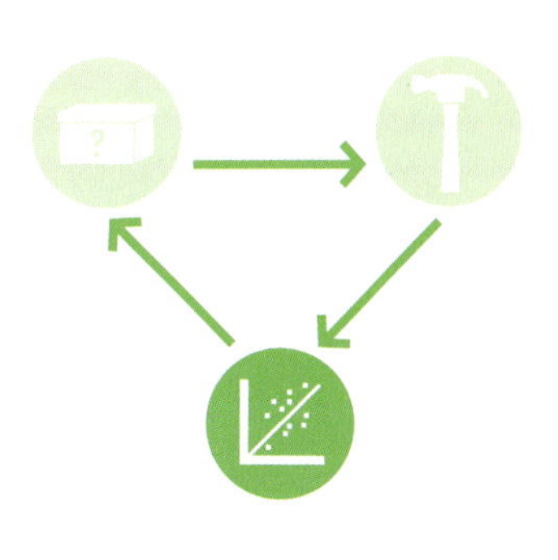

BioBuilderの「iTune Device」実験演習は、デザイン／ビルド／テストのサイクルのうち、「テスト」のフェーズに重きを置いています。あなたは、酵素を生成する遺伝子回路を数種類扱うことになります。回路は、そのDNA配列にわずかな違いがあって、それにより細胞が生み出す酵素の量の変化が予期されます。回路からの酵素のアウトプットを定量的に測定するためには酵素アッセイ[31]を使います。また、すでに知られているDNA配列のわずかな違いから起きる振る舞いに基づいて予想される結果と、実際に得られた結果を比較します。

ほとんどの設計されたシステムでは、観察される振る舞いと予測される振る舞いの間の大きな差異は許容できません。図7-1で指摘しているように、航空技術者は、飛行機の機体に取り付けた際、予期しない飛び方をする新しい形状の尾翼をどう考えるでしょうか？　そのような不確実性で設計と構築を行ったとしたら、膨大な費用がかかり、潜在的に人命を危険にさらすことになります。もしも、単純なパーツ（ナットやボルト、あるいは抵抗や増幅器など）の組み合わせが予期せぬ振る舞いを起こすとしたら、エンジニアは設計を前に進めるのはほとんど不可能だと感じるでしょう。

［図7-1］意図していない振る舞い。飛行機の標準的な尾翼（左）を変更して新しい形（右）にする場合には、エンジニアは意図しない振る舞い、例えば飛行機の安全な着陸方法に影響を与える違いについて配慮しなければならない。

より確立された工学分野では、さまざまな方法で機能的に組み立てることができるモジュラーな構成要素のおかげで、個人のニーズにしたがい、その組み合わせを容易

31――アッセイとは、分析や測定法のこと。酵素アッセイは、酵素活性を検出する方法を指す。

にカスタマイズできます。それらのピースは、物理的に接続されるだけでなく、接続時には仕様通りに振る舞わなければなりません。つまり、パーツは組み立てられた時、予想した通りに機能しなければならないのです。

現在の合成生物学の分野では、遺伝子パーツを使ったそのような機能的アセンブリを目指して、生物工学者が研究を進めているところです。研究者たちが、分子レベルで多くの細胞の振る舞いを特徴付けてきたおかげで、多くの場合、生物学的機能を実行するのに必要で十分な遺伝子の構成要素のカタログ化は可能となっています。それにもかかわらず、新しい組み合わせでこれらの遺伝子の構成要素を結合させると、しばしば予期せぬ結果が生じます。もうすぐ合成生物学者は、望みのあらゆる配列を比較的容易にアセンブリさせるため、遺伝物質を物理的に組み立てられるようになるかもしれません。しかし、その配列が孤立しているか、または他の状況下で徹底的に研究されてよく特徴付けられていたとしても、その配列を新しい細胞内に置くことは細胞機能に不確実な変化をおよぼす可能性があります。

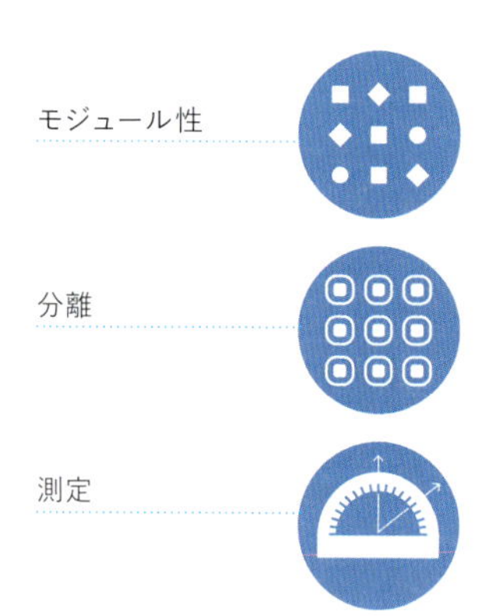

標準化（詳しくは3章「DNA工学の基礎」を参照）に加えて、パーツの「モジュール性」、「分離」、「測定」は、そのような機能的な組み立てを可能にするための重要な要素です。この章では、これらの追加の原理が、一般に標準的な工学分野において、そして特に合成生物学の分野においてどのように適応されているのかを探っていきます。それから、iTune Device実験演習を詳しく説明して、予測された振る舞いと測定された振る舞いとを比較するために、細胞中でさまざまな遺伝子回路を試してみます。

モジュール性

モジュール性は、エンジニアが、機能的なユニットあるいは「モジュール」を組み合わせることによってシステムを設計して生成できるという概念を指しています。このモジュール性の概念は工学分野では直感的に理解できますが、それが遺伝子パーツに適用されたのはごく最近です。特定のDNA断片には個別の機能を帰属させることができるため、生物学にモジュール性を適用するのは賢明なことです。しかし、私たちが今や当然と受け入れているこの原理でさえも、それを確認するにはたくさんの研究が必要でした（次のコラムを参照してください）。

モジュールとしての遺伝子

合成生物学は、正確な振る舞いを生み出すために組み合わせることができ、操作することができる一式の遺伝子の「パーツ」を前提にしています。この前提の根底にある考え（DNAの個々の機能的な部分から形質が生じること）は、実は比較的新しいものです。グレゴール・メンデルの植物のエンドウを使った実験の結果が1900年代初頭に再発見されて、ようやく科学者たちは形質が依然として区別できることを理解し始め、それが現在の遺伝学の理解の道筋につながっています。

長い間、子孫は親からの遺伝形質の混合だと考えられていました。エンドウを育てるメンデルの細部まで行き届いた研究は、混合がいつも起こるわけではないこと、そして時々形質は親植物から子植物へと忠実に受け継がれることを示しました。メンデルは、花の色やサヤの形状など、エンドウのいくつかの主な形質を慎重に数え、測定することによって遺伝研究を行いました。彼のデータは、形質が依然として区別できること、予測可能な比率で、独立して遺伝することを示していました。彼の実験結果は、遺伝が個々の実体（これを彼は因子と呼んだが、後に遺伝子と呼ばれる）として考えられるべきであることを示唆していました。それらの因子が世代間で予測可能な方法で、どのように受け継がれたかを示したのです。この考えは今日では当然のものですが、当時は画期的なものであり、古典的な遺伝学分野の確立につながりました。

メンデルが観察した遺伝様式を分子レベルで説明できるようになるまでには、50年以上の歳月がかかりました。私たちの今日的な理解は、主にワトソンとクリックによって解明されたDNAの二重らせん構造と、ジャコブとモノーによるラクトースオペロン（lacオペロン）の遺伝子発現についての古典的な研究によります。これらの科学的進展とその他の研究のおかげで、私たちは今、生物学における基礎的な考え、例えばDNAからRNAに転写されタンパク質に翻訳されるという遺伝子情報の流れや、機能をコードしているDNA配列と形質が対応することを理解できます。合成生物学におけるDNAパーツの考え方は、これら古典的な業績による産物なのです。

レコード音楽産業においての変化は、モジュール性の向上によって得られる利点の適正な例（でも完璧ではありません）を示してくれます。20世紀の大半で、最も一般的で採算が取れる音楽配信の方法は、レコード、その後はカセットテープやCDでした。これらのすべてのフォーマットで、音楽は主にフルアルバムとして売られていました。シングル曲も市販されていましたが割高だったため、たとえアルバム中の2〜3の曲が好きなだけでも人々はたいていアルバムを買ったのです。アルバムは、音楽産業やアーティストにとって標準的な「単位」でした。この単位は、音楽がデジタル化された21世紀初頭に一変しました。この進展により、物理的なアルバムを買う代わりに、音楽をダウンロードすることが容易になりました。アルバムから楽曲を容易に切り離せたので、楽曲は聴く人の願望や要求に合わせて組み合わせられる独立したモジュールとなったのです。これらのモジュール化した楽曲でカスタムのプレイリストを作る機会が広がったことにより、人々の楽曲コレクションに対する考え方は変わり、産業における標準的な「単位」が改変されました。

音楽業界で見られるモジュール性とカスタマイズ性の向上は、合成生物学における遺伝子「パーツ」という用語の使用を確立した「遺伝子発現の単位」に対する私たちの変化する概念をまとめて表しています。メンデルの初期の研究では、形質は個々の実体であることが示されました。レコード音楽の例えにおいて、形質を示している生物は、フルアルバムに類似すると見なすことができます。楽曲がフルアルバムの中でだけ存在しているように、形質は生物の中でだけ存在します。フランソワ・ジャコブとジャック・モノーの研究はこの章の後で詳しく述べますが、彼らはラクトース代謝の記述でこの形質のイメージを改め、形質を持った生物全体としてではなく、むしろ動的な遺伝要素として形質を捉え直しました。特定のDNAの範囲は、細胞の振る舞いを制御するために協力して機能するものとして特定されました。しかし、その範囲内の遺伝要素は分解できず、新しい目的に合うように容易にカスタマイズできるものではありませんでした。その段階は、音楽産業でいう「アルバム」と「シングル」の間にあったとみなすことができます。現在は、遺伝子工学と交換可能な遺伝子パーツの時代であり、特定の機能をコードする多くの遺伝子配列が理解され、それらを正確に操作することができます。私たちは、ニーズに合わせて専門的な方法で遺伝要素を組み換えることによって、これら遺伝要素の「プレイリスト」をカスタマイズすることができます。この操作のための手法は、3章「DNA工学の基礎」でより詳しく説明されています。ここでは、さまざまな遺伝子パーツを組み合わせられることで生じる工学的な可能性について検討します。

分離

モジュラーな材料はいろいろと組み合わさるので、モジュールが望まない方法で他のモジュールと相互作用する可能性が高くなるといった新しい問題が起こります。モジュール間での予期せぬ相互作用を最小化するためのツールのひとつが、パーツの振る舞いを分離することです。自動車を買う時に利用できるモジュラーな選択肢を考えてみるとよいでしょう。あなたは、あらゆる方法でベーシックモデルをアップグレードすることができます。スピーカーシステムを増やしたり、より強力なエンジンにしたり、後部座席にヒーターをつけたり、など。これらの拡張機能は、自動車のエンジニアが用いるモジュール式のデザインアプローチのおかげで利用できます。このアプローチなしには、しゃれたスピーカーシステムにアップグレードする費用は法外なものになります。なぜなら、フロントコンソールはスピーカーの各々のブランドに適合するように全面的に再設計する必要が出てくるからです。そのかわりに、スナップイン式［スナップ留めのような着脱］のアップグレードのための適応性は、設計の初期段階に組み込まれているので、結果的に購入段階での変更には大幅な再設計作業を必要としません。自動車の各モジュールがカスタマイズされることはあらかじめ想定されており、設計者は手始めの段階からパーツを分離するための努力をしています。

さまざまな方法で組み合わせることができる物理的に別個のパーツの製造に加えて、機能的な組み立ての際には、パーツが周りにあるその他の要素から独立して振る舞える必要があります。例えば、図7-2で示すように、ステレオの操作は運転者のハンドル操作に影響をおよぼしてはなりません。もし、ラジオのダイアルをひねった時に、ハンドルも一緒に動いてしまうとしたら、それは運転の難題となります。そのような、操作されるパーツの間で振る舞いを分けることを「分離」と呼びます。

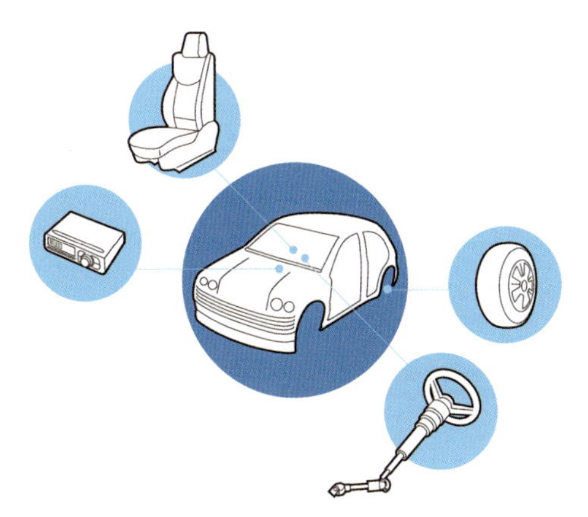

［図7-2］自動車の設計における分離。近代的な自動車は、シート、車輪、ハンドル、ステレオといった多数の構成要素からなっている。構成要素は独立に機能しており、そのためひとつの構成要素を使用したからといって車内の他の構成要素の操作の邪魔をするということはない。

遺伝子パーツを用いる場合、先を見通した設計と分離を自動車の例のように成しとげるのは難しいものです。細胞は、流動性のある環境であり、そこには分子、タンパク質、細胞構造が絶えず混合しています。それらは常に新しいパートナーや近隣と接しているのに、その振る舞いを分離できるでしょうか？　加えて、細胞の「アップグレード」は、ある細胞の状況では予想通りの振る舞いかもしれないし、他の場合には予想通りにはいかないかもしれません。9章「What a Colorful World実験演習」で、この課題を例示します。たとえ、アップグレードが最初うまく機能しているように見えても細胞内の環境は動的であり、設計された細胞は、多様な環境や成長条件で機能するものでなければなりません。最後に、他のどんな工学の基材とも違って、生物を構成する物質は変異できますし、実際するでしょう。これは、10章「Golden Bread実験演習」で見ていきます。設計された産物が進化していくことは、設計の課題をさらに難しくします。

生物学的デザインの複雑さのすべてをうまく扱うために、私たちは抽象化という強力な工学ツールを使うことができます。これは2章「バイオデザインの基礎」でも述べた通り、ひとつのデザイン要素に対しての決定は、他の要素に対して行う決定とは独立して行うことができます。自動車のステレオは、ハンドル操作に影響をおよぼすことなく、入れ替えることができるのです。そのうえ、モジュール性、分離、抽象化によって、システム設計には影響を与えずにデバイスについての決定ができます。自動車で例えるなら、前輪駆動の車がほしいからといって普通車でなくトラックを買う必要はないということです。

しかし、そのようなアプローチが、実際に合成生物学でどれくらいうまく機能するのでしょうか？　合成生物学者は、既知の独自性と相対的な強みを持ったパーツを予想通りに、そして合理的に結合し、新しい合成回路に組み込むことができる状態まで到達したいと考えています。よく特徴付けられたパーツで構成された合成システムの実際のパフォーマンスを測定し、予測された値と実際の測定値とを比較することによって、バイオビルダーは設計を評価でき、将来の設計の成功あるいは失敗を正しく予測する方向に向かうことができます。

測定の原理

ものの中には測定が難しいものもあります。例えば幸福には、私たち全員が同意できる基準や単位は存在しないですし、それを確実に検出する装置もありません。一方で、常に測定されるものもあります。私たちは、1組のトランプカードや成績評価の平均、あるいはスポーツリーグでのチーム順位表などに数値を関連付けることができます。食事を調理するにしても、既製服を買うにしても、数量、サイズ、時間、あるいはものを数えるために、私たちは測定を頼りにしています。測定とは、物の状態、その振る舞い、関係性、特性を報告するものです。

何かが測定される時、単位は私たちにものを比較する共通の方法を与えてくれます。3章「DNA工学の基礎」で述べたように、各測定に対して単位を標準化することは些細なことではありませんが、たくさんのものに対して私たちが合意して定めた単位があります。「ハンド（hands）」［ヤード・ポンド法で用いられる長さの単位］でウマの体高を測定する方法は、素晴らしい例です。1ハンドを4インチとして標準化したヘンリー8世のおかげで、この時代遅れの単位はまだ重要な測定の情報を含んでいます。ハンドの測定に慣れ親しんだ者なら誰でも、16ハンドのウマは、肩近くのき甲［肩の位置の最も高いところ］まで64（16×4）インチであること、そして16.3ハンドの別のウマは67（16×4＋3）インチであって、65.2（16.3×4）インチではないことを知っています。

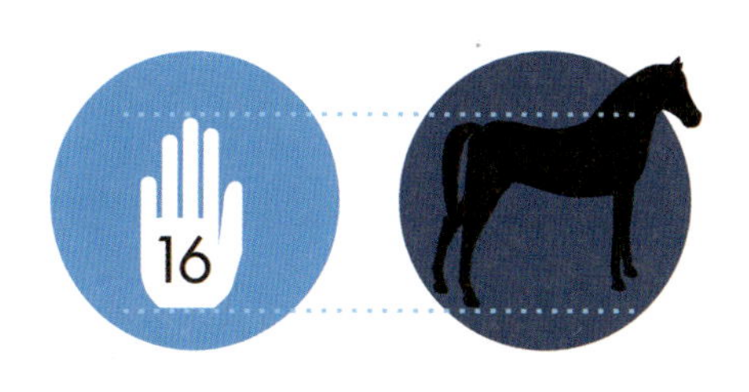

意味のある測定は、単位に関係なく、近代の科学的アプローチの特徴です。メンデルが私たちに示したように、私たちはものを数えた時にパターンを見出すことができます。定性的データもまた、かなりの情報を持っていることは、6章「Eau That Smell実験演習」で見た通りです。けれどもここでは、数学的測定がいかに情報の操作や、他の表現に変換することに大きく役立っているのかという点に注目します。数値もまた、私たちが比較したり予測したりすることを可能にするのです。

例として、定性的測定しかできない場合、学校までのあなたの歩行と、友達の歩行を比較してみましょう。そのような場合、あなたは「学校は私の家からとても遠く、あなたの家よりもずっと遠い。だけど私の方があなたより歩くのが早いよ」というような言い方に制限されます。しかし、距離や時間、そしてスピードを測定することによって、朝8時に学校で落ち合うためには家をどれくらい早くに出る必要があるのかが急にわかるようになります。もしもあなたの移動距離と歩行速度がわかっていれば、その移動にどれくらい時間がかかるのか予測することができます。この知識を工学に適用すると、測定は私たちに非常に有用な予測能力を与えますが、それは適切な測定を行うことができた場合に限るということにもなります。次に、適切な測定とは何かについて説明します。

通常測定されるもの

エンジニアは、記述のために測定を使用するだけでなく、測定対象を制御、組み立て、改善するためにも測定を使います。モジュラーなパーツの組み立ては、測定の重要性を示しています。ひとつのパーツを別のパーツと正確に組み立てるためには、各パーツの関連する特徴を知っている必要がありますし、合意した標準に準拠していなければなりません。さもなければ、歯車は回らないでしょうし、ナットはネジ山に合いません。さらに、同じレゴブロックでデス・スターとエッフェル塔の両方を組み立てることもできません。特定の測定標準に準拠することにより、モジュラーなパーツは近代の工場と効率的なライン生産方式の製造業の基盤となりました。エンジニアが準拠する比較対照や測定の事例のいくつかを、表7-1に示します。

［表7-1］工学分野の典型的な測定

測定	記述	実用性
静的パフォーマンス	制御されたさまざまなインプットに対する部品の測定可能な最終的なアウトプットをマッピングする	ある部品のアウトプットが回路内で接続している次の部品を動作させるのに十分であることを保証するのに役立つ
動的パフォーマンス	インプットの信号の変化に応じ、時間経過とともに起きる部品のアウトプット	システムが最初の刺激でどのように振る舞うかを示す。それは安定した長期の振る舞いとは異なる可能性がある
インプットの互換性	さまざまなインプットに対する部品の反応	さまざまな上流の部品およびインプットと共に組み立てられる部品の柔軟性を示す
信頼性	平均故障時間（Mean Time to Failure:MTF）として測定する	システムが仕様通りに動作すると予想される期間を決定するために使う
材料や資源の消費	電源あるいは資源の選択を決める	特にシャーシの決定に影響する

合成生物学における測定と報告

測定は、合成DNA回路が細胞内でどのように機能しているのか、さまざまなことを教えてくれます。回路の活性の最も直接的な測定は、私たちが微細なサイズまで縮小できれば、それはちょうどフリズル先生が『マジック・スクールバス』シリーズ[32]でやったように、魔法の力でDNAの上に座って毎秒DNAに沿って動いていくRNAポリメラーゼの数を数えればよいのです。電子工学の場合では、電流中に流れている電子を数えるようなものでしょう。しかし、より実験的に理にかなっているのは、転写や翻訳の生成物を測定することです。1秒間にどれくらいの数のmRNAが作られるのでしょうか、あるいは時間経過に伴ってどのようにタンパク質が蓄積されるのでしょうか？　これらのRNAやタンパク質の測定は可能ですが、必要とされる装置、時間、専門性の点からいってかなり高度なものとなります。BioBuilderのiTune Device実験演習では少しでも容易に進めるために、βガラクトシダーゼ（β-gal）の活性を測定しますが、これは間接的ではあるものの各回路のパフォーマンスをよく反映しています。

経験上、DNA回路をある生物学的な環境から別のところへ移動させた時に、その遺伝子パーツがどのように機能するのかを予想するのは難しいことです。パーツの活性は、例えば新しい細胞の環境下における転写、翻訳、タンパク質の活性の速度といったものを含んだ多くのレベルで可変的な影響を受けます。信頼性の高い組み立ての課題に加えて、複数の遺伝子パーツからなる生物システムを構成する際に、各パーツがどのように相互作用するかを予測する難しさがあります。例えば、あるパーツによって生成される強い「オン」のシグナルが下流パーツを動作させるはずなのに、十分な強さでないことがあるかもしれません。

しかしながら合成生物学は、これらのアセンブリの課題と向き合う最初の工学的な取り組みというわけではありません。より確立された工学分野が用いているアプローチのひとつは、いかなるパーツが特定のパラメーターの機能としてどのように動くのかを記載したデータシートを作ることです。そのようなデータシートを作るためにエンジニアは、パーツについて完全に記述するために、特定のインプットやさまざまな条件、環境下でテストしたうえで十分なデータを集める必要があります。

合成生物学者も、パーツに対して同様のデータシートを作ることができます。例えば、標準生物学的パーツ・レジストリにあるひとつの転写因子について公開されているデータシートには、パーツの静的パフォーマンス、動的パフォーマンス、インプットの互換性、そして信頼性が記載されています。これらは、先ほどの表7-1で記載されているのと同じパラメーターです。理想的には、パーツの振る舞いのこれらの測定値

32 —— 邦訳『フリズル先生のマジック・スクールバス』全8巻（ジョアンナ・コール著／ブルース・ディーギン絵／藤田千枝訳／岩波書店）

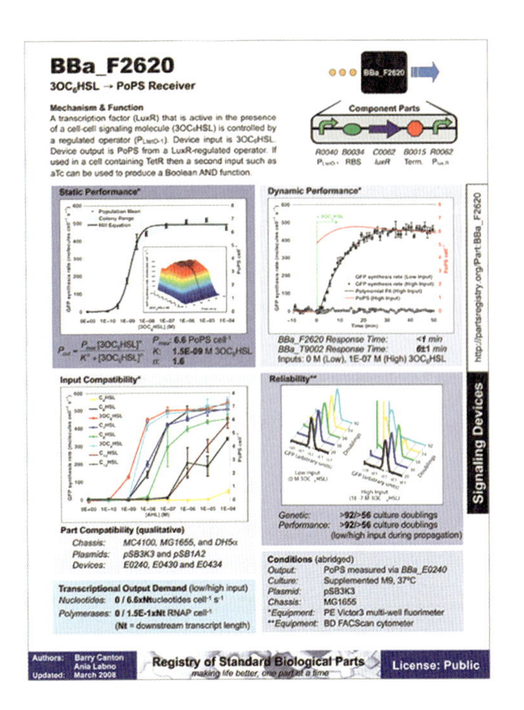

と記述は、パーツが使われる時にはいつでも保持されているでしょう。しかし、たとえその振る舞いが状況次第で異なったとしても、パーツのデータシート上の取扱い説明と情報によって、バイオビルダーはその変動性を考慮することができるかもしれません。この「データシート」のアプローチは、信頼できて予想可能な範囲で異なるパーツにのみ役立ち、必ずしもいつもそうであるわけではありませんが、機能的な標準化に向けた重要な最初の一歩です。

標準生物学的パーツ・レジストリのデータシート例
（http://parts.igem.org/Part:BBa_F2620）

パーツの見なされた堅牢性（またはその欠如）に影響するもうひとつの要因は、測定手法における研究室間でのばらつきです。同じものを測定している同じ研究室の2人でさえ、手法、培養液、細胞成長状態やそれ以外のことがわずかに異なるため、同一の値を得ることはありえないでしょう。合成生物学者は、これらの変動の根本的な原因を特定したがっていますが、それは長期的な目標であるとも理解しています。その一方で、較正基準を使用して、ある場所で行った測定結果と別の場所で行った測定結果を比較することができます。BioBuilderのiTune Device実験演習では、このような理由からリファレンススタンダード（参照標準）を使用していきます。

iTune Device実験演習の基本概念

このBioBuilderの演習では、組み合わせによって異なる量の酵素を生成することが見込まれる遺伝子パーツの生物学的な活性を探ることができます。これら各パーツは、「弱」「中」「強」と、それぞれ単独に特徴付けられます。この演習は、これらの単独に特徴付けられたパーツがさまざまな組み合わせで結合された時、その振る舞いをどのくらいうまく予測できるのかを問うものです。次に説明する遺伝子発現、プロモーターとリボソーム結合部位のパーツの役割についての理解は、演習を始めるために不可欠です。

プロモーターとRBS

しばしば遺伝子発現の「セントラルドグマ」と呼ばれ、「DNAはRNAになり、RNAはタンパク質になる（DNA makes RNA makes protein）」という決まり文句は、タンパク質がRNA配列の翻訳によって組み上がり、そしてRNA配列がDNA配列から転写されるという教義（ドグマ）を短縮表現したものです［P.56図3-8参照］。タンパク質は細胞内で多くの重要な仕事をしていて、転写と翻訳は細胞の振る舞いや形質の多くを制御します。それから驚くまでもなく、転写と翻訳はこれまで広く研究されており、遺伝子発現を制御するために必要十分な、多くの中心的構成要素が知られています（図7-3）。

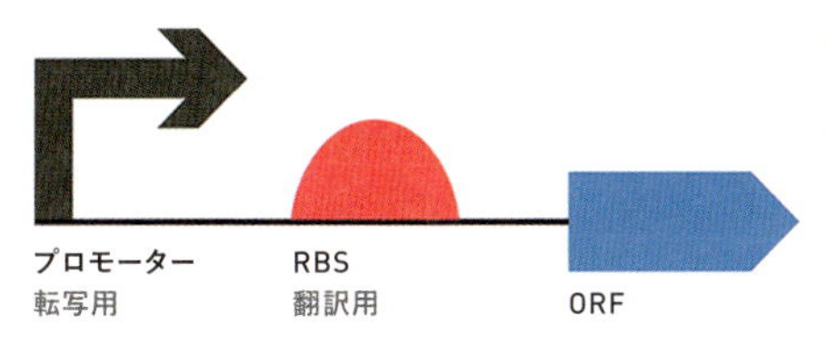

［図7-3］遺伝子発現ユニットの模式図。プロモーター配列は図中の一番左の矢印で示されている。そこにRNAポリメラーゼが結合することで転写が開始される。リボソーム結合部位は「RBS」と略されていて、図中の半円で示されている。mRNAの領域をコードするDNA配列のことで、そこにリボソームが結合することで翻訳が開始される。オープンリーディングフレームは、「ORF」と略されていて、図中の一番右の矢印で示されている。タンパク質をコードするDNA配列を示している。プロモーターやORFの矢印の向きは、読まれる方向を示している。

転写において「プロモーター」は特定のDNA配列のことを指し、そこに多タンパク質の複合体である酵素のRNAポリメラーゼが結合することで、DNA鋳型からRNA鎖の形成が開始されます。翻訳において開始部位は、「リボソーム結合部位」（RBS）と呼ばれます。なぜなら、リボソームは、この配列を認識し、RNA鋳型からタンパク質の合成を開始するからです。これらの配列は、自然に起こる転写と翻訳の制御において大きな役割を担っており、合成生物学者もそれらを使って、独自の制御の設計を導入することができます。研究者は、既知のさまざまなプロモーターとRBS配列を基に、図7-4に示すように、これらのパーツの「共通配列」を同定してきています。例えば共通のプロモーター配列は、多数のプロモーター配列の各位置でのヌクレオチドを比較することで決定されました。これらの共通配列は、それぞれの位置で最も頻出するヌクレオチドのパターンから構築されています。

共通配列

ETH UIQKC BROWN FOX JUMPS OVER THE LAZD OGY
OUI OWRB THEQKC NFX JUMPO VEST HRL DOEY GAZ
HET QUICK BROWN FOX JUMPS OVER THE LAZY DOG
THE QUICK BROWN MPX OVNFJ EYHR LST GDOU AZE
THE QUICK BROWN FOX JUMPS OVER THE LAZY DGO
ORB EKUIT HCQJN UOM WFXPS OVER THE LAZY DOG
ERB KQUIH CTOWN FOX JUMPS TERO GLA OZDE VYG
THE QUICK BROWN FOX JUMPS ROVE ETH ZLAD GYO
ICK THEQU NBROW FOX JUMPS OVER THE LAZY DOG
RFO WTXEB QFUIK OHN JUMPS OVER THE LAZY DOG

THE QUICK BROWN FOX JUMPS OVER THE LAZY DOG

GCC TTC TTC TCG ATC
GGC TAC ATC TGG TAG
GGG TAC AAC TGG AAG
GGC TAC ATC TCC TAG
CGG TTC ATC TGG TTC
CCC TAC TAC TGC TAG

GGC TAC ATC TGG TAG

［図7-4］共通配列の決定。ひとつの文章（左）とひとつの遺伝子（右）に対して多数の「配列」が整列されることで共通配列（一番下のグレーの文字列）が生成される。緑の文字は、それぞれの位置で最も共通な文字を示しており、これを使って共通配列が決定される。赤い文字は、その位置であまり共通していない文字なので共通配列には含まれていない。

共通配列は、合成生物学にとって関連性のあるものです。なぜなら一般的にパーツは、共通配列とよく一致した時に一番よく機能するからです。逆に、共通配列と異なるヌクレオチドが多ければ多いほど、パーツはうまく機能できなくなります。このように、共通のプロモーター配列はおそらく「強いプロモーター」で、これが意味するのはそれがRNAポリメラーゼとよく結合し、頻繁に転写を開始するということでしょう。一方で、共通配列から逸脱したプロモーターやRBS配列は、「弱い」ものとなり、よく一致した配列より機能の効率は劣ることになります。しかし、強いことが必ずしも良いというわけではありません。応用次第で、例えば、細胞の表面上に細孔を作る時、あるいは細胞死の応答が制御されている時などは、活性のレベルをごくわずかにしたいと思うことでしょう。

lacオペロン

必要に応じて、細胞が遺伝子産物のオンやオフを行う能力は、細胞の生存にとって重要です。1960年代にフランソワ・ジャコブとジャック・モノーは、細菌のラクトース輸送と代謝の研究を通じて、遺伝子発現の基礎的な原理を同定しました。ラクトースの代謝に関わる遺伝子は、lacオペロン中にまとまっています（図7-5）。しかし細菌は、グルコースがない時にだけ、これらの遺伝子をオンにすることによりエネルギーを節約しています。細菌は、栄養源としてグルコースの方を好み、好ましい栄養がなくなった時にのみラクトースを利用する努力をします。その遺伝子の調節に関するジャコブとモノーの所説における分子的な詳細は、誘導性遺伝子の古典的なモデルとなっています。ここでは、私たちは、iTune Device実験演習に関係する詳細のみを説明します。

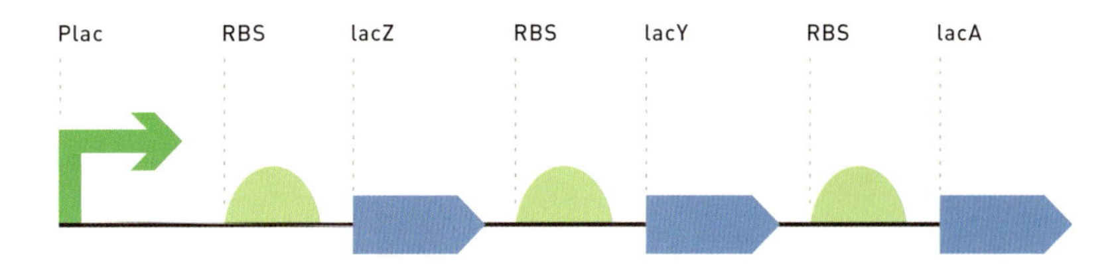

［図7-5］lacオペロンの模式図。lacオペロンは、単一のプロモーター（Plac、グリーンの矢印）が、3つの下流のRBS-ORFペア（RBSがグリーンの半円、ORFが青い矢印）を制御する仕組みからなっている。オペロンは、グルコースがない時だけ、糖の代謝に必要となる酵素を生成する。

ラクトース代謝で主要となるタンパク質は、βガラクトシダーゼ（β-galとよく略される）と呼ばれる酵素であり、これはlacZと呼ばれるORFによってDNAにコードされています。β-galは、ラクトースをグルコースとガラクトースに分解します。それを使って細胞はその他の機能にエネルギーを供給することができます。研究者はまた、β-galがラクトースと似たさまざまな分子と反応することも発見しています。例えば、ONPGのような合成の類似体がそれですが、iTune Device実験演習ではこれを使うことになります。

lacZの発現とlacオペロン全体の発現は、転写の段階（図7-6）でポジティブにもネガティブにも調節されています。「正の調節」は、DNA結合タンパク質がそのDNA結合部位から下流のDNA構成要素を通じて転写量を増加させた時に起こります。逆に、「負の調節」は、DNA結合タンパク質がDNAに結合した時に転写量を減らした場合に使われる言葉です。lacオペロンにおけるポジティブとネガティブな調節因子は、細菌環境内にあるような糖に敏感です。グルコースがある時、調節因子は下流のORFの転写をオフにします。ラクトースがあってグルコースがない時、同じ調節因子はその振る舞いを切り替え、オペロンの転写によってラクトースの輸送と代謝を引き起こします。

同じくlacZを調節し、ポジティブにもネガティブにも調節されるプロモーターはまた、他のlacオペロンの遺伝子も調節します。それには、ラクトース輸送タンパク質をコードするものも含まれます。単一のmRNAは、lacオペロンのプロモーターから転写されて、ラクトースの代謝と輸送に必要な複数のタンパク質産物を生成します。各産物の翻訳は、各ORFに付随するRBSのおかげで、単一のmRNAから行うことができます。これは、適当な時に必要な量の各タンパク質を生成するように自然が調整した、コンパクトで簡潔な遺伝子の構成です。

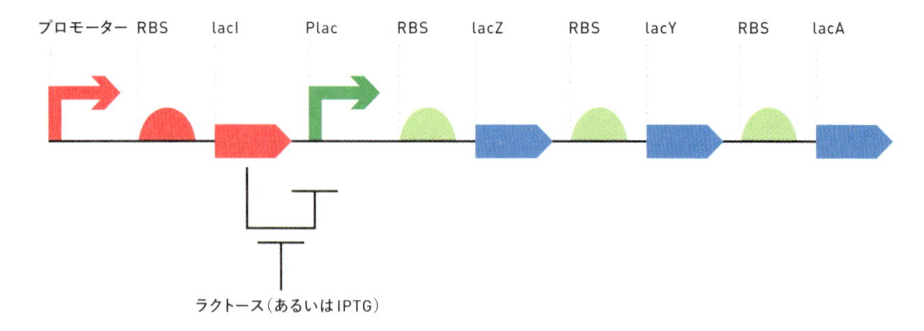

［図7-6］lacオペロンの調節。lacIのORFは、転写抑制因子をコードしていて、その因子はPlacプロモーターをブロックしている。そのため、オペロン全体の発現がブロックされる。ラクトース、あるいはその類似体のIPTGは、lacI抑制タンパク質を阻害し、Placプロモーターが機能することができるようにする。そして、下流オペロンの阻害を軽減する。

さらに詳しく学びたい人のために

- Canton, B., Labno, A., Endy, D. Refinement and standardization of synthetic biological parts and devices. Nature Biotechnology 2008; 26:787-93.
- Jacob F., Monod J. Genetic regulatory mechanisms in the synthesis of proteins. JMB. 1961;3:318-56.
- Kelly, J.R. et al. Measuring the activity of BioBrick promoters using an in vivo reference standard. Journal of Biological Engineering (2009);3:4.
- McFarland, J. Nephelometer: an instrument for estimating the number of bacteria in suspensions used for calculating the opsonic index and for vaccines. JAMA. 1907;14:1176-8.
- Miller, J.H. Experiments in Molecular Genetics Cold Spring Harbor 1972; Cold Spring Harbor Laboratory Press.
- Salis, H.M. The ribosome binding site calculator. Methods Enzymol. 2011;498:19-42.
- ウェブサイト：Registry of Standard Biological Parts（標準生物学的パーツ・レジストリ）（http://parts.igem.org/Main_Page）

iTUNE DEVICES
BioBuilder
Educational Foundation

ATCG...

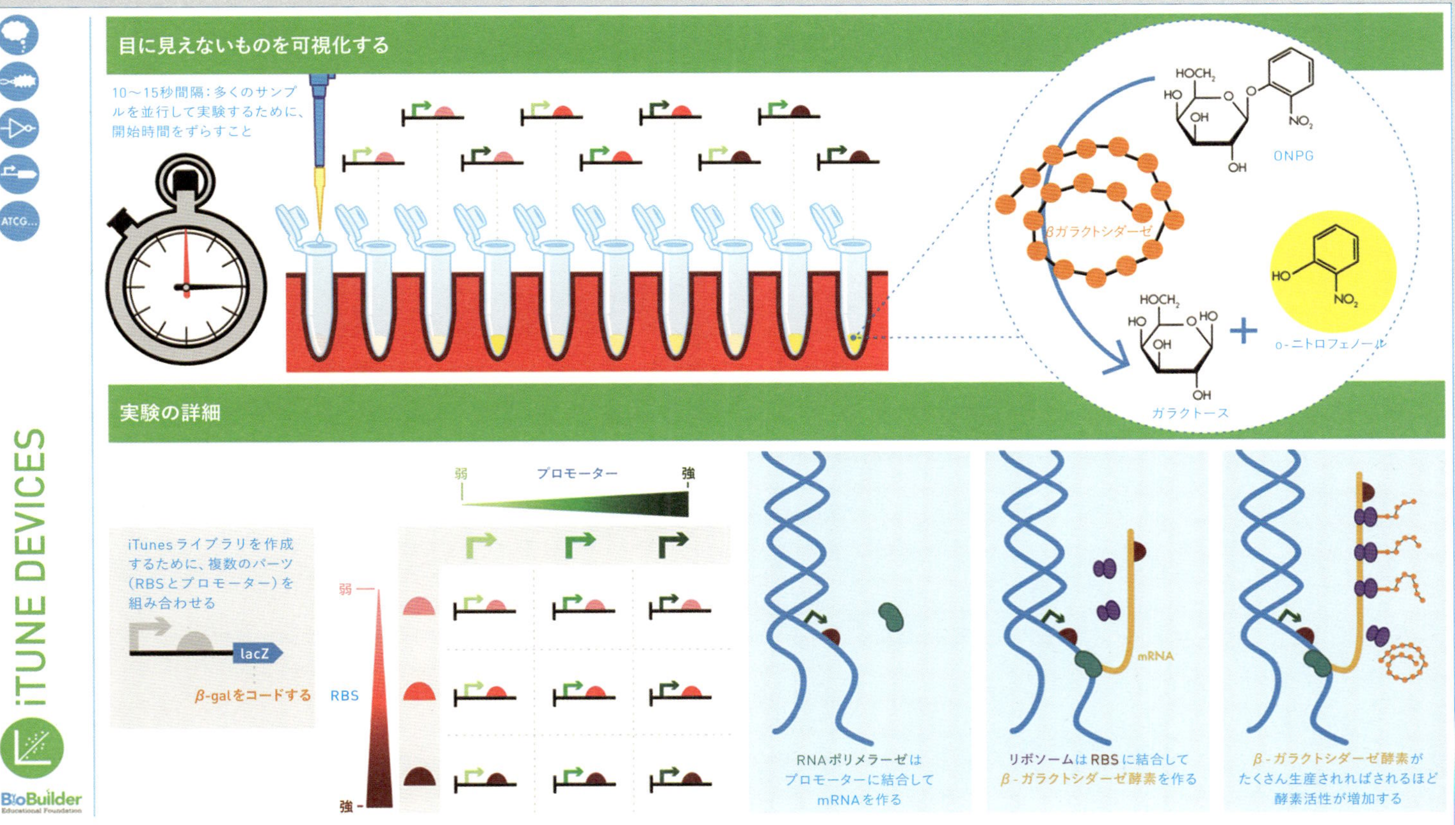
目に見えないものを可視化する
10〜15秒間隔：多くのサンプルを並行して実験するために、開始時間をずらすこと
HOCH2
HO
OH
O
OH
NO2
ONPG
βガラクトシダーゼ
HO
NO2
o-ニトロフェノール
ガラクトース
実験の詳細
iTunesライブラリを作成するために、複数のパーツ（RBSとプロモーター）を組み合わせる
lacZ
β-galをコードする
弱
プロモーター
強
RBS
RNAポリメラーゼはプロモーターに結合してmRNAを作る
mRNA
リボソームはRBSに結合してβ-ガラクトシダーゼ酵素を作る
β-ガラクトシダーゼ酵素がたくさん生産されればされるほど酵素活性が増加する

iTune Device 実験演習[33]

この実験演習では、遺伝子の発現に必要となるタンパク質やDNA配列（プロモーター、ORF、RNAポリメラーゼなど）にフォーカスします。この実験演習はまた、基本的な酵素学への導入としても役立ちます。モジュール性、分離、測定の工学的概念は、9つの遺伝子制御設計を分析することによって探求していきます。各設計は、酵素のβ-ガラクトシダーゼの発現を制御するプロモーターとRBSの独特の組み合わせからなります。分光光度分析と酵素活性アッセイは、この実験演習で重視される主なバイオテクノロジーのスキルです。

デザインの選択

自然で発生するlacオペロンとは対照的に、iTune Deviceの遺伝子回路の遺伝子の構成はよりシンプルで、ひとつのプロモーターとひとつのRBSが、ひとつのORFを調節します（図7-7参照）。iTune Deviceの測定に対するこれらのポジティブとネガティブな調節因子のいかなる影響も軽減するために、細胞を栄養過多な培地で、細胞の正の調節タンパク質がない状態、かつ負の調節タンパク質を阻害する分子であるIPTGの存在下で培養します。私たちは、各DNAパーツのモジュラーな振る舞いのおかげで、iTune Device回路の振る舞いをカスタマイズすることができます。ジャコブとモノーが大腸菌の天然のlacオペロンについて記述したように、iTune Deviceのパーツは個々の機能とパフォーマンスの特徴があり、合成生物学者はバイオデザインにそれらを活かしています。

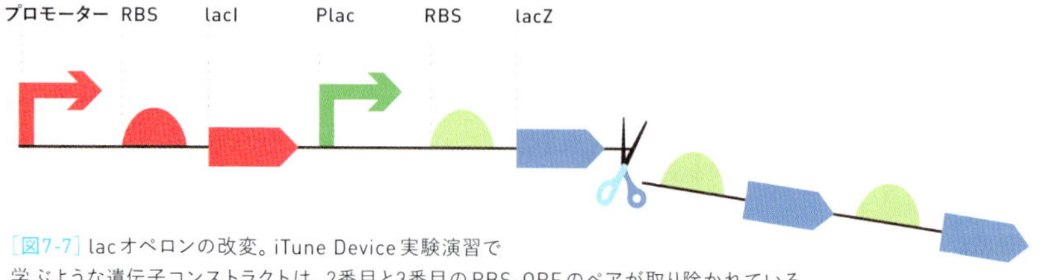

[図7-7] lacオペロンの改変。iTune Device実験演習で学ぶような遺伝子コンストラクトは、2番目と3番目のRBS-ORFのペアが取り除かれている。その結果得られた遺伝子発現ユニットは、単一のプロモーターRBS-ORFを持つ。

33 —— iTune Deviceの実験キットは、Carolina Biological Supply Companyで扱っている（https://www.carolina.com/xm/biobuilder）。学校、企業のみに販売。遺伝子組換え生物を扱うため、カルタヘナ法（遺伝子組換え生物等規制法）を守り、拡散防止措置を執ること（http://www.lifescience.mext.go.jp/bioethics/anzen.html#kumikae）。また、実験で使用される試薬の調製と保存に関して詳しくは付録を参照のこと。

実験の疑問

BioBuilderのiTune Device実験演習においては、異なるプロモーターとRBSの組み合わせのパフォーマンスを評価するために、lacZ遺伝子の産物であるβ-galの活性を測定します。プロモーターとRBSのパーツは、それぞれの共通配列とのアラインメント（配列比較）を基に「弱」、「中」、「強」として特徴付けられています。しかし、組み合わせによってどのようにパーツが機能するのかは、培地、株のバックグラウンド、そしてそれらを評価する手法に依存します。もし時間と興味があるようなら、異なる細菌株や異なる成長段階での株、あるいは生物システムに追加のDNA回路を入れて、これらの測定を行ってみるとよいでしょう。これらの要因のいずれかが、細胞内のシンプルなプロモーター：RBS：lacZ回路の働き方を変えるかもしれません。

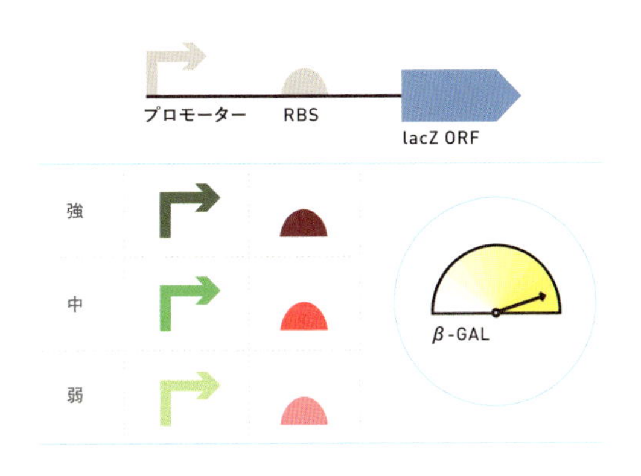

これらの回路を測定するための実験を始める前に、回路の活性について予測できることは何でしょうか？ 表7-2は、あなたの「当て推量」を体系付けるだけでなく、あなたの偏った考えと、理解のギャップを明らかにする助けをしてくれます。もし、弱いプロモーター／弱いRBSが10ユニット[34]で、強／強の組み合わせが1,000ユニットだと勝手に推測したとしたら、私たちはその間をどのようにして予測できるのでしょうか？　表の開始値は、理論上のものであり、あなたがこの実験を行った時に回路から得た数字を反映していないかもしれません。ポイントは、良い予測をするために必要なものを問うことです。

［表7-2］仮説の表

	プロモーター（弱）	プロモーター（中）	プロモーター（強）
RBS（弱）	10	?	?
RBS（中）	?	?	?
RBS（強）	?	?	1,000

34 —— ユニットは酵素活性の単位で、1ユニットは至適条件下で毎分1μmolの基質を変化させることができる酵素量のこと。

BioBuilderのiTune Device実験演習では、β-galの活性が間接的ではあるものの各回路のパフォーマンスを良く反映しているので、測定の対象となります。β-galの活性は、ONPGと呼ばれる基質を使って測定されます。ONPGは、無色の化合物で、化学的にはラクトースに似たものです。β-galは、ラクトースを通常切断するのと同様に、ONPGも切断します。ONPGと反応してできる産物は、黄色い化合物のo-ニトロフェノールと無色の産物のガラクトースです。黄色い化合物は視覚的シグナルとして、それぞれの回路によって発現されたβ-galの量を計算することができるだけの強度を与えてくれます。

異なるグループによって集められたデータを比較するため、プロモーター：RBS：lacZ配列の「リファレンス」（参照）を使います。このリファレンスは、中間的な量の酵素を生成することが知られています。あなたはそれを使って、他のすべての測定を較正することができます。例えば、もしあなたがリファレンススタンダード（参照標準）を1,000ユニットの活性と測定し、別のチームがそれと同じリファレンスを500ユニットと測定したとすると、手法あるいはユニットの計算の変動がその差異の原因となっているのかもしれません。しかし、あなたの測定と彼らの測定が、すべて同じ2倍の差であるはずなので、その差が考慮された後にデータは比較することができます。

リファレンスは、特定のポジティブコントロールとして考えることができます。私たちは、このリファレンスサンプルがβ-galを生成し、ひいては基質の切断に伴って黄色に発色することを想定しています。この実験を行っているみなさんは、ポジティブコントロールとして同じ株を使っているため、アッセイによっていくらかの酵素が検出されていることを確認するのに、私たちは、生成された酵素の正確な量のリファレンスとしてそれを使うことができます。この実験演習には、ネガティブコントロールとして使用する特定の株は含まれていません。その株は、酵素の生成が想定されないものです。対照実験したいものによって、ネガティブコントロールとしてlacZ遺伝子を持たない株を使用すること、あるいは誘導物質IPTGのない状態でリファレンスの株を使用することができるでしょう。しかし、私たちの実験の疑問では、リファレンスに対してデザインを比較することに焦点を当てていて、回路がIPTG存在下の時だけオンになるのかどうかはあまり関心がありません。プロモーター＋RBSのどの組み合わせが、最も多くのβ-galを生成するのだろうかという疑問に取り組む対照実験として、私たちはリファレンスの株が十分であると判断しました。

始めるにあたって

BioBuilderのiTune Device実験演習では、10個の株を試します（表7-3）。10個の株それぞれを、液体培地で一晩培養します。培地は、LB培地、プロモーター：RBS：lacZ

コンストラクトを持ったプラスミドの選択に使うアンピシリン、そしてlacZ遺伝子の阻害を軽減するIPTGからなっています。

[表7-3] iTune Device株の詳細

株の番号	レジストリ番号（プロモーター）	レジストリ番号（RBS）	プロモーター/RBSの相対的な強さ
2-R	BBa_J23115	BBa_B0035	リファレンス/リファレンス
2-1	BBa_J23113	BBa_B0031	弱/弱
2-2	BBa_J23113	BBa_B0032	弱/中
2-3	BBa_J23113	BBa_B0034	弱/強
2-4	BBa_J23106	BBa_B0031	中/弱
2-5	BBa_J23106	BBa_B0032	中/中
2-6	BBa_J23106	BBa_B0034	中/強
2-7	BBa_J23119	BBa_B0031	強/弱
2-8	BBa_J23119	BBa_B0032	強/中
2-9	BBa_J23119	BBa_B0034	強/強

すべての株は「TOP10」大腸菌株で構成されていて、遺伝子型は、F-mcrA Δ(mrr-hsdRMS-mcrBC) Φ80lacZΔM15 ΔlacX74 recA1 araD139 Δ(ara leu) 7697 galU galK rpsL (StrR) endA1 nupG

一晩培養した液体培養のそれぞれの細胞密度を測定することから実験は始まります。それには、OD600を測定する分光光度計を使うか、マクファーランド濁度標準液を使います。もし、分光光度計を利用できるならば、その機械は細菌サンプルによってどの程度の光が散乱されるのかを測定します。600nmの光での光学密度（「OD600」と略す）は、細菌培養液の密度を反映した無名数です。マクファーランド濁度標準液を使う場合は、表7-4にしたがってOD600の測定値に変換でき、測定をより近似的に、そして機械ではなくあなたの目で実行することができます。

[表7-4] マクファーランド濁度標準液からOD600への変換

マクファーランド	1	2	3	4	5	6	7
OD600	0.1	0.2	0.4	0.5	0.65	0.8	1.0

設定した少量の各培養液（「アリコート」と呼ばれる）と、界面活性剤を混ぜます。界面活性剤は、細胞中から酵素をバッファー溶液中に放出します。バッファーは、β-gal酵素をONPGと反応するのに十分に安定な状態に保ちます。反応に加えた細胞培養液の分量（mlで測定される）と各培養液中の細胞密度を反映したOD600（細胞の数／mlで測定される）を測定することによって、次に続く式を使ってどれくらいの細胞が各反応に入っているのかを計算することができます。

細胞の数 ＝（細胞の数／ml）× ml

最終的にこの計算により、サンプル間の「細胞あたり」の酵素活性を比較することができます。

反応に使う試験管を準備したら、ONPGを加えて反応を開始します。10秒あるいは15秒間隔で正確に時間をずらしてONPGを各試験管に加えていきます。反応液は黄色くなり始めます。一定時間内で上昇する黄色の強度は、細胞が溶解されるまでに生成していたβ-gal酵素の量を反映しています。設定した時間が過ぎて、反応液が十分に黄色くなった後、Na_2CO_3（炭酸ナトリウム）を加えます。これは「クエンチング溶液」で、pHを変えることによって反応を止めます。このクエンチング溶液は、10秒あるいは15秒間隔の正確なタイミングで加えます。これは、各反応が正確に設定された時間で行われるようにするためであり、後で毎分の酵素活性を計算することができるようにします。反応が停止されたら反応液は安定するので、黄色の強度はゆっくり測定できます。それには420nm（Abs420）の設定で分光光度計を使うか、BioBuilderのウェブサイトで示されている色標準と比較するかして測定すればよいでしょう。

最後に、この酵素に対して「ミラーユニット（Miller unit）」[35]の標準を使って、各株のβ-gal活性を計算できます。計算は、次に続く式で行います。

$$\text{ミラーユニットでの}\beta\text{-gal活性} = 1000 \times \frac{\text{Abs420}}{\text{反応時間(分)} \times \text{各反応における細胞の量(ml)} \times \text{OD600}}$$

もし、分光光度計での「吸光度」の測定と分光光度計での「光学密度」の測定の違いが知りたければ、それらを区別する簡単な方法があります。キュベット内の色素や他の分子が光を吸収し、キュベットに通した光よりも通った後の光が減少した時、分光光度計で測定した数値は「吸光度」と呼ばれます。600nmの光で粒子や細胞を測定する場合のように、キュベット内の物質が光を吸収するのではなく散乱させている時、分光光度計で測定した数値は「光学密度」と呼ばれます。吸光度も光学密度も両方とも無名数なので、換算係数を用いずにミラーユニットの計算に使うことができます。

35 ―― ミラーユニットは、ジェフリー・ミラー（Miller, J.H.）が1972年に提案した、ONPGを用いた測定法によるβ-gal活性の標準ユニットのこと。

事前の準備

• 濁度標準液の準備

表7-5に示したマクファーランド濁度標準液は、分光光度計を使わずにプロトコルを実行する際に細胞密度を測定するための代替方法です。この方法は、1%のH_2SO_4（硫酸）[36] に1%の$BaCl_2$（塩化バリウム）を入れた懸濁液を使います。これは、大腸菌が、液体培地で増殖する際の密度の懸濁液と視覚的に似ています。これらの濁度標準液は、実験演習のかなり前から準備しておくことができます。濁度標準液はどんな量でも作ることができますが、懸濁してキャップ付きの小さなガラスチューブに分注するべきです。チューブのサイズとそれに入れる標準液の量は、大して問題ではありません。

［表7-5］マクファーランド濁度標準液

濁度の基準	OD600	1% $BaCl_2$/1%H_2SO_4 (ml)
0	0	0.0/10
1	0.1	1.05/9.95
2	0.2	0.1/9.9
3	0.4	0.2/9.8
4	0.5	0.3/9.7
5	0.65	0.4/9.6
6	0.85	0.5/9.5
7	1.0	0.6/9.4

細菌サンプルの濁度を測定するために、濁度標準液で使われているものと同じサイズのガラスチューブに細菌のサンプルを少し移します。ガラスチューブの後ろに置かれた暗い目印をサンプルと同じ程度にぼかしている濁度標準液を特定することによって、サンプルの濁度は決定されます。

概算法：1OD600が、$\sim 1 \times 10^9$ 細胞／mlであることを使って、濁度測定値を細胞密度に変換します。

実験演習前の手順

[注意事項：実験で使用したすべての生物材料は実験後に滅菌する必要がある。また、実験中に生物に接したもの（ループ、ピペットチップなど）も滅菌しなければならないので、それを捨てるための10%漂白剤の入った滅菌用ビーカーを事前に用意すること。

36 —— 硫酸を扱う際は細心の注意を払うこと。詳しくは付録を参照のこと。

あるいはオートクレーブを使用する場合は、オートクレーブバッグを用意すること]

• 1日目：スタブ（高層培地）からプレート（固形培地）への細菌株のストリーク（画線培養）

この実験で使われる細菌株には、これから試す遺伝子回路をコードしたプラスミドDNAがすでに入っています。また、プラスミドは、抗生物質のアンピシリンへの耐性（マーカー遺伝子。選択マーカーともいう）[37]を付与しています。細菌は、「高層培地」（スタブ）あるいは「斜面培地」（スラント）として届きます。スラントとは、傾斜の寒天培地に少量の細菌が入っている試験管のことです。

1. 滅菌した爪楊枝あるいは接種ループ（白金耳）を使ってプレート上に細菌を塗布する。爪楊枝あるいはループでスタブから少量の細菌を採取して、それから100 μ g/mlのアンピシリンを含んだLB（Luria Broth）寒天培地の入ったシャーレに植菌する[38]。
2. 残ったスタブのサンプルでも同じことを繰り返して、別のプレートにそれぞれ塗布する。
3. 37℃のインキュベーター内にこれらのシャーレを培地側が上になるようにして一晩置く。もしインキュベーターがない場合は、室温で2晩置くと通常は同じ結果が得られる。

• 2日目：細菌株を液体培地で一晩培養

この演習の実験段階のために種菌を作るには、各株を3mlのLB+アンピシリン培地に37℃で一晩培養します。チューブ中のアンピシリンの最終濃度は、100μg/mlです。また、IPTG[39]の最終濃度は1mM[40]にします。3mlの種菌は、続くプロトコルには十分な量です。滅菌した接種ループ、爪楊枝、あるいはマイクロピペットのチップを使って、細菌のコロニーをひとつのシャーレから、3mlのLB培地と3μlのアンピシリン、30μlのIPTGを含んだ滅菌した大きいカルチャーチューブに移します[41]。この量は、学生ひとりひとりあるいは、学生のチームが各株を培養するのに十分な量です。

37 —— BioBrickパーツにおける選択マーカーのリスト http://parts.igem.org/Protein_coding_sequences/Selection_markers
38 —— https://youtu.be/KU1XgordEY8
39 —— Carolinaの実験キットではIPTGは粉末として届く。IPTG 24mgを滅菌水1mlに溶解し、0.1Mのストック溶液を作る。詳しくは付録を参照のこと。
40 —— モル濃度は溶液中の溶質（mol）の物質量を示し、M（モーラー）はその単位のひとつ。1M＝1mol/Lで、1mMはその1/1000。
41 —— https://youtu.be/IQnTaWg4Wto（IPTGの添加は省略されている）

1. 植菌する各株に対して繰り返す。
2. インキュベーターの中にある回転型振とう器（ローテーター）にカルチャーチューブを入れて37°Cで一晩置く。振とう器のストレスを最小にするために、チューブが向かい合わせにバランスを取っていることを確かめてほしい。

もし、回転型振とう器あるいはインキュベーターがない場合、各々の種菌の量を10mlのLB＋アンピシリン＋IPTG培地に増やせばよいでしょう。そして、回転子（スターラーバー）を入れた小さな三角フラスコをマグネチックスターラーの上に置き、サンプルを撹拌させながら室温で培養します。この方法だと、飽和状態に達するまで少なくとも24時間培養するべきです。

実験演習のプロトコル

このアッセイを使って、各設計によって生成されるβ-galの活性の量を測定します。あなたは各株に対してアッセイを繰り返して行い、自身が測定した値にある程度確証を得るために、クラス全体のデータを集めるとよいでしょう。

データ収集：分光光度計を使った濁度と色の測定

1. 一晩培養した培養液を1:10に薄めたものを3ml作る（300μlの細胞溶液を2.7mlの重炭酸バッファー（Sodium Bicarbonate Solution）に入れる）。
2. もしあなたの分光光度計が、ガラスの分光光度計用試験管を使えるなら、次のステップへ進む。あるいは、適当なキュベットに薄めた細胞溶液を移す。このキュベットの3/4程度入れる。
3. この希釈液の600nmにおける吸光度（OD600）を測定する。データの表に10倍した値を記録する。この値が、希釈してない細胞密度である。もし分光光度計がなく、代わりに濁度標準液を使っている場合は、マクファーランド濁度標準液と培養液を比較して、表7-4を使って、OD600に変換する。
4. このデータ収集をすべての細菌サンプルに対して繰り返す。
5. 実験で用いたこれら希釈液と試験管は、10%漂白剤溶液で滅菌処理する。
6. 11本の試験管にB（ブランク）、R（リファレンス）、1から9（サンプル）と1本ずつ書いて、重炭酸バッファーを1.0ml入れる。これらは、反応用試験管となる。
7. 各試験管に一晩培養したもの（薄めていないもの）を100μl加える。ブランクを作る必要があるので、試験管Bには、LB培地を100μl加える。
8. 各試験管に薄めた食器用洗剤[42]を100μl加えることによって、細胞を溶解する。

9. 10秒間、各試験管をボルテックスミキサーで撹拌する。このステップを繰り返す際には、可能な限り各試験管を同じように扱いたいので、時間厳守で行う。
10. 最初の試験管にONPG溶液[43]を100μl加えて反応を開始する。この最初の反応を開始するのと同時にタイマーあるいはストップウォッチを開始する。15秒待ってから次の試験管にONPG溶液を100μl加える。ブランクも含めたすべての試験管に対して繰り返し、15秒間隔でONPGを加えていく。
11. 10分後、最初の試験管に炭酸ナトリウム溶液（Sodium Carbonate Solution）を1ml加えて反応を止める。タイマーが10分15秒と表示するまで待ってから、次の反応を停止する。ブランクも含めたすべての試験管に対して繰り返し、15秒間隔で炭酸ナトリウム溶液を加えていく。これで反応液は安定するので、別の日に測定するために置いておいてもいい。
12. もしあなたの分光光度計が、ガラスの分光光度計用試験管を使えるなら、次のステップへ進んでもらえばいい。もしそうでないなら、反応液のいくらかの分量を反応用試験管からキュベットへ移す必要がある。その際、キュベットには、3/4程度入れる。
13. 420nmにおける吸光度（OD420）を測定する。これらの値は、各々の試験管の黄色の量を反映している。もし、分光光度計がなく、代わりに色見本帳と比較する場合は、その方法をBioBuilderのウェブサイト[44]で参照してほしい。
14. 以前に示した式から、各サンプルのβ-ガラクトシダーゼの活性を計算する。

42 —— Carolinaの実験キットではSDS溶液を使用する。
43 —— Carolinaの実験キットではONPGは粉末として届く。ONPG40mgを40mlの水に溶解して0.01%溶液を作る。詳しくは付録を参照のこと。
44 —— Procedure「Day 3」の表を参照 https://biobuilder.org/lab/itune-device/?a=student

クイックガイド:iTune Device

事前準備

実験する10個の株の培養液を一晩培養する**。
培地にアンピシリンとIPTGを加えるのを忘れないようにする。

実験演習当日

細胞密度の測定:

1. 10本の各試験管に、「1」から「9」、そして「R」(リファレンス)と書く。一晩培養した培養液300μlを2.7mlの重炭酸バッファー(Sodium Bicarbonate Solution)と混ぜることによって、各培養液を1:10の比で希釈したものを作る。
2. 各サンプルをキュベットに移す。キュベットには、3/4程度入れる。
3. 各サンプルの吸光度の値を測定し、記録する。重炭酸バッファーか水を使って600nmにセットした分光光度計のベースラインを取ってから始めること。
4. データ表のOD600の列には、10倍した値を記録する。
5. 10%漂白剤にすべての希釈液を捨てる。

酵素反応:

6. 11本の各試験管に「1」から「9」、そして「B」(ブランク)、「R」(リファレンス)と書く。
7. 各試験管に1.0mlの重炭酸バッファーを加える。
8. 薄めていない一晩置いた培養液から細胞100μlを適当な試験管に移す。ブランクには、100μlの重炭酸バッファーを入れる。
9. ブランクを含めた各試験管にSDS溶解液を100μl加える。

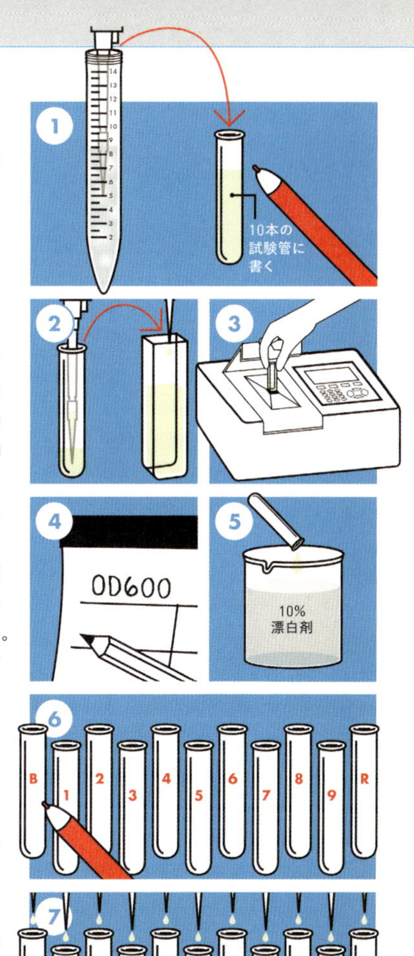

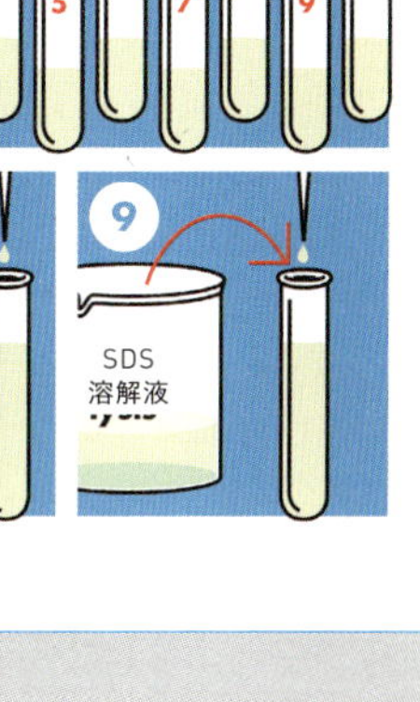

10. ブランクを含めた各試験管をちょうど10秒間、ボルテックスミキサーで撹拌する。
11. 最初の試験管にONPG溶液を100μl加えた時にタイマーを開始する。それから15秒間隔で、ブランクも含めた各試験管にONPG溶液を100μl加えていく。
12. 最初の試験管で反応を開始させてから10分経ったら、炭酸ナトリウム溶液(Sodium Carbonate Solution)を1ml加えてその反応を止める。ブランクを含めたすべての試験管に、反応を開始させた順番に15秒間隔で炭酸ナトリウム溶液を加えていく。
13. 反応液は、冷蔵して後日分析するか、すぐに吸光度を測定することができる。
14. 各サンプルをキュベットに移す。キュベットには、3/4程度入れる。(任意:サンプルを遠心機にかけて細胞片を沈殿させると、測定する吸光度の再現性が向上する)
15. 各サンプルの吸光度の値を測定し、記録する。ブランクを使って**420**nmにセットした分光光度計のベースラインを取ってから始めること。
16. 続く式を使って各サンプルデータのミラーユニット(Miller unit)を計算する。

ミラーユニットでのβ-gal生成=

$$1000 \times \frac{\text{Abs }420}{t \times v \times \text{Abs }600}$$

tは分単位の時間
vはml単位の容積

17. 実験で使用したすべての生物材料とそれに接したもの(ループ、ピペットチップなど)は、10%漂白剤に30分以上置く、あるいはオートクレーブで滅菌した後に捨てる。

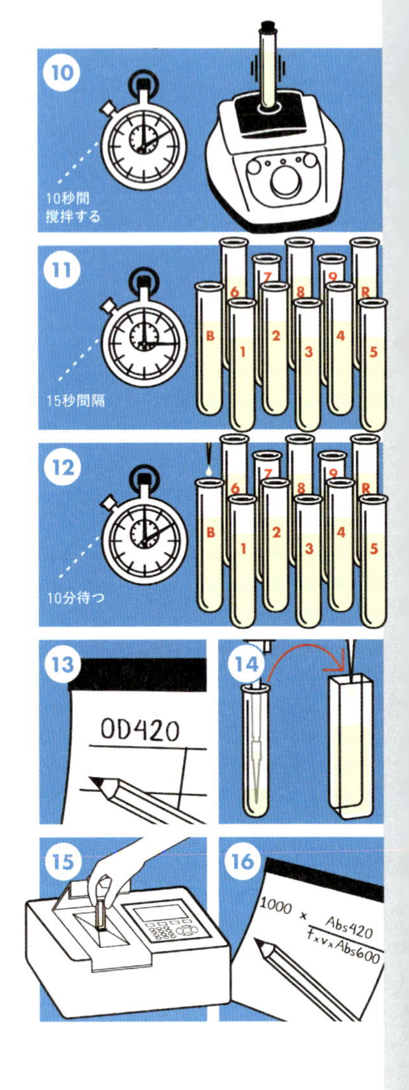

** ------手順の動画はサイトに掲載されています。https://biobuilder.org/lab/itune-device/

8章

Picture This 実験演習

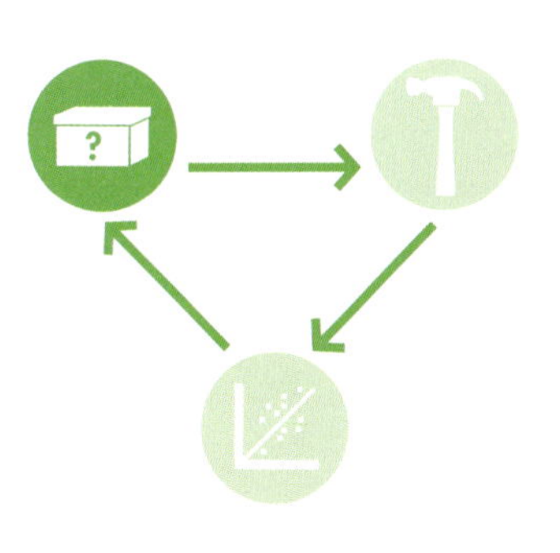

BioBuilderの「Picture This」実験演習は、デザイン／ビルド／テストのサイクルの「デザイン」フェーズに重きを置いています。Picture This実験演習では、2004年の国際合成生物学大会（iGEM）のチームが開発したシステムを使います。これは、大腸菌の光への感受性を変えて、「細菌写真」に使える株を作ったものです。チームは、細胞の光感受性と発色性の両方を持つように改変し、それらの遺伝子機能をお互いにつなげました（図8-1）。細胞が作り上げる一面のコロニーは、色を生成する遺伝子回路が暗状態で「オン」、明状態で「オフ」に切り替わって写真の画素（ピクセル）のように作用し、マスク上に印刷された画像を再現します。

iGEMチームが、この写真のような振る舞いを実現する洗練された遺伝子回路のデザインと構築に成功したのには、さまざまな試行錯誤とかなりの幸運が必要でした。この先、合成生物学者がよりいっそう洗練された複雑な生物システムを設計していくためには、他の工学分野で自由に利用されている重要なツールである数学および物理モデリングを頼りにする必要があります。信頼できるモデリングツールが利用可能になれば合成生物学者は、実際の細胞やDNAを使う前にコンピューター上でのシミュレーションや実験で構築したシステムを試せるようになります。生物システムを構築するところからプロジェクトを始める代わりに、細胞のいくつかの振る舞いを予測するためにモデルから情報を集めることで、デザインの選択に役立てられるのです。これらのモデルは、本物のシステムの振る舞いを完全には再現できない可能性があります（結局はただのモデルでしかないため）。しかし、他の手段で探究するには難しくて時間がかかるような問いを検討するには有力な起点となり、素晴らしいツールとなるはずです。合成生物学の分野においては、これらのシミュレーションツールを開発するために、コンピュータープログラマーと数学的モデルを構築する人が重要な役割を担います。

［図8-1］細菌写真のシステムレベルのデザイン。細菌写真システムは、インプットとして光を受け取り、アウトプットとして、色のピクセルを生成する。

BioBuilderのPicture This実験演習では、細菌写真システムを2種類のモデルで構築することができます。それは、コンピューターモデルと電子回路モデルです。実際にはエンジニアは実際のシステムを構築する前にモデルを構築しますが、ここでは逆の順番で行います。そうすることで、モデル構築の一般的な実用性を最初に明らかにすることができます。いずれわかるように、両方のモデルにはそれぞれ長所と短所があります。しかし、各々のモデルが遺伝子システムの振る舞いへの貴重な洞察を与えてくれるでしょう。この章では、最初に、異なるタイプのモデルの長所と短所を含めて考察します。そして、より詳細にiGEMチームの「細菌写真」のシステムを見ていくことにします。

モデリング入門

建築家は何カ月も、何年もかけて、超高層ビルが適切な形状で妥当な構造のものになるように設計するために慎重に計画します。その間、建築家のデザインプロセスには、さまざまなモデリングのアプローチが用いられます。完成したビルがどのように見えるかを視覚化するものもあれば、ビルがどのように振る舞うのかを予測するものもあります。これらのモデルは、超高層ビル自体が建つ前に作られれば時間とコストを節約できる投資となります。

あなたはどんな種類のモデルを使うべきでしょうか？　建築家はプロジェクトの特性によって、二次元の設計図を描いたり、バルサ材を使って三次元のミニチュアモデルを製作したり、コンピューターシミュレーションを実行したりして（図8-3）、構造物が地震にどのように反応するかをテストすることができます。これらのモデルは各々異なった強みを持っています。例えば、バルサ材のモデルは設計者が建造物の見栄えを評価するのに役立つでしょうし、コンピューターモデルは建造物が自然災害で壊れないことを確認できるでしょう。さまざまなモデリング技法を使うことによって、建築家の仕様やニーズを満たすものが見つかるまで、異なったデザインのオプションを素早く検討することが可能になります。このように、モデリングは、ビルドのフェーズが始まる前にデザインプロセスを後押しするのに役立ちます（図8-2）。

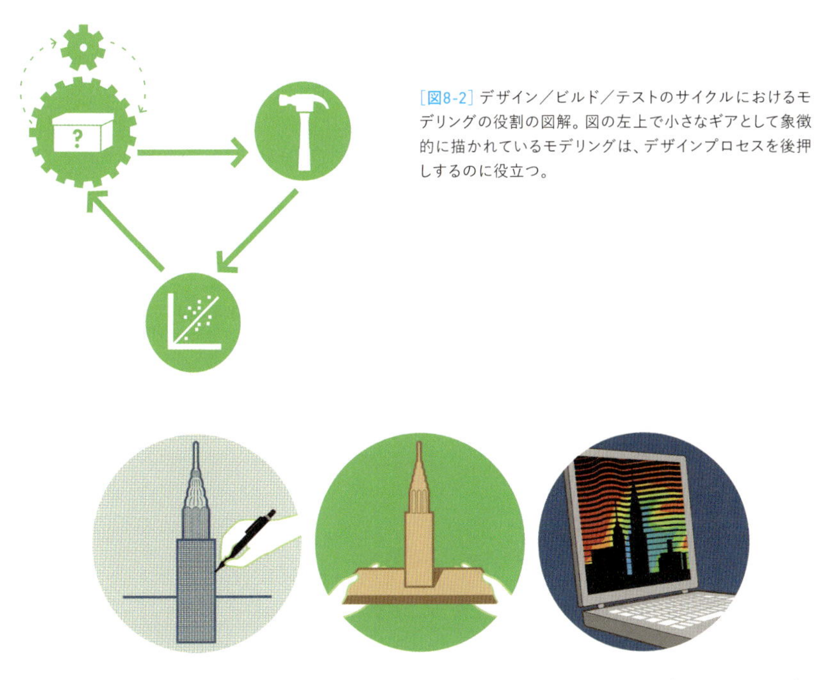

［図8-2］デザイン／ビルド／テストのサイクルにおけるモデリングの役割の図解。図の左上で小さなギアとして象徴的に描かれているモデリングは、デザインプロセスを後押しするのに役立つ。

［図8-3］数種類のモデル。モデルはさまざまな形をとる。私たちの建築の例を使って役立つモデルをいくつかあげると、設計図（左）、三次元物理モデル（中）、そしてコンピューターシミュレーション（右）がある。

もちろん、ひとつのモデルあるいは複数のモデルによって、最終的なデザインのすべての側面を完全に捉えることはできません。モデリング技法を使う者は、建築家だろうと合成生物学者だろうと、各々のモデルの制約内で作業をせざるを得ません。ほとんどの場合で人々は、システムがどのように振る舞いそうかの比較的完全なアイデアを形成するために、異なったモデリング技法を組み合わせて使います。しかし、多くのモデルを使うことでより良いデータが自動的に生成されるわけではないのです。なぜなら、すべてのモデルが必ずしも良いモデルというわけではないからです。不適切なコンピューターモデルを使ったり、あるいはシステムを誤って表現する物理モデルを構築したりすることは、作業を間違った方向に進めてしまいます。与えられた結果を正しく解釈するには、モデルがどのように作られているのかを理解することが重要です。

コンピューターモデリング

コンピューターモデリング（図8-4）とは、特定のデザインの振る舞いをコンピューターでシミュレーションすることです。合成生物学のためのコンピューターモデルを構築するため、エンジニアは生物システムの個々の要素に関する情報を入力します。これらには、すべての要素がひとつの細胞中にまとめられた時に予測されるシステムの振る舞いをコンピューターが計算するために使われる方程式やアルゴリズムが含まれます。これらの方程式は、生物システムの実際の振る舞いをかなりの精度で予測できたとしても、完璧に再現できる可能性は高くはありません。例えば、反応の速度や程度を示す多くの方程式は、個々の酵素を試験管で単離して研究していた科学者によって最初に導かれました。これは、細胞内の複雑な環境よりはかなり簡素化された状況です。細胞内では、複数の酵素が同じ反応物質をめぐって競合していたり、あるいはひとつの酵素の産物が他の酵素の活性を阻害したりすることがあります。実際には、なぜこれらの方程式が細胞内の振る舞いを完全に把握できないのかは、まだ十分に理解されていません。しかし、異なる状態を近似するため、分子の振る舞いについてある程度仮定をすることができます。例えば、モデルが反応速度をすべて一定になるように簡素化すれば、そのモデルはすべてのケースではなくても一部のケースに適用できます。

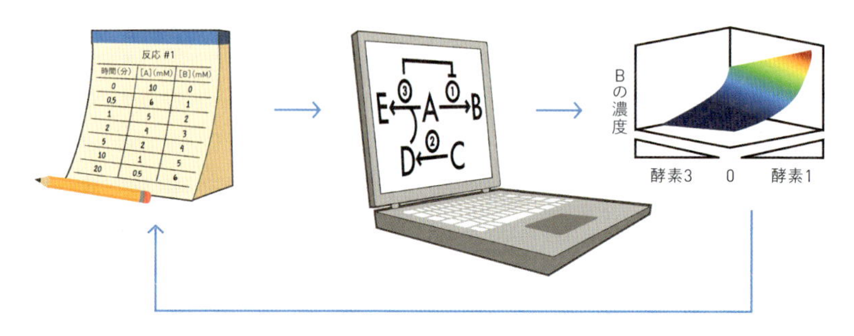

［図8-4］コンピューターによる細胞プロセスのモデリング。各々の反応に関するデータ（左）が集められ、コンピューター（中）によってそれが統合される。そこで細胞の振る舞いのモデルが構築され、異なった化合物の濃度が時間とともにどのように変化するのかを予測する（右）。もしモデルのアウトプットが、設計の仕様に合致しなかった場合、必要に応じてモデルを調整するか、データをさらに集めて、必要な回数だけシミュレーションの再実行をすることができる。このように、コンピューターモデリングは、設計を「テスト」するのに手早い方法である。

そうした制約にも関わらず、コンピューターモデルは複数のプロセスを統合した方程式を素早く、正確に解くために有用です。モデルのアウトプットは、自然を完全に反映しないかもしれませんが、モデルの不完全ささえもが私たちが扱っているシステムについての新しい示唆を与えてくれることでしょう。コンピューターモデルを構築することによって、私たちは理解の限界を実際に試しています。また、システムの重要な新しい側面を発見できれば、それをモデルに組み込むことで、観察可能な事象がモデルに反映されるかもしれません。

コンピューターモデルのもうひとつの利点は、多種多様な条件にさらされた複雑なシステムの振る舞いをシミュレーションできることです。一連の開始条件を使って、コンピューターモデルではシステムの状態がどのように経時変化するのかを計算できます。建築の例に戻ると、シミュレーションは、建物が強風に対してどのように応答するのかを見極めるのに使われます。モデルへのインプットには、例えば、鋼鉄の強度、温度変化とその応答、そしてその地域の予測される風速といったものが含まれるでしょう。建築家は、異なった超高層ビルの高さ、風速（図8-5参照）、あるいは建築資材でシミュレーションすることができるでしょう。良いコンピューターモデルは、違ったデザインオプションの振る舞いを適切に予測し、建築家が設計の物理的制約を見極めるのに役立つはずです。

［図8-5］ビル周りにかかる圧力への風の影響をモデリングしたもの。コンピューターモデルでは、主風の条件下（左）と逆の風向きの条件下（右）で圧力がどのように変わるのかを予測することができる。図中の赤色が高い風圧を、青色が低い風圧を示している。

モデルは、2つの基本的な情報源から情報を得ます。それは、組み込まれた知識ベースの情報と、ユーザーによって入力された新しい情報です。例えば、建築家のモデリングのソフトには、さまざまな資材が異なった温度あるいは風速に対してどのように応答するのかについての情報がおそらく含まれているでしょう。このような共通の情報は、すでにモデル中に組み込まれています。鋼鉄の強度が十分であるかどうかを確かめるため、モデルを使う建築家は使用する鋼鉄の種類を指定し、シミュレーションを実行します。これは、モデリングの「実験」とも呼ばれます。その鋼鉄では不十分だという結果が出た時には、違う種類の鋼鉄の情報を入力すれば、簡単に別のシミュレーションを実行できます。このアプローチは、コンピューター支援設計（CAD）と呼ばれ、超高層ビルを完全に建築してから風に対するビルの耐久性が低いことを発見して再構築を余儀なくされるより、明らかにより効率的かつ安全です。

合成生物学のプロジェクトにとっても、コンピューターモデリングは有益です。研究者は、モデルの精巧さ、長所や短所に応じて、さまざまな成功の度合いで多様な細胞システムをモデル化してきました。建築家のモデルに特定の資材が風に対してどのように応答するのかの情報が組み込まれているように、生物システムのコンピューターモデルには、タンパク質や他の生体分子の動的な振る舞いに関する情報が含まれています。システムの各々の構成要素に関する情報が具体的で正確であればあるほど、より良いモデルが得られます。これは、7章「iTune Device実験演習」で紹介したように、合成生物学者が個々のパーツの振る舞いを測定し、標準化したデータシートを使ってお互いに情報共有する方法を開発している理由のひとつです。実験を行った方が個々のパーツをうまく特徴付けられるため、実験で得られた情報をモデルに組み込むことで、その精度と生物学的関連性を向上させることができます。

モデルが構築され、シミュレーションが（2つあるいは3つ）実行された後は、コンピューターから離れて実験台に戻る時です。「ウェットラボ」[45]での実験結果とコンピューターシミュレーションからの結果を比較し、理想的にはコンピューターモデルをさらに改良するのにその結果を使うことができます。コンピューターと実験台でのアプローチを組み合わせて反復させると、各々に固有の制約と前提があるにせよ、双方ともに改善されていきます。

物理モデリング

コンピューターモデリングを補完するものが、「物理モデリング」です。例えば建築家は、建築プロジェクトをコンピューターシミュレーションでは実現できない形で視覚化するために、小型の物理的構造を製作するかもしれません。極小の細胞の場合は、物理モデルによって何が明らかにされるのかは不明瞭です。それゆえに、合成生物学者は一般に、生物システムが実際にどのように見えるのかを構造モデルとして作って示すことはありません。しかし、生物システムの「情報の流れ」を示す物理モデルは有用となるでしょう。

私たちは、この目的に電子部品を使うことができ、実体のあるよく理解された物理モデルとして遺伝子回路のデザインや機能を表して探求することができます。2章「バイオデザインの基礎」で述べたように、合成生物学者はすでに、機械工学や電気工学といった成熟した分野の専門用語や論理の原則を、生物システムのデザインプロセスに応用しています。また電子部品は、遺伝子システムを物理モデリングするための有用なツールにもなります。

45 —— ウェットラボとは、機材や試薬類を用いて細胞や動物などの実験を行うこと。また、そのための実験室。

生物システムの電子回路モデルにはたくさんの利点があり、その中でも最も劇的なことは、エンジニアがシステムのプロトタイプを製作するスピードです。エンジニアは、配線、抵抗、そしてその他の電子部品を適切に接続するために必要な時間だけかけて、素早く電子システムを構築し、テストすることができます。これに対して、生物システムを構築するには時間がかかり、その結果はそれほど確かではありません。さらに、それがうまく機能しない時にはトラブルシューティングに手間がかかります。生物学においては細胞がエラーメッセージを送ることはなく（増殖に失敗すること以外に）、システム内で個々のモジュールが適切に機能しているのかどうかを評価するための便利な電圧計や測定装置もないのです。しかも、大部分の生物モジュールは、どこでも入手可能でいつでも動作するような標準化された既製のパーツからできているわけではありません。このような複雑さがないため、電子工学は遺伝子回路や生物システムの具体的な再現ができ、テストやトラブルシューティングを適切に行えます。このような物理モデルは、設計者が構築しているシステムに対する理解を深め、他の再現方法では明らかではなかった問題を特定するのに役立つでしょう。

もちろん電子回路モデルは、システムの回路を的確に再現するにはある点で不十分です。「オン」あるいは「オフ」のいずれかの状態にあるという電子部品のデジタルな動作が、ひとつの制約であることを図8-6は示しています。一方で、生物の構成要素は、完全に「オン」と完全に「オフ」の間でアナログな振る舞いをする傾向があります。

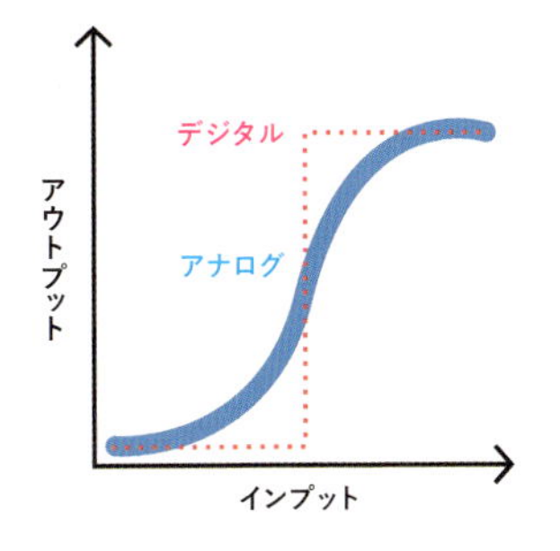

［図8-6］デジタル信号対アナログ信号。デジタル信号は、オン／オフの動作をはっきり示す（図中の赤い点線）。低いインプットでは、何のアウトプットも生成されない。インプットがあるしきい値を超えた時、アウトプットは信号の最大値まで跳ね上がる。一方で、アナログ信号は、オンとオフの間でよりゆるやかに遷移する（図中の青い太線）。結果として、デジタル信号のしきい値以下のインプットでも、なにかしらアウトプットが生成され、デジタル信号のしきい値以上のインプットでも、最大値よりも小さいアウトプットが生成される。たとえ、完全に「オフ」や完全に「オン」の値がデジタルとアナログの構成要素でともに同じであったとしても、である。

デジタルな動作もアナログな動作も、両方とも不可欠なものです。例えば、電子工学におけるデジタルな動作は電球をオンあるいはオフにするスイッチのようなものですが、アナログな動作は光を中間的なレベルで調節できる調光スイッチのようなものです。デジタル回路の方が入力信号のわずかな変動（「ノイズ」）から影響を受けにくいため、合成生物学者は生物システムが可能な限り「デジタル」に振る舞えるように、特性化と操作にかなりの時間と労力を費やしてきました。しかし、ほとんどの自然システムはアナログであり、入力信号のわずかな変化でアウトプットがより段階的に増加します。合成生物学者は、いくつかの賢明な手法を使って、よりデジタルな振る舞いをする細胞を実現しています。例えば、アナログ制御を複数の層で構築して信号を重ねることで、アウトプットがあたかもオンあるいはオフのどちらかに見えるようにすることです。電子部品で生物の回路をモデリングする際の2つ目の制約は、ブレッドボードを使うことで配線や抵抗、その他の部品を物理的に分離できることです。細胞の中では、構成要素が常に混ざった状態であるため、単一の現象を分離し、モデル化するのは難しくなります。その欠点にも関わらず、BioBuilderのPicture This実験演習で示されるように、良くできた電子回路のモデルは、システムのデザインと操作された細胞の振る舞いについての洞察を与えてくれるでしょう。

iGEMプロジェクト「Coliroid（コリロイド）」[46]からの着想

2004年のiGEMプロジェクトで、テキサス大学オースティン校とカリフォルニア大学サンフランシスコ校からのメンバーで構成されたチームは、「細菌写真」に使える光検出と発色が可能な大腸菌株を構築しました。チームの初期の目標は、コントラストを検出するための数学的画像処理方式であるエッジ検出の生物版を構築することでした。チームが目指したデザインの目標は一見非現実的と思えるかもしれませんが、実際には明と暗の境界を同定すれば画像の輪郭を明示することは可能です。顔認識ソフトのような画像処理プロセッサは、取得されたデータの扱いやすいサブセット（一部）によって描写されたエッジのみを検出することによって、複雑な画像を素早く処理することができます。画像全体のデータを処理すると、圧倒的に大きいデータセットとなってソフトは遅くなります。iGEMチームは、顔認識ソフトや人工知能のプログラムに入っている電子的なエッジ検出を置き換えるためにこのようなシステムを一面のコロニーで構築しようとしたわけではありません。むしろ、この生物システムの操作を、もし成しとげられれば合成生物学でのいくつかの基礎的な試みを前進させるような難しい課題であると捉えました。チームが想像した成功時のポジティブな成果は、光制御による遺伝子発現の改善、化学物質の精密な空間的制御、シグナル伝達経路の論理的なデザイン、そして細胞間の有用な伝達回路でした。ひと夏で成しとげるには野心的な課題で、実のところ、エッジ検出システムを完成させるのにはさらに数年の研究と開発を要しました。しかし、このチームは、細菌写真システムの段階的な進展

46 —— *E.coli*（大腸菌）とインスタントカメラのPolaroid（ポラロイド）を組み合わせた造語。プロジェクトの詳細については、ウェブサイトを参照（http://parts.igem.org/Coliroid）。

を劇的にとげ、その操作された生物システムは大きな目標への中間地点であったとしても、私たちが探求し続けて学ぶことができるものとなっています。

デバイスレベルのデザイン

システムを構築するため、チームは2つのデバイスを使うことに決めました。それは図8-7に描かれている通り、光検出デバイスと発色デバイスです。光検出デバイスで光の有無を検出し、適切な信号を2つ目のデバイスに送ろうとしました。シグナルの種類は、少なくとも最初のうちは定義しませんでした。システムを2つのデバイスに分けて抽象化したことによって、浮上したシステムの詳細と入手可能なパーツにしたがい、チームはプロジェクトを改善させながら進めることができました。例えばチームは、光検出のデバイスを自然には備えていない大腸菌の中にシステムを構築しようとしたため、デザインに使う光をセンシングできるタンパク質の候補を別の生物から特定する必要がありました。また、光検出デバイスと発色デバイス間の伝達は、光センサーの種類とそれが生成できる信号に依存します。同様に、発色デバイスで視覚的なアウトプットを出そうとしていましたが、その色や化合物を最初は定義しませんでした。デバイスレベルで抽象的に進めたことによって、チームはシステムの特定の仕様にとらわれることなく、実験を開始するにあたってたくさんのバリエーションを検討することができました。この抽象度で進めることによって、最も具体的なDNA配列から最も一般的なシステムの機能までのすべての側面を一度に計画するのとは対照的に、重要な決定は順に検討されていきます。

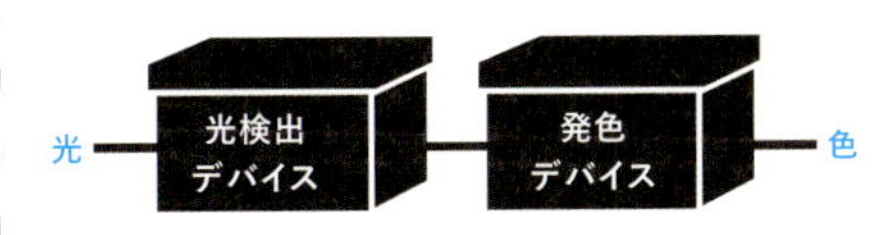

[図8-7] 細菌写真のデバイスレベルのデザイン。細菌写真のシステムは、光検出デバイスのインプットとして光を受け取る。そこで、最初のデバイスのアウトプットは、発色デバイスが活性化し、色のアウトプットを生成するかどうか決める。2つのデバイスを接続している線は、DNAの物理的な繋がりを意味しているのではなく、むしろ、ひとつのデバイスから別のデバイスへの情報の流れを示している。

パーツレベルのデザイン

システムの発色デバイスを遺伝子のパーツで特定する段になると、チームはよく特徴付けられた酵素であるβ-ガラクトシダーゼ（β-gal）を使うことに決めました。この酵素はlacZ遺伝子の産物であり、通常はlacオペロンの複数ある遺伝子のひとつです。この酵素は、二糖類のラクトースを細胞がより容易に代謝できる2つの単糖

類に転換します。酵素はまた、自然なもの以外でもさまざまな基質に対しても働きかけます。非天然の基質の中には、ラクトースの化学構造と似たものがたくさんありますが、酵素がそれらを分解した時に色の付いた産物が生成されます。例えば、β-galがX-galを分解した時には青色の産物が生成され、β-galがONPG（BioBuilderのiTune Device実験演習でも使われた）を分解した時には黄色の産物が生成されます。細菌写真システムのパーツレベルのデザインを進めるにあたって、チームは発色デバイスとしてβ-galを選びました。なぜなら、β-galが基質のS-galを分解した時には黒色が生成されるからです。写真を現像する際、銀の粒が現像紙上に堆積されるように、β-galはS-galを分解することで安定した不溶性沈殿物を形成し、培地に堆積します。

合成生物学の視覚的レポーター

細菌写真システムをデザインするために、iGEMチームは肉眼で見えるアウトプットを必要としていたため、β-galを選びました。原理的には、チームは発色デバイスのたくさんの選択肢から、例えば蛍光タンパク質（fluorescent protein）を選ぶことができたでしょう[47]。BioBuilderの実験演習で繰り返し使われていることから推測できるように、β-galはよく特徴付けられ、用途の広い酵素であるため、都合の良い選択でした。面白いことにβ-galは、BioBuilderのiTune Device実験演習でも使われていますが、その場合この酵素は遺伝子のデザインの有効性を報告するために用いられているので、視覚的アウトプットは厳密には必要ではありません。視覚的な産物、あるいはより一般的に「レポーター」と呼ばれるものは、検出しやすいアウトプットを提供します。それらはまた、お互いに交換しやすいものです。ほとんどの場合、ひとつのレポーターは他のどのレポーターとも置き換えることができ、アプリケーションに応じて入れ替えられます。例えば、色覚異常の人や、視覚に障害のある人のためにシステムをデザインするのであれば、BioBuilderのEau That Smell実験演習で使われたような、においをベースにしたレポーターの方が適しているかもしれません[48]。

47――BioBrickパーツにおける発色レポーターのリスト http://parts.igem.org/Protein_coding_sequences/Reporters
48――BioBrickパーツにおけるにおいのレポーターのリスト http://parts.igem.org/Odor

細菌写真システムのために、チームは、信号（この場合は光）の有無とβ-galの活性を関係付けるための方法を見つける必要がありました。この関係付けのために、チームは細菌が通常環境からの信号を感知するのに用いる共通の経路をうまく利用することで、賢いデザインの選択を行いました。細菌がシグナルを感知する経路は、「二成分シグナル伝達経路」と総称されます。典型的に、この経路のひとつの成分は環境因子のセンサーであり、もうひとつはレスポンダーです。レスポンダーは多くの場合、ひとつあるいは複数の遺伝子の転写を調節します。細菌写真システムを構築する際に、iGEMチームはEnvZというセンサーとOmpRというレスポンダーからなるシグナル伝達系を改変しました（図8-8）。

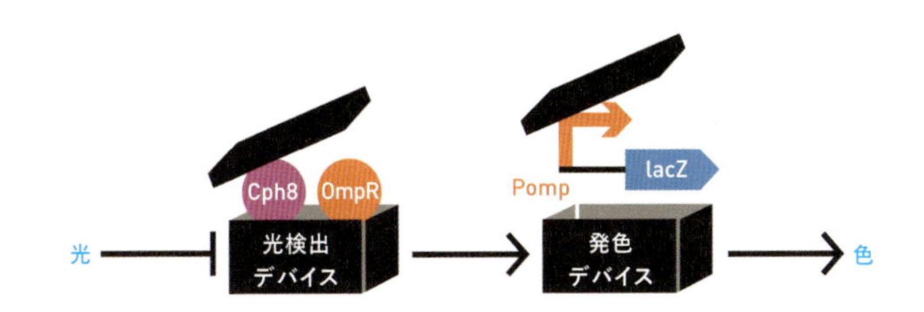

［図8-8］ブラックボックスのデバイスの中身。大腸菌で光を検出するために、iGEMチームは、シアノバクテリア由来の光センサータンパク質であるCph1の一部を大腸菌のタンパク質の一部と融合させることでOmpR（図中オレンジの丸）をリン酸化できる新しいタンパク質Cph8（図中ピンクの丸）を合成した。Cph8とOmpRの組み合わせは、インプットとして光を感知し、Pomp-lacZの発色デバイスが認識できるようなアウトプットの信号を生成する。

EnvZは通常、OmpRにリン酸を付加することによって、細胞外の塩濃度に関する情報を伝達します。リン酸化されたOmpRは、特定のプロモーター配列からすぐ上流のDNAに結合することで、プロモーターの下流遺伝子の転写を増やします。リン酸化されたOmpRによって制御される自然の遺伝子は、環境から細胞内へより多く、あるいは少ない量の塩を通す細胞膜の細孔をコードします。細菌写真システムをデザインする際に、iGEMチームはリン酸化されたOmpRがβ-galの発現を調節できるようにDNAを操作しました。チームは単に、OmpRによって調節されるプロモーターをlacZ遺伝子の上流に置き、lacZがあたかも細胞膜の細孔の遺伝子であるかのようにOmpRにそれを調節させました（図8-9）。

ここであなたは、「待てよ…これだと細胞周囲の塩濃度の変化に応答して発色するのでは？」と思うかもしれないですね。目標は、光を感知することのはずです。光センサータンパク質は自然の大腸菌には存在しないので、ここで再びiGEMチームは賢明にも、自然の遺伝子要素を活かすことにしたのです。シアノバクテリアは光に応答する微生物であり、iGEMチームは、大腸菌のシステムに光のインプットを報告させるためにシアノバクテリア由来の光センサータンパク質を改変することに決めました。

チームは、光センサータンパク質の遺伝子であるCph1から始まり、OmpRに情報を伝達する大腸菌のEnvZの一部分で終わるように遺伝子を融合させました。タンパク質が別々のモジュラーな領域にその機能を割り当てることを理解したうえで、iGEMチームは、この融合されたタンパク質がうまく機能し、光の検出とOmpRへの情報の伝達を両方望んだ通りに実現できるはずだと、ひとまず信じてやってみました。

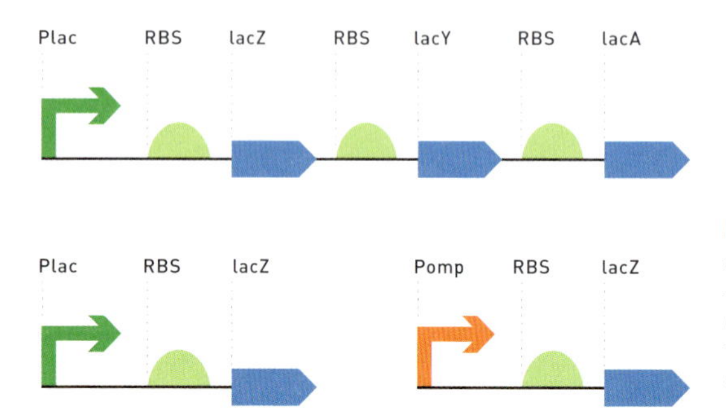

［図8-9］発色デバイスの設計。OmpRタンパク質に感受性のある発色デバイスを作るために、lacオペロン（上）は切断され（左下）、OmpR感受性のプロモーター（図中オレンジの矢印）を入れることで改変した。

システムを構築するためにチームは、遺伝学と分子生物学（ならびにたくさんの努力とある程度の幸運）を頼りにして、デザインに求められたことをすべて実現できる多様体を見つけたのです。チームは、この融合されたタンパク質を「Cph8」と呼びました（図8-10）。Cph1タンパク質と同様に、Cph8は赤い光の特定な波長に感受性がありました。しかし、それを機能させるためにチームは、シアノバクテリア由来の「アクセサリー」発色団を必要としたので、もう一度システムを見直すことになりました。この新しいバージョンでチームは、シアノバクテリアの遺伝子である「ho1」と「pcyA」を発現することでCph8が必要とするアクセサリー因子を合成しました。

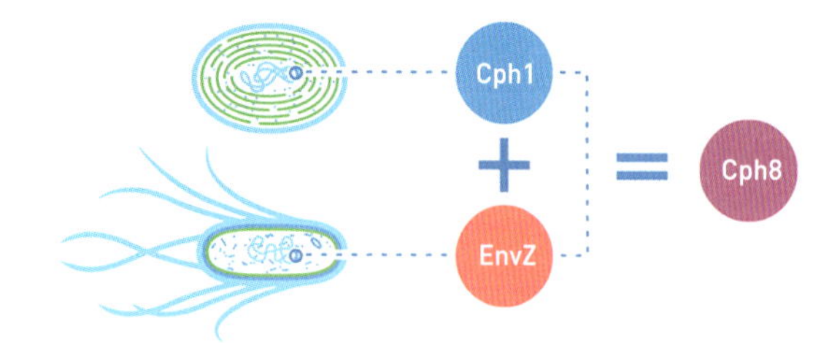

［図8-10］光センサー融合タンパク質Cph8。シアノバクテリア由来の光センサータンパク質Cph1を、OmpRをリン酸化する大腸菌由来のタンパク質EnvZの一部と融合することで、新しいタンパク質Cph8が合成された。このCph8は、インプットとして光を受け取り、Pomp-lacZ発色デバイスによって認識できる信号を出す。

これらの最終的な改変を経て得られたシステムは、暗闇で細胞が培養されるとβ-galを発現することができました。赤い光源はOmpRのリン酸化を阻害し、lacZの転写が抑制され、その結果としてβ-gal酵素が減ります。透明なフィルムに印刷された画像をシャーレに貼り、その下で細胞を培養することで一面のコロニーを部分的に光から守ることができます。マスクの暗い部分の裏で培養された細胞は、周囲の培地を黒く染めます（図8-11）。赤い光にさらされた細胞は、培地を自然の色のままに残し、24時間培養することでマスクの画像は培地に複写することができます。

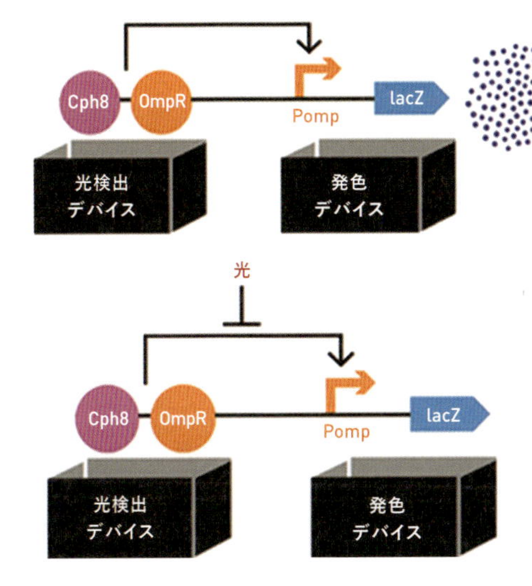

［図8-11］細菌写真システム中の情報の流れ。光検出デバイスは、融合タンパク質のCph8（図中ピンクの丸）と細胞が自然に持っているOmpR（図中オレンジの丸）のコピーからなり、Cph8によってOmpRが活性化される。上の図で活性化されたOmpRは、発色デバイスのPompオペレーター（図中オレンジの曲がった矢印）と結合し、その結果、lacZ（図中青い矢）が発現される。下の図でシステムに光が照らされると、OmpRとPompの相互作用が阻害される（図中平たい頭の矢印）。

さらに詳しく学びたい人のために

- Deepak, C., Bergmann, F.T., Suaro, H.M. TinkerCell: modular CAD tool for synthetic biology. J Biol Eng. 2009;3:19. ウェブサイト：（http://www.tinkercell.com/）
- Levskaya, A. et al. Synthetic biology: engineering Escherichia coli to see light. Nature 2005;438(7067):441-2.
- Stock, A.M., Robinson, V.L., Goudreau, P.N. Two-component signal transduction. Annual Review of Biochemistry 2000;69:183-215.
- ウェブサイト：各電子部品を購入できるMouser ElectronicsサイトのBioBuilder「プロジェクト」ページ（http://bit.ly/biobuilder_mouser）

Picture This実験演習

BioBuilderのPicture This実験演習では、改変された二成分センシング系の分析を通して、シグナル伝達や細胞動態といった複雑な生物学の概念を紹介します。ここには操作された細胞のコンピューターシミュレーションと細胞の遺伝子回路に似た電子回路を組むことを通して、抽象化とモデリングという工学の概念に重きを置いています。

デザインの選択

ここでは、TinkerCell（ティンカーセル）というプログラムを使ったコンピューターモデリングと、標準的な電子部品を使った物理モデリングという2つのアプローチを使って、細菌写真システムを理解していきます。BioBuilderの他の実験演習とは対照的に、この演習では、実験の疑問を直接問うよりはむしろ、その疑問を発展させることに焦点を当てています。2つの相補的なモデリングアプローチは、生物システムの振る舞いのさまざまな側面への洞察を与え、生物をモデリングする現在の試みの強みと弱みを示してくれます。

Picture This実験演習に「ウェットラボ」の要素は今のところありませんが、サポートしてくれる機関の協力を得ることで、あなたが選んだ画像を使い、遺伝子操作された菌株で細菌写真を現像してもらうことができるでしょう。BioBuilderのウェブサイトでこの実験演習の最新情報と、データ投稿のガイドラインを確認してください。細菌写真を現像するプロトコルは、次の項で簡単に説明されています。

PICTURE THIS

BioBuilder Educational Foundation

実験の準備

液状の寒天と砂糖

光受容性大腸菌

液状の寒天は固まり、
大腸菌が増殖できるような
ならされた面ができる

シャーレの上に黒い画像を
印刷した透明なフィルムを
貼ることで赤い光を遮る

暗室

シャーレは暗室の赤い光の下に
置かれる

大腸菌の写真

暗い部分で増殖した細菌は、寒天の砂糖を消化し、
色の付いた沈殿物を生成する

赤い光にさらされた細菌は、
砂糖を消化する酵素を生成しない

微生物

生化学：EnvZ- OmpR、大腸菌の二成分系

1

シアノバクテリア

Cph1

Cph1は光を検出する
タンパク質。
シアノバクテリアに
自然に存在する

+

大腸菌

EnvZ

EnvZ は大腸菌の中で
OmpR などのタンパク質を
調節する

=

Cph8

光受容性大腸菌

2

Cph8

Pomp

LacZ

赤い光の下でプロモーター
は活性化されない

赤い光が黒に遮られると
新しい Cph8 タンパク質は
活性化される

OmpR は Pomp を活性化し、
遺伝子発現を開始させる

LacZ はβ-gal を生成し、
砂糖が消化された場所で
発色する

細菌写真

細菌写真の作製のため、遺伝子操作された菌株は適切な抗生物質の存在下で培養されます。その抗生物質は、光検出デバイス、発色デバイス、そして大腸菌の中で光センサー（Cph8）を機能させる補助的な構成要素を選択するために使われます。その後一晩培養した細菌を、溶解した寒天、抗生物質、そして指示薬のS-galと混ぜてシャーレに注ぎ、その現像用の培地に細菌を植え付けます。白黒の画像を印刷した透明なフィルムをシャーレに貼り、赤い光の下で一晩それを培養すると、その間に暗所で増殖した細菌がβ-gal酵素を生成します。この培地中のS-galがかなり高価で（1gにつき600ドル程度）、写真に当てる光の波長が標準化されてないため、BioBuilderの演習授業で細菌写真を作る最も一般的な方法は、画像を透明なフィルムあるいは「.jpg」のファイルとして送って作製してもらうことになります。

明暗がはっきりした状態で細胞が培養されると、最もドラマチックな細菌写真が得られます。白と黒の部分が密に混ざった画像（例えば非常に細い線で描かれた画像）だと、その境界付近で光がはね返り、写真はぼやけてしまいます。一般的には、暗い背景に明るい画像があった方が、その逆よりはよいでしょう。画像の暗い部分を濃くするためには、同じ画像を2枚の透明なフィルムに印刷し、それらを重ねてシャーレを覆うのが一般的です。シャーレの直径は3インチ（7.6cm）以下なので、使用する画像はそれよりも小さいサイズのものを使うか、それに合うように調整しなければなりません。

TinkerCellモデリング

TinkerCellは、TinkerCellのホームページからダウンロードすることができます（http://www.tinkercell.com/）。また、細菌写真システムをTinkerCellで構築するための詳細な説明と推奨のシミュレーションは、BioBuilderウェブサイト[49]に上がっています。

「TinkerCell」の実験演習には、2つの段階があります。細菌写真の回路の再描画と、その振る舞いのシミュレーションです。再描画の段階では初めに、利用できるパーツのメニューからデバイスに必要なDNA回路の構成要素を選び、モデリングキャンバスにそれらを置きます。TinkerCellでは、これらのパーツはその機能によって分類されています。例えば、「アクチベーター結合部位」、「RBS」、「プロモーター」、「コーディング（翻訳領域）」、「転写因子」、そして「レセプター」といった具合です。細菌写真システムをモデル化するのに必要な構成要素のリストをここに示します。

49 —— https://biobuilder.org/lab/picture-this/?a=student

- 発色デバイスの構成要素
    - アクチベーター結合部位
    - ompCプロモーター
    - リボソーム結合部位（RBS）
    - コーディング領域
    - β-ガラクトシダーゼ酵素
- 光検出デバイスの構成要素
    - Cph8光レセプター
    - OmpR転写因子
- 3つの「小分子」
    - S-gal
    - 色
    - 光
- 1個の細胞シャーシ

このモデルは、私たちがシステムで最も関心を持っている部分、すなわちβ-gal酵素の転写制御を強調しています。そのため、システムのいくつかの構成要素（例えばOmpR）は、転写の遺伝子発現カセット[50]というよりはむしろ、既存のタンパク質としてモデルに組み込まれています。もちろん、タンパク質として取り入れた要素の転写制御と翻訳制御をする必要はありますが、このモデルはこれらのステップを簡素化し、その制御を無視できるとひとまず仮定しています。この簡素化は、抽象化のもうひとつの例であり、2章「バイオデザインの基礎」で広く論じられた工学のツールです。計算負荷を抑えるため、ここで抽象化を使います。

モデル中に入れる構成要素を選んだ後は、構成要素間の関係性を明確に定義することになります。細菌写真システムをモデル化するための構成要素の関係性を示すリストを、ここにあげます。

- Cph8は、OmpRのリン酸化を「活性化」あるいは「阻害」できる（そのどちらを選ぶかによって、光がCph8を活性化あるいは阻害するかどうかを調整する必要がある）
- リン酸化されたOmpRは、レポーター遺伝子のアクチベーター結合部位に「結合」することができる
- レポーター遺伝子は、β-gal酵素を「生成」することができる
- β-galは、「S-gal」の小分子を「インプット」として取り込み、「色」の小分子を「ア

46 ——遺伝子発現カセットとは、プロモーターとターミネーターを連結した任意の遺伝子のこと。

ウトプット」として「生成」することができる

最後に、シャーシがキャンバスに追加されます。「光」の小分子が細胞の外に、Cph8タンパク質が細胞膜の中に、他のすべてのものが細胞内にあるように、構成要素を配置しなければなりません（図8-12）。

TinkerCell実験演習での次の段階は、システムの振る舞いのシミュレーションを実行することです。システムは、光に感受性があるようにデザインされているので、インプットの光量が変化しない限り、モデルのアウトプットは同じままです。シミュレーション全体を通して、光がオンあるいはオフのままでも、光量が一定であればモデルのアウトプットは変わりません。TinkerCellのメニューオプションからステップ関数を使って、光のインプットがいつ、どのように変化するのかを指定することができ、シミュレーションを実行すると、異なった光量に対してシステムがどう応答するのかを見ることができます。

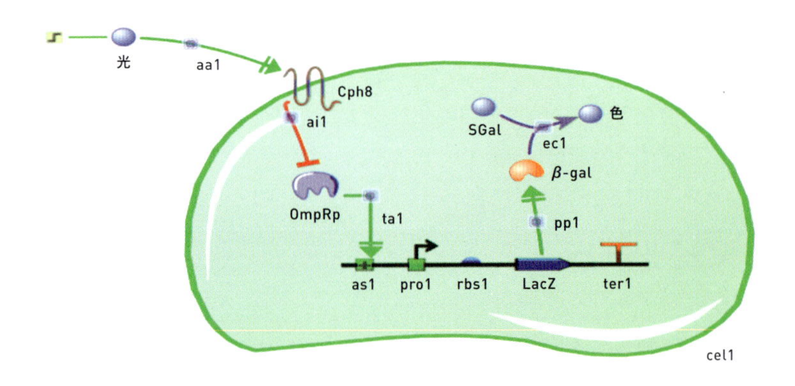

［図8-12］TinkerCellモデリングインターフェースのスクリーンショット。細菌写真システムのこのコンピューターモデルは、さまざまな条件下でのシステムの振る舞いをシミュレートするのに必要なすべての遺伝子と生物学的要素を含んでいる。

TinkerCellは、モデルの要素の開始時の濃度と反応効率を決定する「開始条件」と呼ばれる初期値を提供します。酵素の効率や、RBS、プロモーター、活性化、阻害の強さ、そして生成されるOmpRとS-galの量の値が指定されます。シミュレーションを実行する時に、初期値を使うことが可能です。あるいは、その値を変えることで、モデルが細胞の応答をどのように予測するのかを見ることができます。例えば、リン酸化されたOmpRタンパク質が10倍多かったらどうなるでしょうか？　DNAに結合するリン酸化されたOmpRの量が制限されていたら、その増加によってlacZの転写が増え、より多くのβ-gal酵素が生成されるはずです。もし色を生成するための酵素の触媒であるS-galの量が制限されていれば、この変化は限られた時間内に生成される色の量を増加させます。

TinkerCellは、モデルの構成要素についてたくさんの仮定をしますが、これらのパラメーターを調整することで、システムがどのように応答するのかを探究することができます。このようなシミュレーション実験は、ウェットラボで行うものよりも時間がかからないことがわかるでしょう。そのため、モデルがうまく設定されれば、実験台に向かう時間を大幅に節約することができ、賢明なアプローチを取りながら実験ができるはずです。

電子回路のモデリング

Picture Thisの物理モデリングでは、「細菌写真の菌株の電子回路版を構築します」。章の最初で出した建築の例を思い出してください。コンピューター支援設計ツールは、建築家が広範囲にわたる環境条件下での設計の評価やテストを助けました。また建築家は、設計を構想し、必要なのに欠落している構成要素を特定するのに役立つモデリングの補完として物理モデルを作ることもできます。合成生物学者にとって、細胞の物理モデルはそれほど多くの追加情報をもたらさないかもしれませんが、遺伝子回路を通る情報の流れを示すような物理モデルは参考になり、それを使って回路の試験的な予測を行うことができるはずです。遺伝子回路がより複雑になるにつれ、回路を通る情報の流れをモデリングすることは、非常に困難となりえます。しかし、細菌写真システムは、非常に単純な論理でできているので、図8-13で示されているように、生物学的な要素の「代役」として電子部品を使用した物理モデルの価値を説明するために使うことができます。

この章の「さらに詳しく学びたい人のために」(P.161)で、Mouser ElectronicsのBioBuilder「プロジェクト」ページのリンクを紹介しています。このサイトでは、この演習に必要な電子部品が掲載されています。このBioBuilderの実験演習で使われる部品のリストは、表8-1に示されています。

電子回路のシステムでは、スイッチが回路に流れる電流を制御します。細胞膜に結合した光センサータンパク質(Cph8)は光を検出し、キナーゼ反応の開始あるいは阻害をするので、スイッチの役割に類似しています。発光ダイオード(LED)は、細菌写真システムのアウトプットを模倣し、回路の「光検出」スイッチの状態に応じて点いたり消えたりします。ブレッドボード、配線、そして抵抗は、スイッチからのシグナルを伝搬していき、システムの論理を決定します。スイッチが押された時にはアウトプットをオフにし、スイッチが切られた時にはアウトプットをオンにします[51]。また抵抗は、システムに流れる情報の量を調整し、システムの感度をモデル化しています。

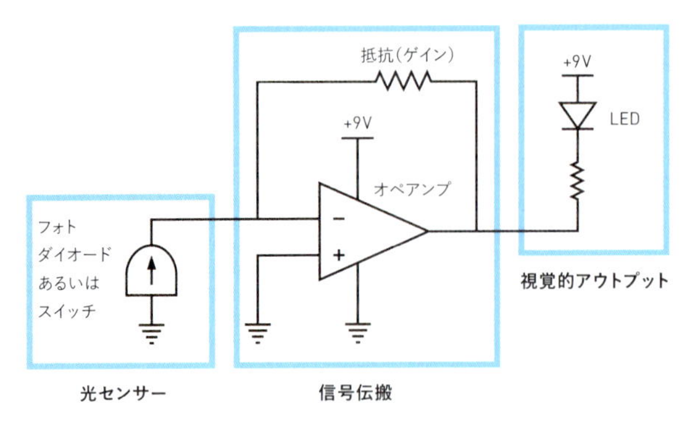

[図8-13] 細菌写真システムの電子回路モデルの回路図。フォトダイオードあるいはスイッチの光センサー(左)は光検出デバイスに相当する。視覚的アウトプット(右)であるLED(発光ダイオード)は発色デバイスに相当する。細胞内で起こる信号伝達をモデル化するために、さまざまな部品で光センサーとLEDを接続することができる。

[表8-1] 回路の電子部品

電子部品	生物システムで相当する要素	Mouser Electronicsのパーツ番号
押しボタン式スイッチ	Cph8光検出システム	611-8551MZQE3
発色LED	β-galとS-galの発色反応	607-5102H5-12V
電池と電池スナップ	細胞にエネルギーを提供する代謝	9V と 534-235
配線と抵抗	情報の流れの経路と制御	510-WK-3 と 71-CCF0720K0JKE36
ブレッドボード	大腸菌シャーシ	510-GS-400

ブレッドボード上での電子回路構築

「ブレッドボード」は、電子回路のラピッドプロトタイピングをするための基板です。ブレッドボードのプラスチックカバーにある穴に配線を挿すことで、電子的な接続が容易にでき、複数の回路構成を試すことができます。

しかし、穴はどのようにして部品同士を接続するのでしょうか？　ブレッドボードには、2つの「レール」があります。それはブレッドボードの両端にある、赤い線（+）あるいは青い線（−）で記された長い列です。また、その中央では穴が5つごとに配列されています。端に沿ったレールは、回路が電源とグラウンドに接続するところです。グラウンディング（接地）は基本的に開始点に電流を戻す方法で、これは回路を「閉じる」あるいは「完成させる」と言います（北アメリカ以外の交流電源システムでは「グラウンド」の代わりに「アース」という用語を見るでしょう）。もし回路が接地されていないと電流は流れず、回路は機能しません。ブレッドボードの2つのレールは機能的には同一であり、ひとつのレールを電源に、そしてもう一方をグラウンドに接続することによって回路の向きは決まります。

ブレッドボードの裏面にあるシールをはがすと、プラスチックのブレッドボード上の穴の裏に細長い金属が配置されているのを確認することができます（図8-14）。その金属は、各レールを全長にわたって接続しているので、レール内のどこかに電源あるいはグラウンドのどちらかを接続すると、レール全体に電源供給あるいはグラウンディングのいずれかを行うことができます。また、5つの穴の各列の裏にも細い金属がたくさんあり、それらの穴はお互いに接続されていますが、隣の列の穴やブレッドボードの中央にある溝の向かい側にある穴とは接続されていません。同じ列中の穴に挿入された電子部品は、電気的に接続され、電流はそれらの間を流れます（リンク先を参照のこと。http://bit.ly/building_circuits）。

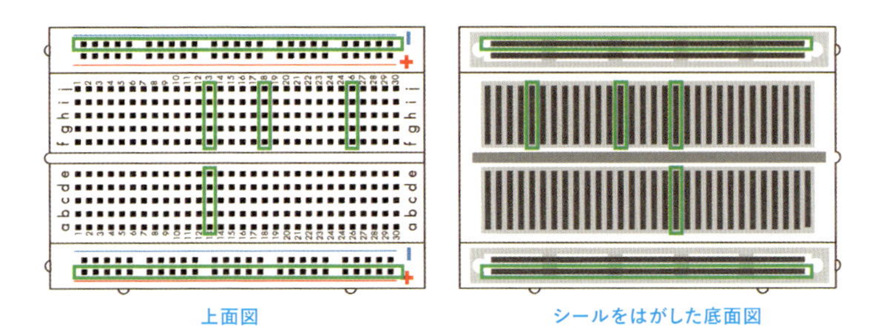

［図8-14］ブレッドボード。ブレットボードのプラスチックの表面（左）と通電用に配置された金属を見せるためにシールをはがした裏面（右）。左図の緑で囲んだ部分は、右図の金属の向きに対応し、それゆえに電子部品の接続性を反映している。

電子工学では通常、赤色は陽極を、黒色は陰極を示しています。回路には、電池のような電源が必要であり、端子を使ってブレッドボードに接続することができます。このBioBuilderの実験演習では、9V電池の赤い配線を赤色（+）のレールのひとつに、黒色の配線を反対側の青色（−）のレールに接続することによってブレッドボードに電源が供給されます。

51 ——細菌写真システムを電子回路で再現する際には、図8-13で示されているようなオペアンプを使用した演算回路が組まれる。しかし、今回の電子回路の演習ではオペアンプは使用せず、スイッチを押すとアウトプットがオンになり、切るとアウトプットがオフになるシンプルな仕組みになっている。

電子回路のモデリング演習

細菌写真の回路を構築するのに必要な電子部品が手元にあったら、次のことをやってみましょう。

最初に、ブレッドボードに電源を供給します。これには、9V電池のグラウンドをブレッドボードの青色（−）のレールに接続し、電池のプラス側をブレットボードの反対側にある赤色（+）のレールに接続します。次に、2つの短い配線で、ブレッドボードの（5つの穴の列がある）中央部分に電源を供給します。そして最後はLEDへの電源供給。これには、LEDの赤色の配線をブレッドボードの赤色のレールの穴に接続し、LEDのもうひとつの配線をブレッドボードのグラウンド側に接続します。

この簡単な回路でシステムのアウトプットを変えるには、配線を抜くしかありません。回路にスイッチを追加することで、より変化させやすいシステムを構築することができます。これをするには、LEDのグラウンド線を新しい列に移動させ、接地された列とLEDのグラウンド線の列の間にスイッチを接続します。ここで回路の部品がどれほど再配線しやすいのか、それらがお互いに通信するのにいかに確実に接続できるのかに気がつくでしょう。また、今回使用しているスイッチがデジタル（完全にオンか完全にオフのどちらか）であるため、アウトプットは「調整」（チューニング）できないことにも留意してください。

システムのアウトプットを改変するために、電子回路には抵抗も組み込まれます。この回路はまだスイッチのような動作しかしないのですが、LEDとスイッチの間の接続をさらに分離し、その間に抵抗を挿入することでアウトプットの強度を変えることができます。観察したこの振る舞いから、遺伝子回路と情報の流れに影響をおよぼす部分について考えてみましょう。

過去にこの演習を教えた際、私たちは、初心者にとって有意義なアドバイスをいくつか得ています。電子回路が期待通りに動かなかった時は、説明にしたがってすべて接続されているかどうかをチェックしたほうがよいでしょう。ほとんどの場合、ブレッドボードで配線を挿し間違えています。配線が正しいのに回路がまだ動かない場合は、機能している回路のパーツとひとつずつ取り替えてみるのがよいでしょう。切れた電池、壊れたLED、そして故障したブレッドボードにどんなにイライラしたことでしょう。しかし、欠陥している回路と機能している回路の間でパーツを順々に交換してみることで、各々の問題の特定と解決ができるはずです。

事前準備

1. ジャンパワイヤキットから、スイッチと2本の短い配線を取り出す。
2. スイッチの底にある取付穴に配線を通す。配線の金属が、スイッチの金属と直接接触するように、それらを接続する。

電子回路で細菌写真遺伝子回路のモデリング

3. ブレッドボードに電源を供給する。9V電池のグラウンド（黒い配線）をブレッドボードの青色（−）のレールに接続し、電池のプラス側（赤い配線）をブレッドボードの反対側の赤色（+）のレールに接続する。
4. 2本の短い配線を使って、ブレッドボードの中央部分に電源を供給する。
5. LEDを点ける。部品を抜くこと以外に、光をオン／オフにする方法はあるか？　光を暗くする方法はあるか？

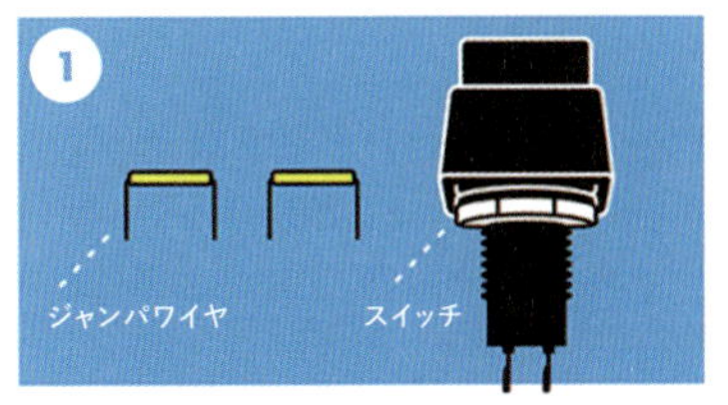

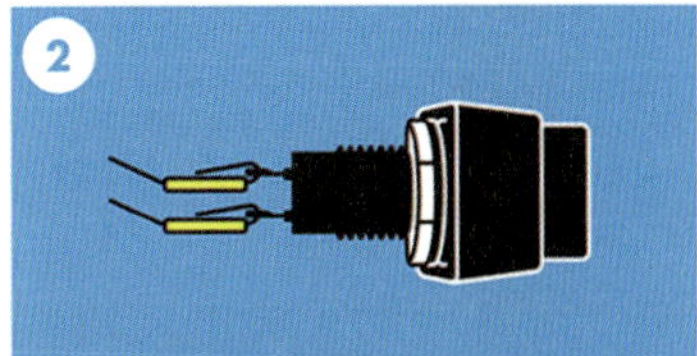

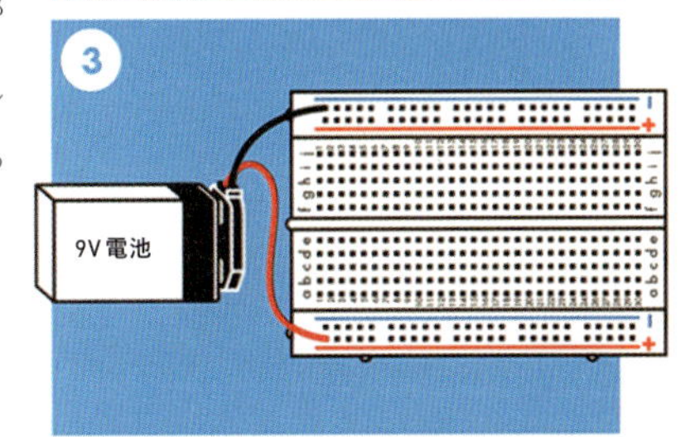

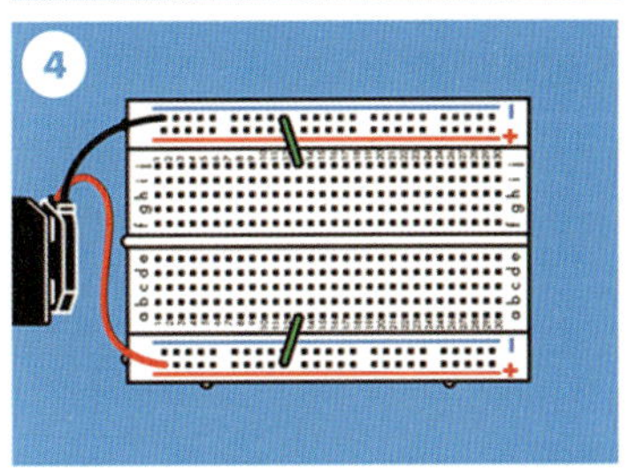

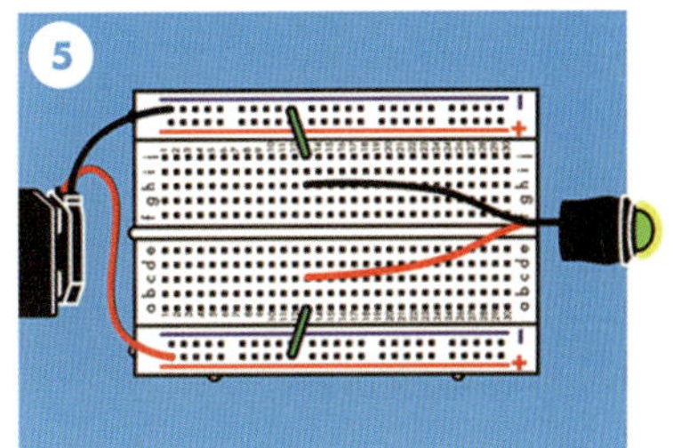

6. LEDのグラウンド線を新しい列に移し、スイッチをLEDに接続する。光のオン／オフをするのに、なぜスイッチを新しい列に接続する必要があるのか? 光を暗くする方法はあるか?
7. LEDとスイッチの間の接続をより離す。このような区分けは生きた細胞でも可能か?
8. スイッチとLEDを抵抗で接続する。この抵抗は、光のオン／オフの振る舞いにどのような影響をおよぼすか?

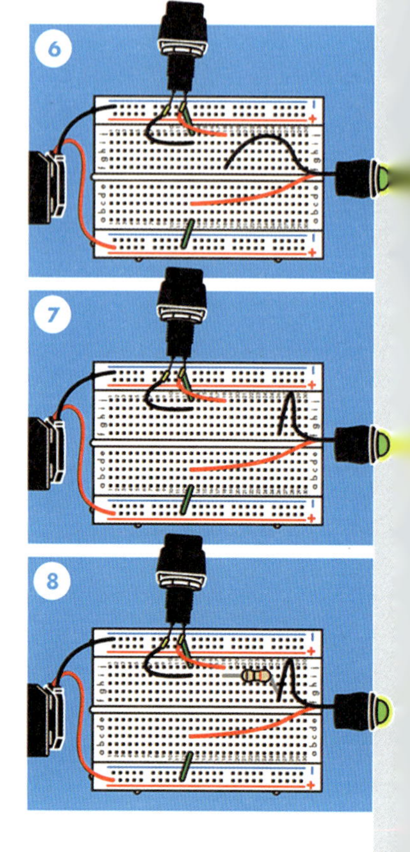

この電子回路モデルで観察した振る舞いから、遺伝子回路とそこを通る情報の流れを考えてみよう。

安全事項とアドバイス

ブレッドボード上で部品を扱っている時は、常に電池をはずしておくこと。
もし、ブレッドボードの回路が動かなかったら、

- すべて接続されているかをチェック
- 説明にしたがったかをチェック
- 機能する回路からひとつずつパーツを取り替える

ブレッドボードの接続をのぞいてみる

ブレッドボードの表面で見られる穴の一部が、裏で電気的に接続されている。「上面図」で見られる穴は、「底面図」でわかるように長細い金属によって接続されている。これらは、穴の周辺に描かれた緑の四角で強調している。

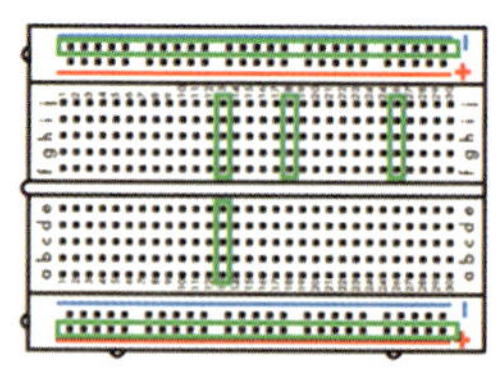

上面図

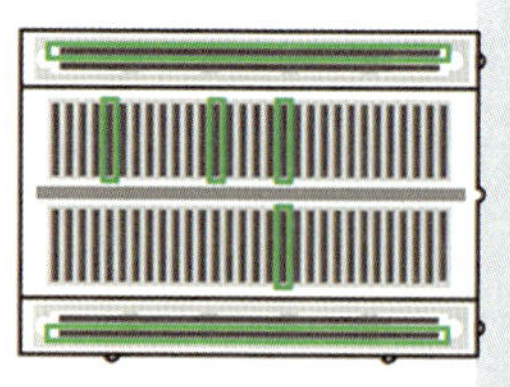

シールをはがした底面図

9章

What a Colorful World 実験演習

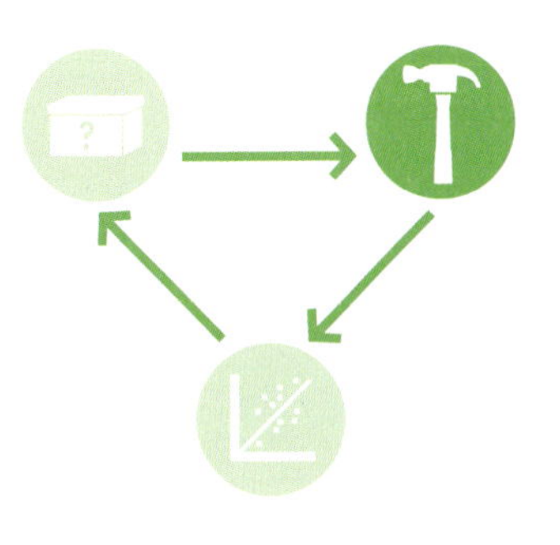

「What a Colorful World」実験演習は、デザイン／ビルド／テストのサイクルの「ビルド」のフェーズに重きを置いています。このBioBuilderの実験演習で構築する合成生物システムは、色の付いた細胞です。これらは組み込んだ遺伝子プログラムに応じて、紫色あるいは緑色に発色します。しかし、色の強度をあらかじめ予測するのは容易ではありません。細胞は淡い緑色になるでしょうか？　それともオリーブ色？　深い紫色、あるいは薄い紫色？　さらに複雑なことに、使用する菌株によって、遺伝子回路で生成される色の量が変わるかもしれません。要素を組み合わせたことで得られる予期せぬ意外な結果は、「創発的振る舞い」（創発現象）と呼ばれます。

もし科学者のように考えるなら、そのような創発的振る舞いに対して、「どうしてこのような結果になったか？」と問いかけることになるでしょう。もしエンジニアのように考えるなら、そのような振る舞いには「うわっ」と思うでしょう。そして、そのような予期せぬ振る舞いを避けることを目指して、システムのパフォーマンスを最適化する最善策に取りかかるはずです。それぞれのアプローチには利点があり、科学と工学のアプローチを合わせることは、将来のより信頼できるデザインにつながります。また、新しい生物システムを構築する過程で直面する予期しない振る舞いを最小限に抑えるでしょう。

この実験演習では、紫色あるいは緑色の色素を生成するDNAプログラムはすでに書かれて用意されています。しかし、あなたがプログラムをコードしたDNAをいくつかの異なる「細菌シャーシ」に挿入することによって、最終的な構築ステップを完了させることになります。これらのDNAプログラムは、「*E.chromi*（イー・クロマイ）」[52]という2009年の国際合成生物学大会（iGEM）のプロジェクトに由来しています。このプロジェクトでケンブリッジ大学の学生たちは、大腸菌が色素のスペクトルを生成でき

52——*E.coli*（大腸菌）と色の濃度や彩度を表すChroma（クロマ）を組み合わせた造語。プロジェクトの詳細については、ウェブサイトを参照（http://2009.igem.org/Team:Cambridge）。

るようにそのデザインと遺伝子操作を行いました。シャーシがデザインされた遺伝子プログラムのアウトプットにどう影響するのかを調べるために、この実験演習では発色システムをいくつか構築することになります。色素は肉眼で確認できるので、色のアウトプットがシャーシの間で異なるかどうかを容易に判別することができます。

実験の詳細に入る前に、シャーシデザインとその決定について紹介しておきます。それから、実験の背景を理解するためにE.chromiプロジェクトを見ていきます。

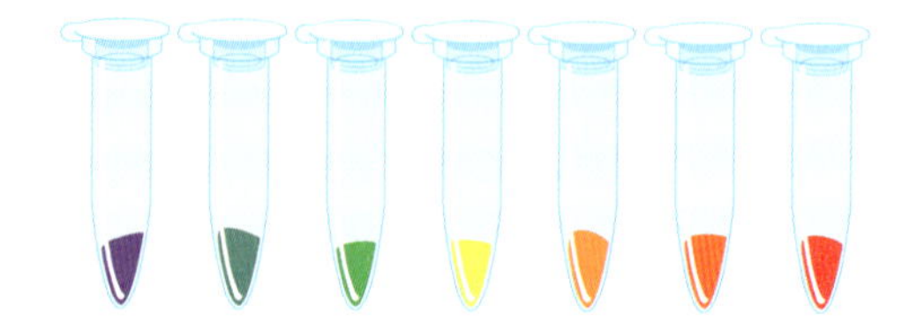

シャーシ入門

製造者が自動車のエンジンをデザインする時に車全体を考慮するのと同様に、合成生物学者も構築するシステム全体を考慮しなければなりません。そのシステムには、デザインされた遺伝子プログラムが実行される細胞環境も含まれます。また、路上に多様な自動車があるのと同様に、細胞もサイズ、形、細胞小器官、そして基本的な代謝機能の点で劇的なほどに変化に富みます。したがって、操作されたどの遺伝子プログラムに対しても、最適な宿主細胞、「シャーシ」を選ぶことがデザインプロセスにおいて重要なステップとなります。たくさんのパラメーターが、シャーシの選択に影響をおよぼします。特定のアプリケーションに特化した検討もあります。しかし、より一般的な懸案事項は「実用性」と「安全性」で、これについては次の項で扱います。

実用性をどのようにデザインするか

合成生物学のアプリケーションのためのシャーシを選択する際、研究者は「汎用的な実用性」と「ニッチな実用性」の両方を考えます。汎用的な実用性とは、総体的に役に立つ特性を指します。例えば、研究室の環境下で急速に増殖する細胞などがあげられます。そのうえ、一般的に役立つシャーシは、比較的容易に扱えます。よって、科学者が頼りにする共通のモデル生物（大腸菌や出芽酵母など）の多くが、合成生物学者にとって魅力的なシャーシとなることは十分理解できるでしょう。これらの細胞には、合理的かつ高い信頼性で細胞の設計と操作をするための堅牢なツールがあります。

一方で、ニッチな実用性というのは、特定のアプリケーションに適切となるような細胞の性質を指します。ニッチな実用性のひとつの例は、BioBuilderの6章「Eau That Smell実験演習」の遺伝子プログラムの宿主菌です。この実験のことをよく知っていたなら、このプロジェクトの合成生物学者たちがバナナかウィンターグリーンの良いにおいを生成する細菌を作ろうとしていたことを思い出すでしょう。この目標を成しとげるために、彼らは使用していた大腸菌が自然に発生する悪臭を取り除きました。つまり、大腸菌のトリプトファン生合成経路から遺伝子をひとつ削除したのです。結果的に、この「悪臭を除いた」シャーシを使って、香りを生成する遺伝子プログラムを実行させたのでした。

考えられる各目的に対して適切なシャーシを見つけるためには、2つの相補的なアプローチがあります。そのひとつは、「ほぼ野生型生物」のアプローチ（図9-1参照）と呼ぶことができます。これは、合成生物学者が考えた新しいシステムのタスクを実行するだけの能力があるかどうかを基準として、シャーシを自然から見つけることです。「野生型生物」は、自然界の種において最も典型的な特性を持ったものです。このアプローチでは、野生型の細胞の自然な機能を洗練させることで、既存の細胞を新しいシステムで求められる振る舞いにどんどん近づけます。このほぼ野生型生物のアプローチの例として、ローレンス・バークレー国立研究所のスティーブン・シンガーのグループの研究があげられます。この研究グループの目的は、「*Ralstonia eutropha*（ラルストニア・ユートロファ）」を改変してブタノールやアルケンのようなバイオ燃料を生成させることです。このバイオ燃料は、いつの日か石油をベースとした化学燃料を置き換えるでしょう。ラルストニア・ユートロファは、自然界で二酸化炭素をエネルギー貯蔵ポリマーに変換します。そのため、エンジニアたちはこのシャーシに魅力を感じ、細胞が通常生成するポリマーのかわりにバイオ燃料が生成されるように、自然の代謝経路を実験的に改変しています。

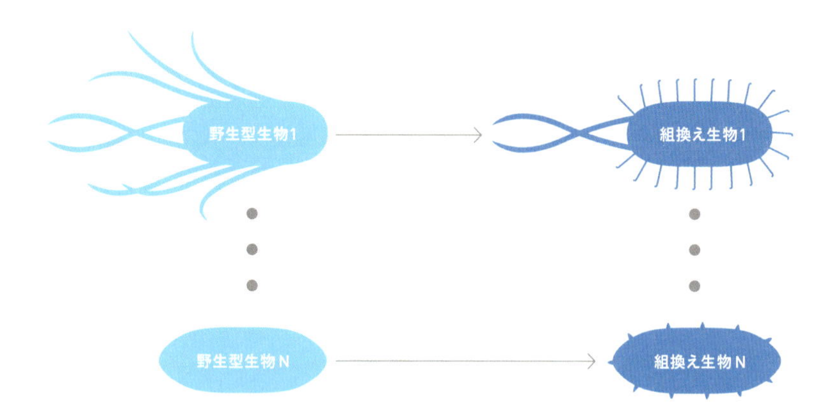

［図9-1］シャーシの選択における「ほぼ野生型生物」のアプローチ。野生型生物1は、それに比較的よく似た組換え生物1へと改変することができる。これは、親の生物と同じ全体形状と複数の鞭毛を持っている。同様に野生型生物Nも、野生型生物1とはわずかに異なった形をしていて、鞭毛もないが、組換え生物Nへと改変することができる。組換え生物に望まれる特性のそれぞれの実質的差異に対して、新しい野生型生物を使いながらこのプロセスは繰り返される。

シャーシデザインの2番目のアプローチは、私たちが「標準シャーシ」と呼ぶもので始まります。図9-2で示されているこのアプローチで、合成生物学者はより一般的なシャーシを選ぶことになります。それは、自然な構成要素を最小限持ったもの、あるいはよく理解されていて操作しやすいもののどちらかです。このシンプルなシャーシは基本的に、合成生物学者にとって空のキャンバスとなります。まったく異なった所望のアウトプットを持つさまざまな改変されたシステムに対して、少なくとも理論上は理想的なシャーシとなるでしょう。標準シャーシのアプローチをとるGinkgo Bioworksの研究者たちは、改変された大腸菌を使ってバイオ燃料を生産しています。前述の自然のポリマー工場のラルストニア・ユートロファでバイオ燃料を生産した例とは異なり、大腸菌にはバイオ燃料の生産に適した既存の能力はまったくありません。しかし、合成生物学の分野で細菌の標準シャーシに最も近い生物は、大腸菌です。したがって、Ginkgo Bioworksの研究者は、さまざまな目的で大腸菌を魅力的なプラットフォームとして見ています。その目的のひとつは、二酸化炭素と電気エネルギーのイソオクタンへの変換で、この液体燃料はアメリカで既存の燃料輸送のインフラによく適合します。

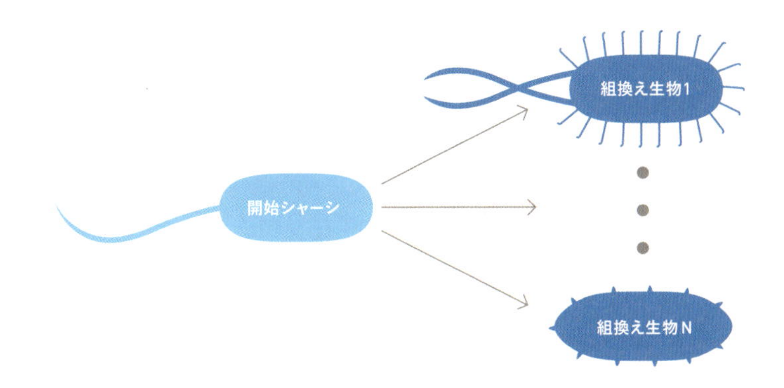

[図9-2]「標準シャーシ」のアプローチ。標準的な開始シャーシは、単純で容易に改変されるものである。したがって、合成生物学者はそれを、組換え生物1、組換え生物N、そしてその間のすべてのものに対する前駆体として使うことができる。

ほぼ野生型生物と標準シャーシのアプローチには、両方ともメリットもあればデメリットもあります。例えば、既存の生物をわずかに変えただけで望みの結果を得られるのであれば、ほぼ野生型生物のアプローチをとるほうが比較的容易でしょう。しかし、設計者が新しいデザインの各々の仕様に対して新しいシャーシを見つける必要性があるため、この戦略で規模を拡大するのは難しくなります。そのうえ、既存の生物をシャーシとして使うのは、予想外に複雑なことです。なぜなら、すべての生物は独自の代謝経路とニーズを持っていて、そのどれかが望む結果に対して意外な方法で妨害する可能性があるからです。

標準シャーシのアプローチをとることでは、複雑な生物を使って合成生物システムを構築する際に生じるいくつかのトラブルを回避することができます。このアプローチはまた、ほぼ野生型生物のアプローチよりも拡張性があります。なぜなら、このアプローチは、設計者にとって一般的な開始点となるからです。共通の標準化されたシャーシを使えば、設計者はひとつのデザインで用いたツールを別のものに対しても、少なくともある程度は再利用できます。非現実的な希望としては、プログラム可能な「空のキャンバス」の細胞に、薬、食料、生体組織、あるいはバイオ燃料を生産させたいところです。しかし、この希望は現在、実現にはほど遠いものとなっています。今のところ、DNAのプログラムを実行するための非依存型のキャンバスとして細胞を抽象化することはできません。

とはいえ、合成生物学者は、コンピュータープログラミングの成功に励まされています。そこには、クロスプラットフォームのツールが存在しているからです。例えば、Javaなどのソフトウェアプラットフォームは、任意のオペレーティングシステム(OS)

上でプログラムを実行できる「仮想マシン」を定義できます。Javaの仮想マシンは、OSに関係なく一貫して動作できるようにJavaバイトコードを適合しています。この例えでは、JavaバイトコードはDNA配列に似ています。また、Java仮想マシン（そしてOS）は、DNAのコードをアクションへと変換する細胞機構として考えることができます。言いかえれば、合成生物学の標準シャーシを生物学のJava仮想マシンとしてなぞらえることができるのです。

しかし、ひとつの標準シャーシを合成生物学のすべてのアプリケーションに適用させることは、いまだ現実的ではありません。そのため、ほぼ野生型と標準シャーシのアプローチの間を取るのがひとつの妥協案になります。この妥協において、少数のシャーシが合成生物学者にとって開始点となります。合成生物学者たちは、どの応用領域に対しても、複数の種類から細胞を選ぶことになります。このシナリオでは、ひとつか2つの信頼できる標準シャーシが細菌のアプリケーションに使われ、さらにひとつか2つのシャーシが哺乳類細胞で遺伝子プログラムを実行するのに用いられるでしょう。これはまだ開発中なのですが、この細胞シャーシの操作に対するハイブリッドなアプローチこそが、近いうちに合成生物学者が成功するためのアクセス可能なツールを提供する可能性は高いでしょう。

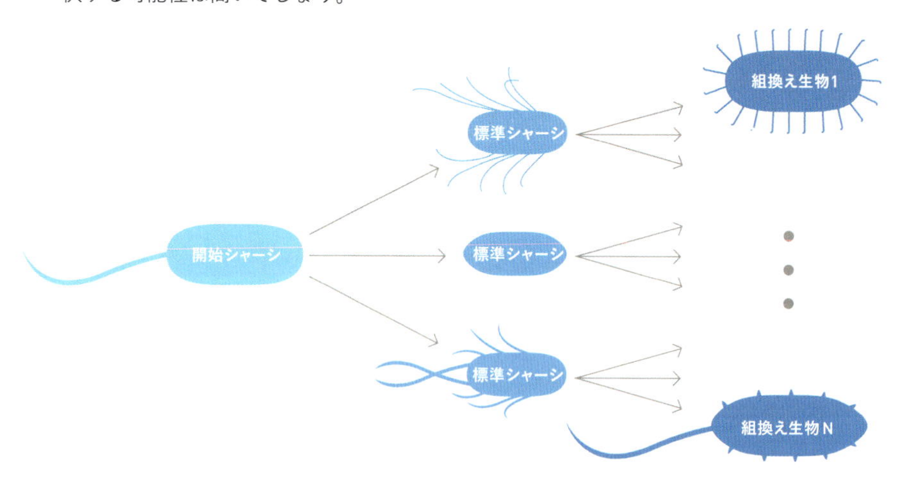

安全性をどのようにデザインするか

改変されたDNAのプログラムを実行するためのシャーシを選ぶ際には、常に安全性を考慮しなければなりません。特に研究者は、合成生物システムを取り扱う際の個人の安全性、研究室の安全性、そして組換え生物が広い世界に拡散してしまった場合の危害について考えなければなりません。

既存のガイドラインと規則は、主に研究者個人と彼らが働く研究コミュニティの安全を保護しています。これらの規則は、組換えDNA技術が出現した1970年代に制定されました。一般的に成功と見なされているこれらは、当時は盛んに議論されました。そしてその議論は、今日の合成生物学に関係する多くの教訓を提供しています。これらのガイドラインとその成り立ちに関する詳細な説明は、4章「生命倫理の基礎」を参照してください。

遺伝子工学の分野から受け継がれた規則に加えて、合成生物学者は合成生物システムを複雑な環境へ安全に導入することを慎重に考慮しなければなりません。理想的には、組換え生物が研究室の外に逃げてしまった、あるいは意図的に拡散された場合の潜在的被害の最小化と抑制を徹底すべきです。ほとんどの組換え生物は、遺伝的な負担を余分に抱えているので、自然界の競合相手に比べて適応度は劣ります。そのため、組換え生物が生き残る、あるいは自然界に深刻なダメージを与える可能性は低いといえます。しかし、このような程度の差に頼ることは賢明ではありません。そのため、合成生物学者がシステムを計画する際には、追加の安全対策がデザインされることになります。

むしろ合成生物学者は、安全のための遺伝子操作を試みています。「デザインによる安全」の極端な例が、自然にあるDNAとは違う方法で解読される「直交DNA」をデザインする合成生物学の研究です。DNAは生物の間で転移でき、それは比較的よく起こります。そのため、自然の生物から組換え生物にDNAが転移、あるいはその逆のことが起きた時の潜在的な影響が懸念されています。しかし、元の宿主以外では正しく解読することができない直交DNAを組換え生物が発現していたら、これらの起こりうる危険性は最小化されます。この変更された遺伝子コードを使ったすべてのシャーシは、外の環境から得た新しい（そして潜在的に危険な）遺伝子の機能を実行することができません。同様に、組換え生物の遺伝子が自然の生物に転移したとしても、それが発現されることはありません。

合成生物学者はまだ、そうした研究の初期段階にいます。しかし、2011年のサイエンス誌に掲載された論文で、期待できる研究結果が出ました。ハーバード大学のジョージ・チャーチ研究室が率いる研究グループは、大腸菌を「再コード化」したのです。つまり、図9-3で示されているように、460万塩基対の大腸菌ゲノムにあるTAG終止コドンをすべて同義のTAA終止コドンに置き換えました。一見「サイレント」な変更点を組み込んだことで技術的な偉業を成しとげたのです。また、これは非常に有用な新しいゲノム操作ツールの「MAGE」と「CAGE」を開発する原動力にもなりました。安全性に関していえば、その研究によって得られたシャーシには、自然の菌株に対して2つの安全の優位性がありました。まず、新しい株の中にあるすべてのコード配列の転写と翻訳は依然として可能です。そこではTAGコドンがひとつも使われていないため、新しいDNAのプログラムに代替のアミノ酸を追加することにそれを再利用できます。新しい生物を、自然からではなく、研究者から与えられる非天然アミノ酸に依存させることで、その安全性をデザインできます。また、再コード化された大腸菌中で、TAGコドンは終止コドンとしてもはや機能しません。なぜなら、ジョージ・チャーチの研究グループは、TAGで翻訳を終結させる終結因子も削除したからです。そのため、改変された細菌がTAG終止コドンを使っている外部からのDNAを取り入れたとしても、リボソームは終止コドンを通り越して読み続けてしまうため、生成されるポリペプチド鎖は機能しません。自然にある遺伝物質に対して本当に独立したDNAをデザインするのには、さらなる研究が必要です。しかし、この「デザインによる安全」の初期の成功は、試みが前進する中で検討するには良いモデルです。

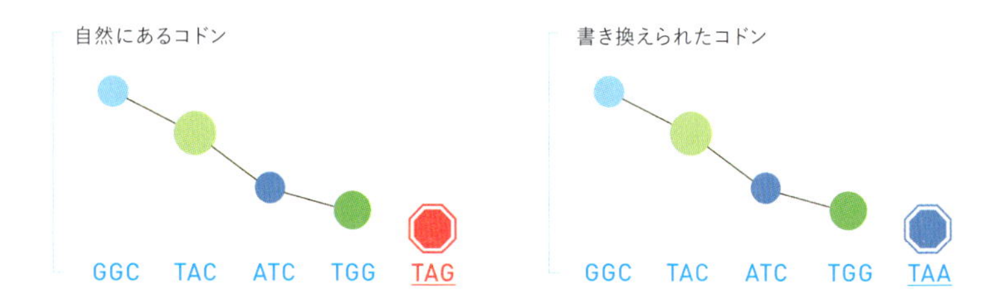

［図9-3］直交DNAを生成するアプローチのひとつ。左側の自然にあるDNA配列は、青や緑の球で示した4つのアミノ酸をコードし、TAG終止コドンで終結する。自然のDNAのTAG終止コドン(左)をTAA終止コドン(右)に変換しても、発現されるタンパク質は依然として変わらない。しかし、TAGコドンを非天然アミノ酸に割り当てることで、この遺伝子コードを発現する細胞が直交的なゲノムを持つように改変することができる。

iGEMプロジェクト「E.chromi」の背景

2009年のiGEMプロジェクトで、ケンブリッジ大学のチームは、「E.chromi」と呼ばれる一式のバイオセンサーを設計、特定、そして構築しました。多種多様な天然の色（オレンジ色のニンジン、紫色の花など）が生物界で見られることを考えて、チームはそのシステムのアウトプットとして色を使うことに決めました。また、特定の金属化合物のセンサーを作ることも決めました。その金属には、汚染問題においていくつかの国で持続的に懸念されているヒ素、水銀、その他の重金属が含まれます。これらの環境汚染物質のインプットは肉眼で見られる色素ベースのアウトプットを引き起こし、容易かつ迅速に展開することができます。このデザインは、例えば、pH、電気伝導度、そして蛍光といったアウトプットを使った過去のiGEMプロジェクトのバイオ

センサーを改良したものでした。それらのアウトプットでは、その出力信号を検出するために追加のステップが必要でした。また、色素には視覚的多様性があるため、図9-4で示されているような生きた「ディップスティック」[53]を構築することが、チームの動機になりました。それを使うと、サンプルを1回採取しただけで、複数の汚染物質をカラフルに報告できます。

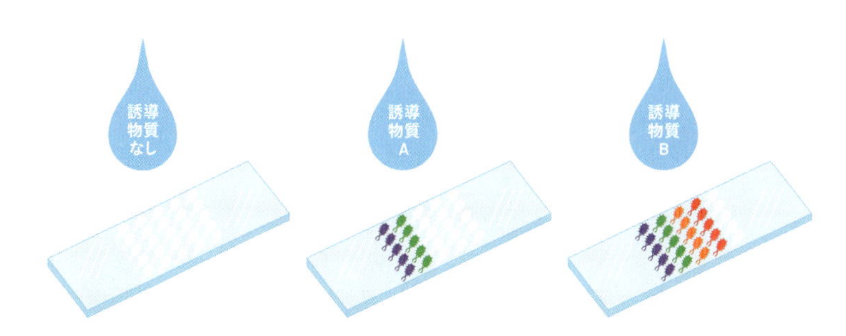

［図9-4］ひとつの水のサンプルから複数の汚染物質を報告するディップスティック。異なった遺伝子プログラムを発現する細菌は、ディップスティックにドット状で塗布される。これらの細菌は汚染物質を感知し、それに応じて色を生成する。誘導物質のない水にさらされた時（左）は、色は生成されない。2種類の汚染物質が混合した水にさらされた時（中）は、それに対応する2色が生成される。4種類の汚染物質が水に含まれていたら（右）、4色が生成される。

チームは、特定の汚染物質を検出することに加えて、各々の汚染物質の濃度もおおよそで測定することが有用だと考えました。システムの感度を制御する「チューナー」デバイスを複数種類開発することによって、チームはそれぞれの発色システムの多様体を作ることができました。つまり、汚染物質が特定の濃度に達した時にだけ、システムは色を変えます。低濃度のヒ素を含んだ水のサンプルは低感度のチューナーだけを始動させ、その多様体の発色デバイスだけに信号が伝わります。高濃度のヒ素を含んだ水のサンプルは、低・中・高感度のチューナーをすべて始動させ、3種類すべての多様体で色が出ます。最終的なシステム（図9-5）でチームは、水のサンプルに複数種類の多様体をさらすことで、どれが発色しているか、発色していないかを基準に、どの汚染物質がどれくらいの濃度で存在しているのかを判定できるようになりました。

［図9-5］生きたバイオセンサーのシステムレベルのデザイン。環境汚染物質を検出し、その濃度を報告する細胞のブラックボックス化されたデザインアイデア。

53 —— ディップスティックとは、液体に浸けて色の変化により液体の性質を判別、あるいは付着した量により液体の量を測定する器具のこと。

デバイスについて

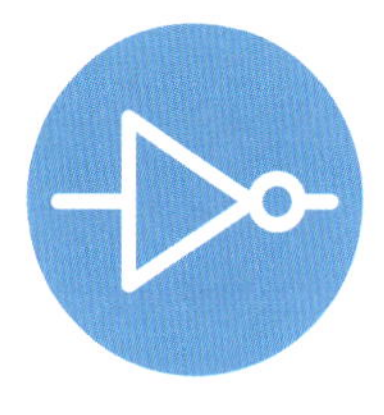

鮮やかな色をコードするDNA配列を見つけるために、iGEMチームは文献を読みあさり、最終的にユニークな色素を生成する自然の細菌システムを3つ特定しました。これらのシステムを表9-1に示します。

［表9-1］生きた発色のための自然源

色素群	生成される色	由来の細菌
ヴィオラセイン	緑と紫	*Chromobacterium violacein*（クロモバクテリウム・ビオラセウム）
カロテノイド	赤とオレンジ	*Pantoea ananatis*（パントエア・アナナティス）
メラニン	茶色	*Rhizobium etli*（リゾビウム・エトリ）

チームは、さまざまな色が欲しかったので、デバイスの候補としてこれらの源をすべて探究しました。その際にチームは、特定のアプリケーションに対して他のものより適しているものがあることに気づきました。例えば、メラニン色素はひとつの遺伝子にコードされているため、既存の遺伝子制御のアプローチを使ってアウトプットを比較的容易に制御できます。しかし、このシステムのために銅とチロシンの両方を培地に加えることが必要です。このことは、この色を発色する株の培養条件を複雑にします。他の2つの色素群は、複数の遺伝子産物の作用によって生成されるため、その制御はより複雑になりますが、これらの色素を生成する細胞は培養しやすく、培地に特殊な化合物を加えなくても色が生成できます。

システムのデバイスを展開するために、iGEMチームは、ヴィオラセインとカロテノイドの色素を生成するのに特有なメカニズムも考慮しなければなりませんでした。カロテノイドのデバイスの代謝経路では、最初に赤い色素が生成され、下流の酵素で赤い色素の一部を変換することでオレンジ色にします。一方、ヴィオラセインのデバイスは、緑と紫の両方を生成するのに枝分かれした代謝経路を駆使しています。これらを図9-6に示します。

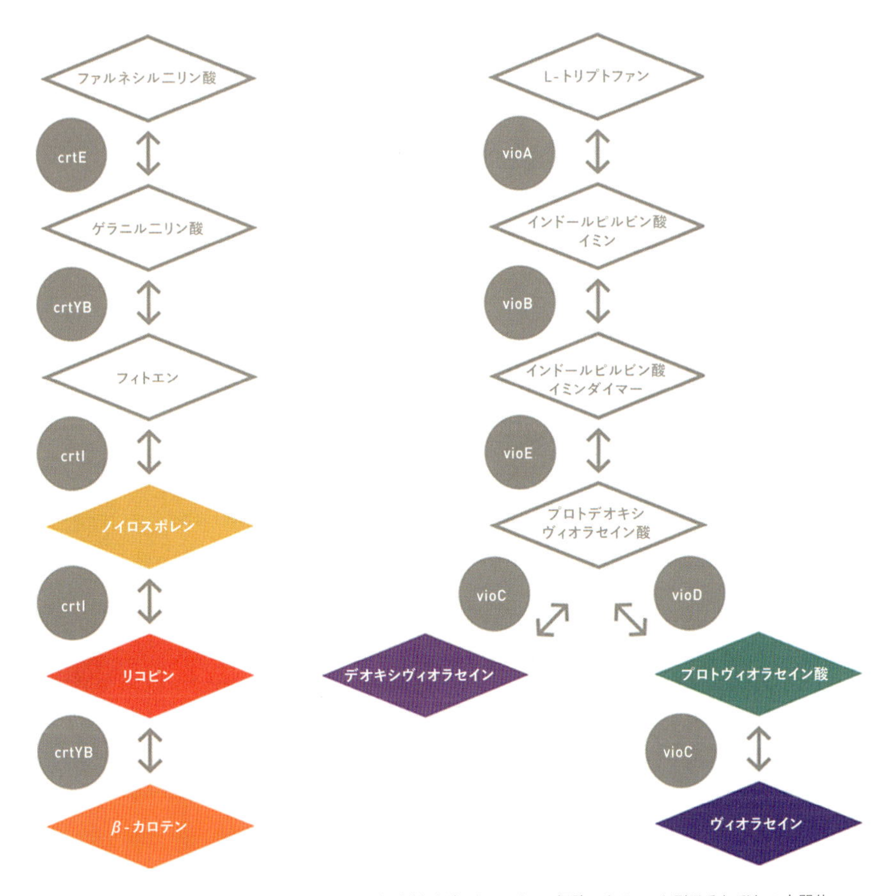

［図9-6］色素生成の代謝経路。左側がカロテノイド、右側がヴィオラセインの経路である。ひし形はそれぞれの中間体を、円は化学反応を担う酵素を示している。色の付いた化合物には、実物に近い色が反映されている。

パーツとデバイス

BioBuilderの「What a Colorful World」実験演習では、ヴィオラセインのシステムからの構成要素を使います。これは、遺伝子に比較的小さな改変をすることによって、緑あるいは紫の色素が生成できます。通常、この色素生成システムへのインプットはアミノ酸のトリプトファンであり、5つの酵素の作用（VioA、VioB、VioC、VioD、VioEであるけれど、経路ではこの順序ではありません！）によって、ヴィオラセインという紫の色素が生成されます。しかし、VioC遺伝子が取り除かれると、経路の分岐はブロックされてしまい、ヴィオラセインへの最終的な変換が起こりません。そのかわりにシステムの終点は、プロトヴィオラセイン酸という濃い緑色の色素になります。この代謝経路（図

9-6）から、VioCの遺伝子の削除がもたらす影響を推測することができます。また、図9-7に示すように、論理ゲートや真理値表という工学の形式を使ってこの振る舞いを表現することもできます。

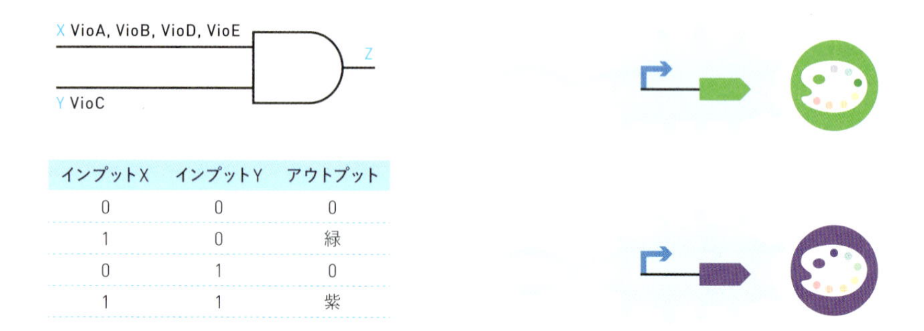

インプットX	インプットY	アウトプット
0	0	0
1	0	緑
0	1	0
1	1	紫

［図9-7］ヴィオラセインに関係するシステムの異なる表現。論理ゲート（左上）では、紫色のアウトプットZを生成するのにインプットX（VioA、VioB、VioD、VioE）とインプットY（VioC）の両方が必要であることを示している。改変された真理値表（左下）では、インプットXだけで緑のアウトプットが生成される。その一方でインプットYだけでは何のアウトプットも生成されない。そして、インプットXとインプットYが両方ある時に紫のアウトプットが生成されることを示している。右側の遺伝子回路図は、VioA、VioB、VioD、VioEからなる緑生成デバイスの上流にあるプロモーターが、緑の色素を生成することを示す。また、VioA、VioB、VioC、VioD、VioEからなる紫生成デバイスの上流にあるプロモーターは、紫の色素を生成する。

さらに詳しく学びたい人のために

- Changhao, B. et al. Development of a broad-host synthetic biology toolbox for ralstonia eutropha and its application to engineering hydrocarbon biofuel production. Microbial Cell Factories 2013;12:107.
- Ginkgo Bioworks Foundry（https://www.ginkgobioworks.com/foundries/）
- Lajoie, MJ. et al. Genomically recoded organisms expand biological functions. Science 2013;342(6156):357-60.
- 「E. chromi」ウェブサイト（http://2009.igem.org/Team:Cambridge）

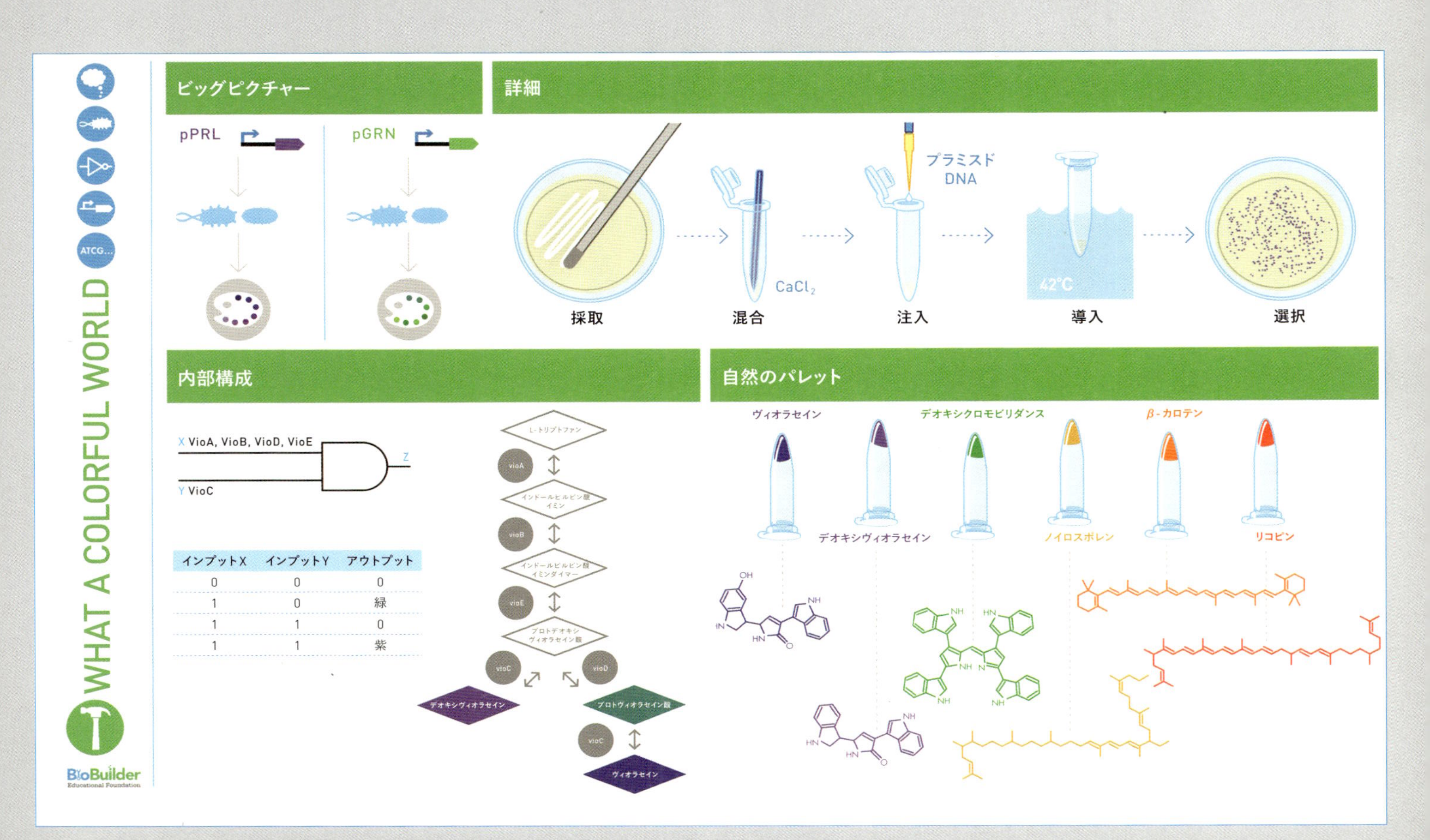

インプットX	インプットY	アウトプット
0	0	0
1	0	緑
1	1	0
1	1	紫

What a Colorful World 実験演習[54]

この実験演習では、細菌の形質転換の技法を使ってプラスミドDNAを2種類の細胞に導入します。同じ遺伝子プログラムを持った2つの異なる大腸菌株の機能を比較することで、シャーシの工学的概念を探求していきます。ここでは、バイオテクノロジーのスキルである「無菌操作」と「微生物の固体培養」に重きを置いています。

デザインの選択

E.chromiプロジェクトについて述べてきたことからわかるように、iGEMチームは事前にシステムの性能をいくつか推測していました。特に、発色デバイスがある濃度の金属汚染物質にさらされた時、予想通りに発色デバイスが視覚的で多彩な色を生成するだろうとチームは推定しました。しかしチームは、各々の発色デバイスに特異性があることに気づきました。例えば、メラニン色素は培地に新たな試薬を添加する必要があります。これらの特異性に対処するために、チームはたくさんの菌株で実験を行い、各々のデバイスを実行するのに「最適」なものを探しました。

この実験演習では、iGEMチームのこの試みを引き受けることになります。2つの異なるシャーシで2つの発色デバイスを比較することで、信頼できる色のアウトプットが生成できるのかを調査します。

実験の疑問

実験演習では、一般的な実験室株である2種類の大腸菌、K12株とB株を使って、紫と緑の発色デバイスを試します。これらの菌株は、細菌の振る舞いの研究や分子生物学の技法を行うために日常的に使われています。長い間、実験室環境で生きてきたこれらの細菌は、窮屈な条件下以外で生存するためにはもはや必要とされない多くの遺伝子に突然変異が生じています。結果として、実験室の外で生き残る能力をほとんど失ってしまっています。これら細胞についてこの説明を踏まえると、少なくとも安全性の懸念に関して大腸菌は、細菌を扱う合成生物学のための標準シャーシの始原を提供してくれるように思われます。この実験演習では、細胞に信頼性と再現性のある振

54 —— What a Colorful Worldの実験キットは、Carolina Biological Supply Companyで扱っている(https://www.carolina.com/xm/biobuilder)。学校、企業のみに販売。遺伝子組換え生物を扱うため、カルタヘナ法(遺伝子組換え生物等規制法)を守り、拡散防止措置を執ること(http://www.lifescience.mext.go.jp/bioethics/anzen.html#kumikae)。また、実験で使用される試薬の調製と保存に関して詳しくは付録を参照のこと。

る舞いができるかを試すことで、標準シャーシとしての「実用性」の条件も満たせるのかどうかを調査します。

この実験を行うには、各々の菌株に紫と緑の発色デバイスの遺伝子プログラムを導入します（図9-8）。このプロセスではまず、必要な細胞を培養するために株を培地に植え付けます。次に、細胞がDNAを取り込める状態（コンピテント）にするため、塩溶液で細胞を処理します。そして、このコンピテントな大腸菌を発色デバイスをコードしたDNAと一緒に混ぜ、それを短時間高温にさらします。このヒートショックによって、細胞は環境からDNAを取り込みます。この形質転換の混合液に新鮮な培養液を加えて、細胞の修復を助長します。最後に、抗生物質のアンピシリンを含んだ固形の寒天培地の上に形質転換した細胞を植え付け、完了となります。発色デバイスをコードしているプラスミドDNAには、アンピシリン耐性遺伝子もコードされています。そのため、培地上で増殖する細胞は発色デバイスを持ったものだけです。

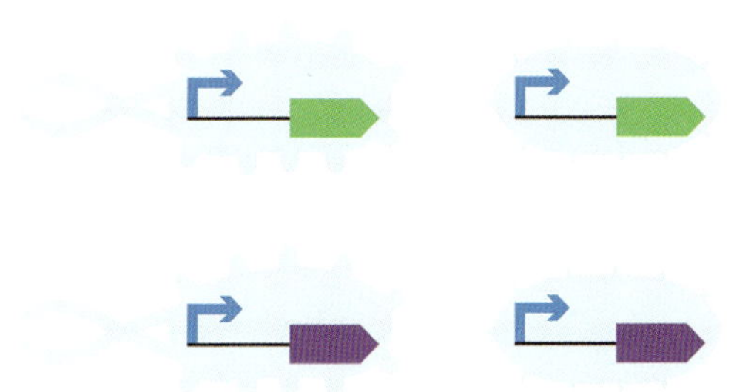

［図9-8］異なるシャーシでの発色デバイス。異なるシャーシ（左側と右側）に同一のデバイスを挿入し、それらの振る舞いを調査する。

ネガティブコントロールとして、プラスミドを含まないサンプルも形質転換の手順で作ります。このネガティブコントロールは、アンピシリンを含んだプレート（固形培地）上では成長しないはずです。なぜなら、それらの細胞にはアンピシリン耐性遺伝子が含まれていないからです。もし増殖が確認されたら、実験の手順や材料の何かが、プラスミドで正常に形質転換された細胞のみの選択をはばんでいることがわかります。その可能性のひとつとしては、プレートに入っているアンピシリンが時間とともに劣化してしまったのかもしれません。コントロールを含むことは、良い実験デザインのためには極めて重要なことです。なぜなら、あなたが、実験を行ううえで変数を分離でき、この先直面する問題の解決に情報が提供できるからです。

実験データは、プレートを目視で検証することで集めることになります。立派な検出装置として唯一必要なのは、あなたの眼です。一晩培養した後、形質転換と抗生物質に耐えて生き残った各々の細胞は、肉眼で確認できるコロニーを形成するでしょう。そこで、コロニーを数えて形質転換効率を判定します。また、それぞれのプレートにあるコロニーの色、形、そして大きさを記録し、シャーシとして選ばれた株がシステムのアウトプットに影響をおよぼしたのかどうかを判定します[55]。

始めるにあたって

[注意事項：実験で使用したすべての生物材料は実験後に滅菌する必要がある。また、実験中に生物に接したもの（ループ、ピペットチップなど）も滅菌しなければならないので、それを捨てるための10%漂白剤の入った滅菌用ビーカーを事前に用意すること。あるいはオートクレーブを使用する場合は、オートクレーブバッグを用意すること]

What a Colorful World実験演習で比較される2つのプラスミドの詳細を、表9-2に示します。

[表9-2] What a Colorful World実験演習のプラスミドと株の詳細

プラスミド	プラスミドのレジストリ番号	プラスミドの説明
pPRL	BBa_K274002	pUC18プラスミドの骨格、AmpR（アンピシリン耐性遺伝子）
pGRN	BBa_K274004	pSB1A2プラスミドの骨格、AmpR

4-1：NEB E.coli K12 ER2738: F'proA^{+}B^{+} lacI^{q} Δ (lacZ)M15 zzf::Tn10(Tet^{R})/ fhuA2　glnV Δ (lac-proAB) thi-1 Δ (hsdS-mcrB)5
4-2：NEB E. coli BL21 C2523: fhuA2 [lon] ompT gal sulA11 R(mcr-73::miniTn10--Tet^{S})2 [dcm] R(zgb-210::Tn10--Tet^{S}) endA1 Δ (mcrC-mrr)114::IS10

この実験演習では、4-1（K-12株）と4-2（B株）の2種類の大腸菌株が必要です。形質転換を行うのに十分な量の細菌を得るためには、これらのコロニーを新しいプレートにマス目状に植え付ける必要があります。各々のマス目はひとつの実験グループに対して十分な量の細菌を提供し、ひとつのプレートには最大6個のマス目が無理なく入ります。

1. 滅菌済の接種ループ（白金耳）あるいは爪楊枝を使って、ひとつのプレートから細菌のコロニーを採取し、新しいLB寒天培地（アンピシリンが入っていないもの）に移す。その際、各々の株を1cm四方で塗る（パッチング）[56]。各々の四角には、2つのプラスミドを形質転換するために十分な量の細胞が培養される。

55 —— 各サンプルのコロニーの違いは目で観察できるが、顕微鏡を用いるとよりわかりやすい。
56 —— https://youtu.be/oJBXt2nTwAw

2. 形質転換に必要な各々の株に対してその手順を繰り返す。
3. プレートを培地が上になるようにしてインキュベーター内に入れて、37℃で一晩培養する。

実験演習のプロトコル[57]

1. 2つの小さなマイクロチューブに「4-1」、「4-2」と書く。
2. $CaCl^2$（塩化カルシウム、Calcium Chloride）形質転換溶液をマイクロピペットで200μl採取し、各々のチューブに入れ、氷の上に置く。
3. 滅菌済の爪楊枝あるいは接種ループを使って、「4-1」のマス目ひとつ分の細胞をすべてかき取る（寒天までかき取らないように注意！）。そして、冷えた塩化カルシウム入りの対応するチューブに細胞を入れてかき混ぜる。寒天が少し混入してしまっても実験に影響はない。もしボルテックスミキサーが使えるなら、細胞の入ったチューブを1分間ボルテックスミキサーにかけて懸濁する。もし使えないようなら、チューブを軽く指先ではじいて転倒混和する。
4. 新たな滅菌済の爪楊枝を使って、「4-2」のマス目ひとつ分の細胞をすべてかき取り、以前のステップを繰り返す。可能なら少しの間ボルテックスミキサーで攪拌する。この溶液中に細胞の塊が少し残っても大丈夫である。
5. 形質転換のためのプラスミドの準備をしている間、これらのコンピテントセルは氷の上に置いておく。
6. 合計4つのサンプルを作るために（2×紫生成デバイスのプラスミドpPRL、2×緑生成デバイスのプラスミドpGRN）、各々のプラスミドからアリコート（一定分量）を2つずつ取り出し、マイクロチューブに分注する。各々のアリコートには、5μlのプラスミドDNAが含まれている。DNAの濃度は、0.04μg／μlである。この実験の終わりに形質転換効率を計算するにあたって、これらの値は必要となる。
7. pPRLのチューブのひとつに「pPRL 4-1」、もうひとつに「pPRL 4-2」と書く。それが読めるようになっていることを確認する。チューブを氷の上に置く。
8. pGRNのチューブのひとつに「pGRN 4-1」、もうひとつに「pGRN 4-2」と書く。それが読めるようになっていることを確認する。チューブを氷の上に置く。
9. コンピテントセル4-1株の入ったチューブを軽く指先ではじいてから、マイクロピペットでその細菌を100μl採取する。それを「pPRL 4-1」のチューブと「pGRN 4-1」のチューブにそれぞれ100μlずつ加える。チューブを軽く指先ではじいて混ぜ、氷の上に戻す。残った少量の4-1株も氷の上に置く。

57 —— 形質転換の手順の動画 https://youtu.be/ayvElUIc0pg

10. コンピテントセル4-2株の入ったチューブを軽く指先ではじいてから、マイクロピペットで100μl採取する。「pPRL, 4-2」のチューブと「pGRN, 4-2」のチューブにそれぞれ100μlずつ加える。チューブを軽く指先ではじいて混ぜ、残ったコンピテントセルのチューブと一緒に氷の上に置く。
11. プラスミドと細胞の入ったチューブを氷の上で、5分間静置しておく。
12. その間に、これから使う6枚のプレートの底（培地側）に記入する。使用した株（「4-1」あるいは「4-2」）と形質転換に使ったプラスミド（「pPRL」、「pGRN」あるいは「プラスミドの入ってないコントロール」）を明記する。
13. プラスミドと細胞の入ったすべてのサンプルにヒートショックを行う。チューブをちょうど90秒間（タイマーを使う）、42°Cで温める。
14. 90秒間が終わったら、チューブを室温に置かれたチューブラックに移す。
15. チューブに室温のLB培地を0.5ml加える。キャップをして、内容物を混ぜるためにチューブを転倒混和する。
16. 滅菌済のスプレッダーあるいは滅菌済のプレーティングビーズを使って、形質転換した混合液200～250μlをLB＋アンピシリン寒天培地の表面に広げる[58]。
17. プレートに蓋をして、しばらく静置した後、裏返して置く。蓋にできた結露が細菌に滴るのを防ぐため、プレートは逆さまに置かれる。
18. 培地側を上にした状態でプレートを37°Cで一晩培養する。
19. 一晩培養した後、各プレートのコロニーを数えて形質転換効率を計算する。また、それぞれのプレートにあるコロニーの色、形、そして大きさを記録する[59]。

58――https://youtu.be/VN28WysDzXc
59――形質転換の効率＝コロニーの数／プラスミドDNAの量（μg）。形質転換の混合液はひとつのプレートに対して半分使っているため、コロニーの数は2倍する。詳しくはウェブサイトのラボマニュアルに記載されている「Calculation for transformation efficiency」を参照（http://biobuilder.org/lab/what-a-colorfulworld/）。

事前準備

4-1と4-2の細菌をLB寒天培地にマス目状で植え付ける**。

実験演習当日

1. 2つの小さなマイクロチューブに「4-1」、あるいは「4-2」と書く。
2. 塩化カルシウム（Calcium Chloride）形質転換溶液を200μlマイクロピペットで採取し、各々のマイクロチューブに入れる。
3. それらのチューブを砕いた氷の上に置く。
4. 滅菌済のピペットチップ、爪楊枝、あるいは接種ループを使って、4-1あるいは4-2のプレートからマス目ひとつ分の細胞をかき取る**。寒天までかき取らないようにする。
5. 冷えた塩化カルシウムのチューブに対応する細胞を入れてかき混ぜる。他のマス目の細菌でもこれを繰り返す。
6. 細胞をボルテックスミキサーにかけて懸濁する。もしボルテックスミキサーが使えないようなら、チューブを優しく軽く指先ではじいて転倒混和する。これを氷に戻す。
7. 合計4つのサンプルを作るために（2xpPRL、2xpGRN）、各々のプラスミドからアリコート（一定分量）を2つ取り出す。
8. pPRLのチューブのひとつに「pPRL 4-1」、もうひとつに「pPRL 4-2」と書く。
9. pGRNのチューブのひとつに「pGRN 4-1」、もうひとつに「pGRN 4-2」と書く。

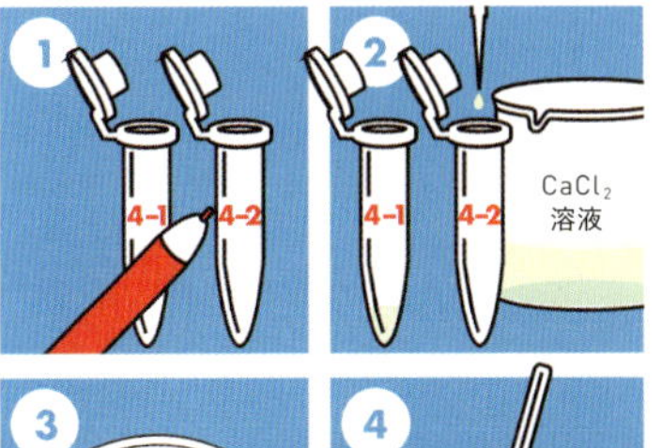

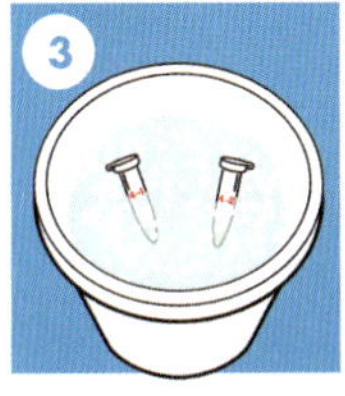

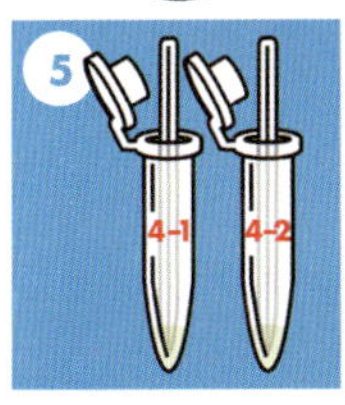

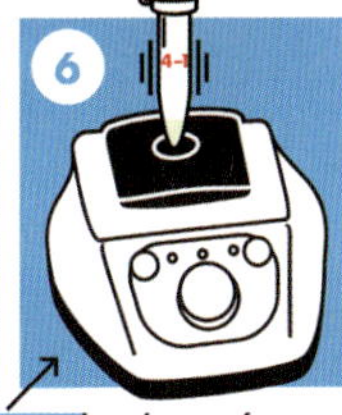

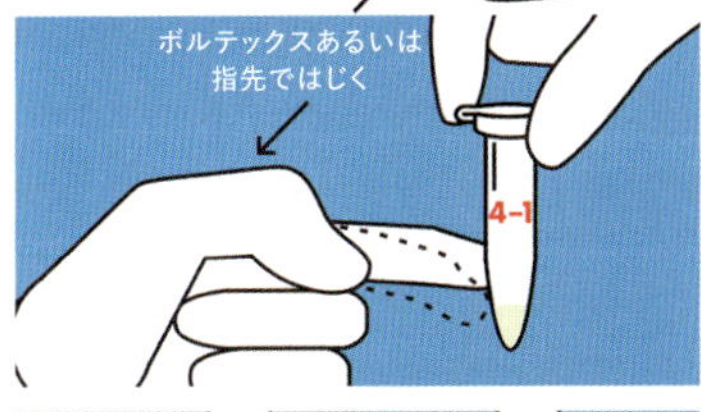

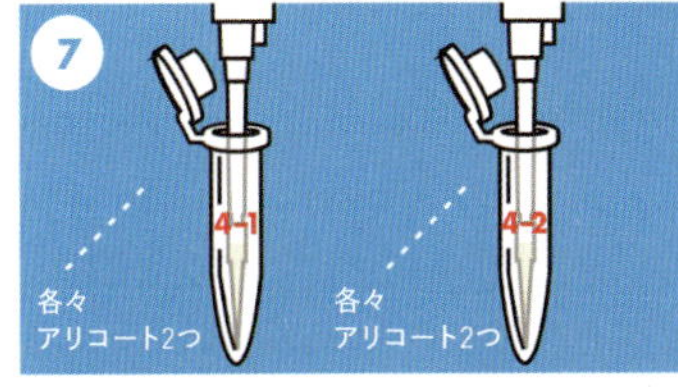

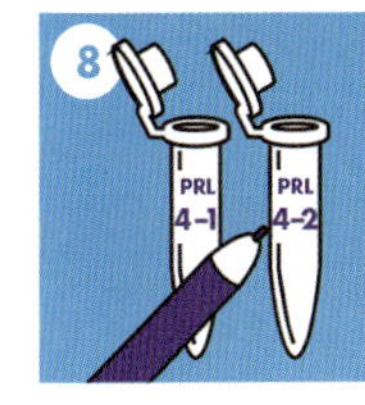

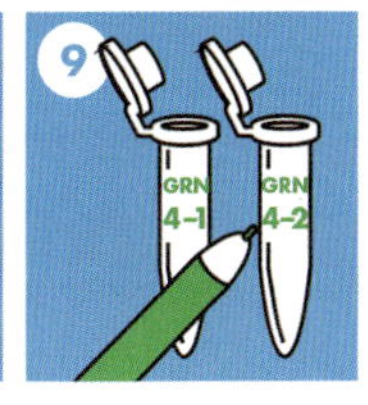

BioBuilder
Educational Foundation

** ……手順の動画はサイトに掲載されています。http://biobuilder.org/lab/what-a-colorful-world/

10. コンピテントセル「4-1」株の入ったチューブを軽く指先ではじいてから、マイクロピペットで100μl採取する。それを「pPRL, 4-1」のチューブと「pGRN, 4-1」のチューブにそれぞれ100μlずつ加える。
11. コンピテントセル「4-2」株の入ったチューブを軽く指先ではじいてから、マイクロピペットで100μl採取する。それを「pPRL, 4-2」のチューブと「pGRN, 4-2」のチューブにそれぞれ100μlずつ加える。
12. チューブを氷の上に5分間置く。
13. 形質転換のサンプルにヒートショックを行う。チューブをちょうど90秒間、42°Cで温める。
14. チューブを室温に置かれたチューブラックに移し、LB培地をそれぞれに0.5ml加える。キャップをして、内容物を混ぜるためにチューブを転倒混和する。
15. LB+アンピシリン寒天培地の培地側に記入する。使用した株(「4-1」あるいは「4-2」)と形質転換に使ったプラスミド(「pPRL」、「pGRN」)を明記する。
16. サンプルをマイクロピペットで250μlずつ採取し、対応するプレートに滴下する。滅菌済のスプレッダーを使ってサンプルを培地上で均一に広げる**。スプレッダーと余った形質転換の混合液を漂白剤溶液10%に捨てる。
17. 培地側を上にした状態でプレートを37°Cで一晩培養する。
18. 一晩培養した後、各プレートのコロニーを数えて形質転換効率を計算する。また、それぞれのプレートにあるコロニーの色、形、そして大きさを記録する。
19. 実験後、使用したすべての生物材料とそれに接したもの(ループ、ピペットチップなど)は、10%漂白剤に30分以上置く、あるいはオートクレーブで滅菌した後に捨てる。

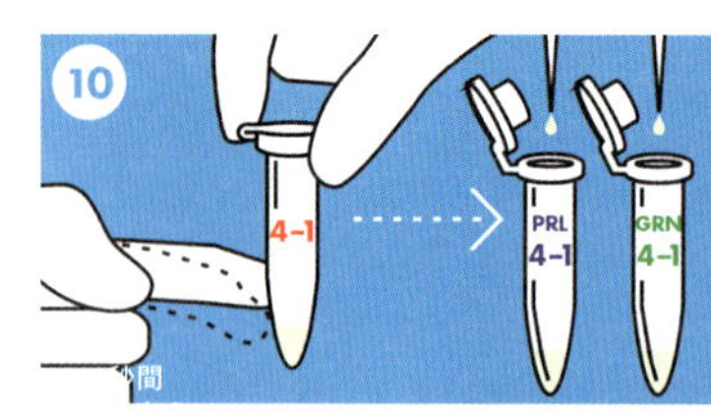

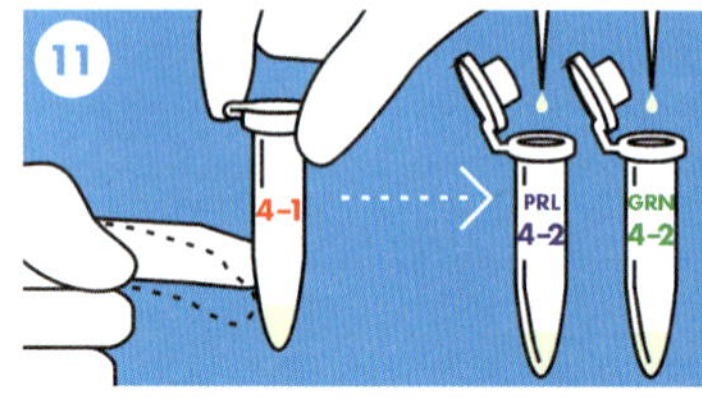

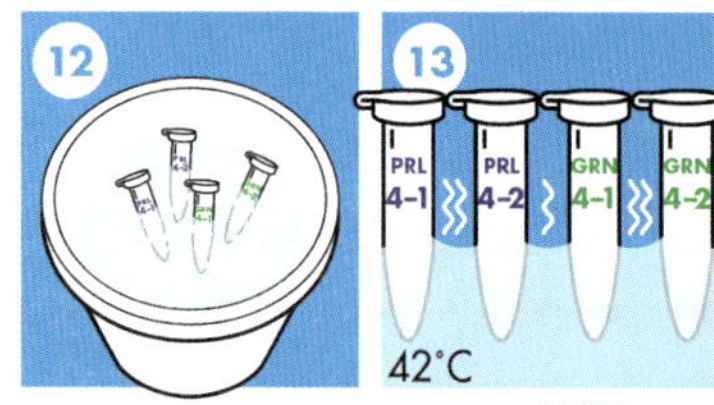

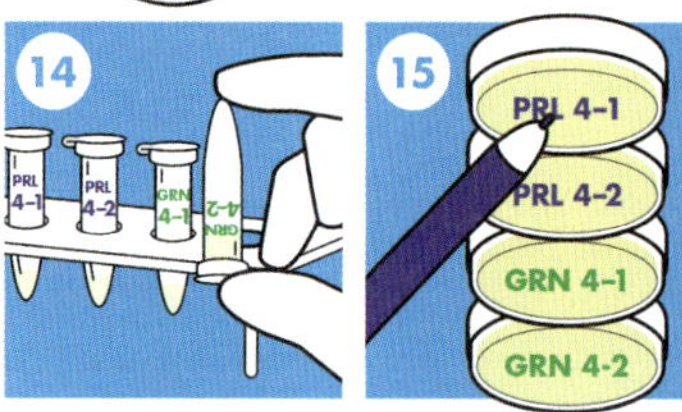

10章

Golden Bread 実験演習

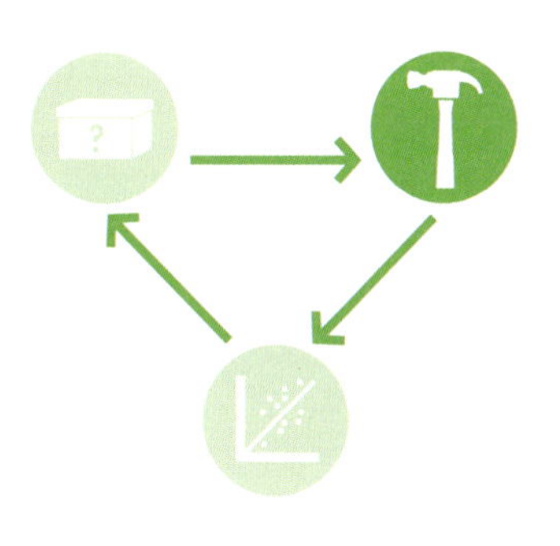

BioBuilderの「Golden Bread」実験演習は、デザイン／ビルド／テストのサイクルの「ビルド」フェーズに重きを置いています。この章では、β-カロテン［β-カロチンとも呼ばれる］を産生するように別の菌類由来の遺伝子で改変されたパン酵母の菌株を使って実験を行います。β-カロテンは、例えばニンジンやサツマイモ、ブロッコリーなどの食物を食べて自然に得られる栄養素のことです。β-カロテンは体内でビタミンAに変換され、ビタミンAは視覚、免疫系、その他の生体機能に重要な役割を担っています。栄養失調に苦しむ一部の発展途上国では、ビタミンA欠乏は重大な公衆衛生問題となっています。この実験演習で探究するようなβ-カロテンを生み出すように操作されたパン酵母が、ビタミンA欠乏に対処するパンに使われることを研究者たちは望んでいます。そのようなパンは、加えられたビタミンの影響で黄金色に見えるでしょう。このことから「Golden Bread（ゴールデン・ブレッド）」という名前が付いています。

新しい食物や薬が広く利用されるために製造業者は、確実にその物質を作れることを示さなければなりません。ひとまとまりの製造ごとに劇的な違いが生じるようなことがあってはならないのです。いつも変わらず、有効でなければなりません。実際、信頼性はほとんどすべての工学的な取り組みにおいて極めて重要なことです。あなたの好きな工学的に作られたものは、それが自動車、携帯電話、あるいは冷蔵庫であっても、確実に動作するという事実がおそらくそれを気に入る理由の一部になっているはずです。自動車のエンジンがかからない時、携帯電話の受信状況が悪い時、冷蔵庫が温かくなる時、人々は嫌悪感を抱きます。私たちは、これらの機器のパフォーマンスにかなり高い水準を求めているのです。実際、橋、ATM、自動投票機といったものは、「いつ何時」でも完璧に動作しなければなりません。したがって、役立つものであるには、すべての工学システムの信頼性は高いものでなければならないのです。

合成生物学の分野における信頼性技術者は、システムをより信頼して操作できるようにするために生物システムの不安定性の源を同定します。彼らは、難しい仕事を抱えています！　BioBuilderのGolden Bread実験演習では、信頼できない合成細胞を評価して改善するために、科学的アプローチと古き良き工学的ノウハウがどのように結び付けられるのかを見ていきます。

信頼性のデザイン

もしもあなたの地元の土木技術者が仕事をこなしたとして、あなたは自動車で橋を渡ることが恐ろしい経験になるとは思わないでしょう。あなたは橋を渡っている間に、あなたの重みで橋の構造が歪んだり、崩れ落ちたりするのを心配して息をのむこともありません。しかし、考えてみると、この信頼性はどこから来るのでしょうか？　私たちは、橋が安全であるとどうしてわかるのでしょうか？

答えは、橋などの建築プロジェクトは「信頼性」のためにデザインされているからです。設計者は、橋の不備が致命的で費用がかかり、街のインフラに重大な打撃を与えることを知っています。だからこそ、彼らは信頼できるシステムを設計し、構築するためにあらゆる努力をするのです。この章では、信頼できるシステム設計へのいくつかの具体的なアプローチを見ていくことにします。そのアプローチは、例えば、定期的なメンテナンスを行うことや、最小限必要な強度以上の物質で構築するといったことです。また、これらの原理が生物システムの操作にどのように拡張できるのかについても議論します。

定期的なメンテナンス

あなたの自動車を整備する必要が一切ないとしたらどんなに素晴らしいか、想像してみてください。あなたは自動車を修理に出す必要もなく、自動車は組み立てラインから出てきた日と同じように、いつも完璧に機能するのです。多くの時間とお金を節約できるはずですし、故障による不便を感じることもありません。ほとんどのドライバーが、100%の信頼性で走る自動車を所有することを非常にうれしく思うことでしょう。

しかし、ドライバーや自動車メーカーがそんな完璧な将来を夢見たとしても、彼らは完璧に信頼のおける自動車は存在しないことを知っています。自動車は、エンジンの稼動部の摩擦から物理的に発生する損傷、汚くなるオイル、そして季節によって空気圧を増減する必要のあるタイヤに耐えています。エンジニアは、機能する自動車の各構成要素の信頼性を最大化するためにできるかぎりのことをしているのです。しかし、すべてのパーツが永久に完璧に機能することを望むのは合理的とはいえません。かわりに、メーカーは、自動車の正常な使用をサポートする堅牢なシステムと、自動車をできるだけ長く機能させる簡単なメンテナンス計画とでバランスを取って対処しています。

では、時間経過とともにシステムは徐々に古びていずれ機能しなくなる運命にあることを知ったうえで、エンジニアがすべきことは何でしょうか？　ほとんどの製造業の分野でエンジニアは、システムとその構成要素の「平均故障時間」(Mean time to failure：MTF) を決めています。この決定が、設計者にシステムが壊れる時期を予想する手助けをします。それはまた、設計者にシステムの定期メンテナンスを通して、いつどのように介入すればよいのか手引きしてくれます。エンジニアは平均故障時間の計算をデザインプロセスに組み込んで、部品を修理に出す時期や、長寿命化するためにそれを扱う方法を推奨します。

工学教授のヘンリー・ペトロスキーは、著書のひとつ『人はだれでもエンジニア—失敗はいかにして成功のもとになるか』[60]で、よく知られている物体、つまりペーパークリップの平均故障時間について述べています。経験からわかるように、ペーパークリップを何度も曲げていると、それは最終的に折れてしまいます。図10-1がその様子です。物理的観点からこれが起こるのは、曲げが金属にストレスをかけ、そのことで素材に物理的欠陥が加わり、欠陥が蓄積していって金属が折れるからです。あなたは、ペーパークリップが折れるまで曲げた回数を数えることで、ペーパークリップ

60——邦訳『人はだれでもエンジニア—失敗はいかにして成功のもとになるか』ヘンリー・ペトロスキー著／北村美都穂訳／鹿島出版会

の平均故障時間を測定することができます。数えた数に確証を持つためには、実験を数回繰り返し、いくつかの異なる条件の下での平均故障時間を測定します。もちろん、私たちのほとんどはペーパークリップを直すことを気にしていません。なぜなら、それらは容易に置き換えられるからです。しかし、非常に価値のあるペーパークリップを持っていると想像してみましょう。その場合は、平均故障時間に近づいていることを知るために、それが曲げられた回数を記録するでしょう。ペーパークリップにどのような「メンテナンス」がなされるべきかをイメージすることは難しいけれど、ペーパークリップが十分に価値のあるものであれば試してみるべきことがあるはずです。

これらの考え方を生物学に適用すると、細胞には定期的なメンテナンスのほとんどが組み込まれているのは明らかです。生物システムは、例えば自動車やペーパークリップといった機械的構造よりももっとダイナミックなものです。ほとんどの細胞は、成長して新しい細胞へ遺伝的指令を受け継ぐというサイクルのほぼ絶え間ない状態にあります。細胞増殖と分裂は、新たな細胞の供給へと確実に導かれます。また、細胞はダメージが極端でないかぎり、自己修復します。生物学におけるこのような側面は1章「合成生物学の基礎」で論じましたが、これは合成生物学を魅力的なものにしているいくつかの要素のうちのひとつです。合成生物学者には、構築するためのダイナミックな物質（細胞！）があり、だからこそ生物の特徴と能力を十分に活用しなければならないのです。

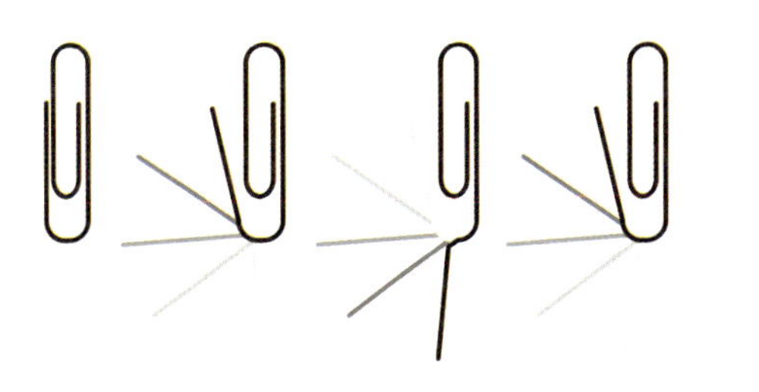

［図10-1］ペーパークリップの平均故障時間（MTF）。図中で見られるように前後にペーパークリップを曲げることは、最終的にクリップを折る原因となるだろう。折れるまで曲げた回数がMTFを計算するのに使われる。

定期的なメンテナンスを実行する細胞が生まれながらに備えている能力にはまた、欠点もあります。細胞は、古いバージョンを置き換えるためにそれ自体の新しいコピーを作るごとに、細胞分裂の過程で娘細胞に受け継がれるDNAに変異が導入されます。結果として、世代間でバリエーションができます。そのようなバリエーションは、細胞の振る舞いに影響をおよぼすことがあり、そして私たちが自然界で見る賢く美しいシステムへと至りました。バリエーションはまた、合成生物学者にとって大きなハードルとなります。システムの振る舞いに影響をおよぼす変異が個体群に受け継がれることで、元々の細胞が、設計した機能をもはや実行しない新しい細胞にすべて置き換わってしまうことがあります（図10-2）。

したがって、信頼できる生物システムを操作するには、合成生物学者は時間経過で起こる意図しない遺伝的変化に対処しなければなりません。本書の他の章で見てきたように、より確立された工学原理と合成生物学の間の類似点は（完璧でないにせよ）役に立つことがあります。次は、信頼性をデザインするための他のアプローチをいくつか考えていきます。

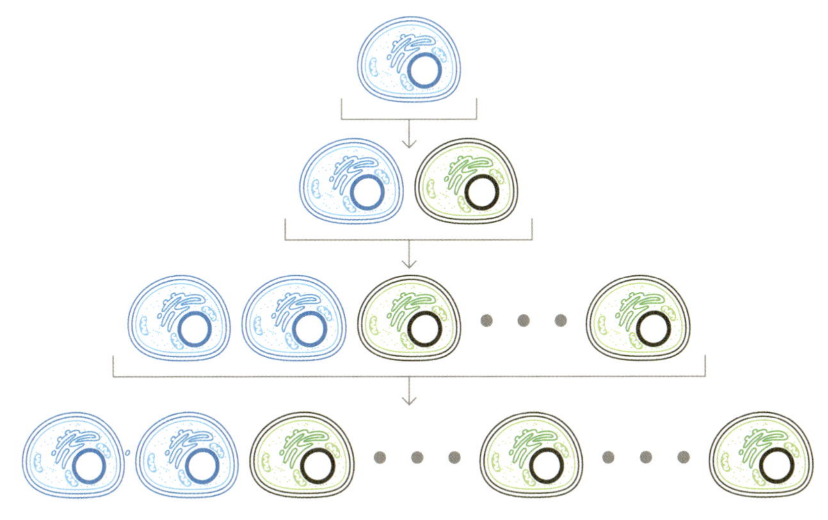

［図10-2］世代間の変異性。操作された細胞（一番上の青色のもの）の分裂は、正確なコピー（2列目の青色のもの）と多様体（2列目の緑色のもの）を生み出す。この多様体は、望みの機能を実行できない可能性のあるものだ。仮に多様体がより頑丈であれば、一番下の列に見られるように、2〜3回分裂した後には、多様体が多数を占めることになる。

冗長性

設計されたシステム中に冗長性を組み込むことは、より信頼性の高いパフォーマンスを確保するために多くの分野で使われてきたもうひとつのテクニックです。例えば、自動車の乗客の安全性について設計しているエンジニアは、自動車の衝突時にはシートベルトとエアバックの両方が作動されることに決めています。シートベルトとエアバックは、同じ目標を達成するために独立に機能します。それらの独立した制御によって、衝突事故の際に両方が機能しない可能性を低めているのです。それらはまた、個別に効果的です。衝突の角度に応じて、シートベルトあるいはエアバックは、車中にいる人を守るうえでより大きな役割を果たす可能性があります。2つの安全システムを備えることで乗客が事故にあっても無事である可能性を高めるので、追加コストをかけるだけの価値があるのです。しかし、資源集約的な冗長性のすべてが正しいというわけではありません（図10-3）。かわりに生命の危険があまりない設計の疑問を考えてみましょう。携帯電話の設計です。消費者は、携帯電話がほんの数年間だけ使えるものだと一般的に思っています。スクリーンは割れる可能性があり、ソフトウェアは更新する必要があるでしょう。そして最新の携帯電話は、物理的機能が向上しています。ほとんどの消費者が、時間経過で生じるこれらの多くの欠点に耐えるのではなく、むしろ新たに買い換えていくため、携帯電話の設計者は携帯電話の電子部品にそんなに冗長性を持たせる設計をする気にはなりません。電気システムの不具合は、おそらく携帯電話を濡らしてしまったり、堅い表面に落としてしまったりすることで起こるでしょうが、不便であっても生命が脅かされることはありません。それは携帯電話を買い換えることで改善できるので、消費者は携帯電話自体の小売価格を上乗せするより、携帯電話をたびたび買い換えるか、保険に入るかをするでしょう。

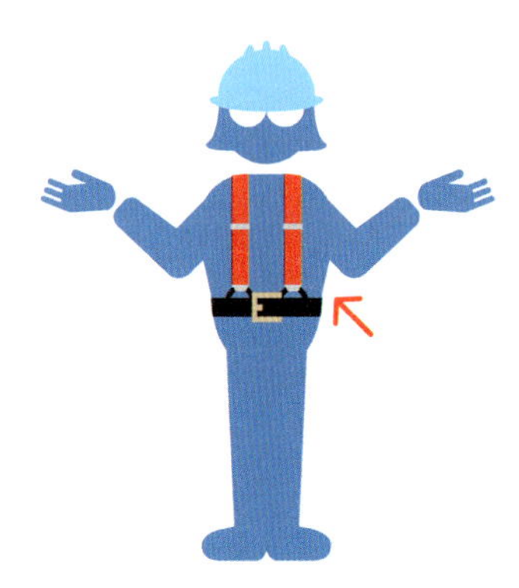

［図10-3］冗長性。サスペンダーとベルトの両方を着用することは、設計された冗長性の古典的な例である。

そのため、冗長性は、他の工学分野に不均一に適用されています。そしてそれは、信頼性に対する資源集約的なアプローチとなっています。しかし、自然の生物システムにおいて冗長性は、比較的一般的な機能になっています。例えば、ほとんどの動物細胞は、ゲノムの2つの完全なコピーを持っています。植物はさらに、6ないし8個のゲノムのコピーを持っています。生きた細胞において冗長性は、生存するうえで重要です。なぜなら、DNAは細胞環境の突然変異原によるダメージを受ける可能性があるからです。日光や突然変異原にさらされることによってDNA配列に変化が生じ、遺伝的指令の一部がほとんど読めなくなることがあります。遺伝的冗長性は、細胞にある種の保険を与えているのです。たとえDNAのコピーのひとつがダメージを受けたとしても、もう片方が無傷のままであり、ダメージを受けた方を修復するための鋳型として機能するでしょう。細胞は、エネルギーと原料の面で、この保険に対して大きな対価を払わなければなりません。しかし、ゲノムの「余分な」コピーに費やされるコストは、遺伝的指令が保証されることで返済されます。遺伝的冗長性が、ほとんどの多細胞生物の標準的な特徴だと考えると、進化による利点はそのコストより上回っているのは明らかです。

合成生物学者は、特定のDNA配列の複数のコピーを持ったシステムを設計することによって遺伝的冗長性を導入することができます。このことは、追加のプラスミドを持つように細胞を形質転換したり、あるいは細胞ゲノム中に特定の遺伝子の余分なコピーを挿入したりすることによってなされます。これら遺伝的な技は、その他のコピーが機能しなかった時に使う遺伝子のバックアップコピーを細胞に与えることにより、遺伝子回路の安定性を向上させることになります。しかし驚くべきことに、それはまたシステムを不安定にすることもあります。ある生き物、例えば酵母のようなものは、DNAの反復配列を認識し、排除することを習得しています。また、遺伝子産物の過剰発現の恐れもあります。細胞は非常に効率的なシステムであり、余分な遺伝物質のメンテナンスと発現はエネルギーがかかるため、細胞に代謝負担を加えたり、設計されたシステムのバランスを崩したりすることがあるのです。これらの落とし穴に対処する方法はいくつかあります。例えば、Golden Bread実験演習で行うような冗長性遺伝子のコドンの入れ替え、あるいは冗長性遺伝子の発現にいくつかの制御を加えることなどです。しかし、こうした費用と効果の分析は容易ではなく、生物システム中に信頼性をデザインする際に、どのような一般的なルールにしたがうべきなのかは、いまだ明らかではありません。

堅牢なシステムの構築

ここで私たちが議論する信頼性のデザインの最終的なアプローチは、厳密に必要以上に堅牢なシステムを構築することです。例として、橋を建築することを考えます。エンジニアは、60トンのトラックを支える物質で設計するでしょう。これはほとんどのアメリカの州でトラックの合法な最大重量が40トンであることが知られているからです。同様に、彼らはマグニチュード（リクター・スケール）10の地震に耐えられるように橋を設計するでしょう。これは、これまで記録された最大の地震が9.5であることが知られているからです。そのような堅牢なシステムを適切に設計するため、エンジニアは、そのデザインと資材がトラックや地震に対してどのように反応するのかを予測するモデリング手法を利用します。8章の「Picture This実験演習」では、モデリングについてより詳細に述べ、いかにモデルが異なるストレス下に置かれるシステムに関する最適なデータを提供できるかを検討しています。

過度に堅牢なシステムを設計することのデメリットは、それに関連するコストです。例えば、超頑強な橋を構築するための資材は、実際に想定される橋へのストレスに耐えることができる資材よりもはるかに高価になるでしょう。ほとんどの製品設計者は合理的に資材を選択していて、「アッシュビーチャート（Ashby Chart）」と呼ばれる材料選択ツールを使って利用可能な資材の強度とそのコストを比較しています。彼らはまた、過度に堅牢なシステムを設計するのにかかる追加時間と、その時間分のコストを計算に入れます。高級な資材は、十分なシステムを構築するための標準的資材よりも、建築、仕入れ、そして維持がより複雑になるでしょう。ヘンリー・ペトロスキーのもうひとつの素晴らしい本に『フォークの歯はなぜ四本になったか 実用品の進化論』[61]

があります。この本の章、「ちょっと変えて大儲け」の大半で、外見上はありふれた工学プロジェクトとして、ベッドのフレームに付ける薄板［当該書中ではロープ］の設計について述べています。ペトロスキーは、なぜ薄板がフレームに対して直角に取り付けられていて、対角線ではないのかという疑問を明らかにしています（図10-4）。この一見直球な質問は、アリストテレスの時代にまで遡って問われていて、ホメーロスの叙事詩『オデュッセイア』で主人公のオデュッセウスがオリーブの木に固定し、革紐を結んでブライダルベッドを作る際にも検討されたことでした。驚くべきことに、対角線に薄板を取り付けて作られたベッドの経済効率とメンテナンス性は、記録されている歴史のほとんどの場面で受け入れられなかったのです！

［図10-4］堅牢さとコストの比較。平行な薄板のベッド（左）は、対角線の薄板のベッド（右）よりも強度で劣る。しかし、前者は後者よりもお金がかからない。この場合にエンジニアは、よりお金のかからない設計を何年にもわたって繰り返し選んできた。

これらの資材の選択は、生物システムのデザインにまで拡張した時にどのように見えるのでしょうか？　おそらく「強度」は、システムにおける異なったタンパク質の発現レベルやシャーシ自体の想定される増殖、あるいはパーツやデバイスに使われるタンパク質の物理的特性のことを指しているのでしょう。強度を高める必要がある生物システムに関連した側面は、特定のデザインとその意図される用途によって決まります。

2章「バイオデザインの基礎」で扱ったヒ素センサーのようなシステム、あるいはそれに関連した他の環境センサーについて考えてみましょう。橋に対して超高強度の鋼鉄を使うのと同じことを生物学で考えると、タンパク質センサーデバイスのコピーをたくさん生み出すシステムをデザインするとか、必要以上に感度の高いセンサーを使うとかいったことになるでしょう。これらの改変を加えれば、トリガーとなる化合物が微量でもセンサーに検出され、そして意図した細胞反応を開始するので安心することができます。また、センサーは時間とともに遺伝子に有害な変異が蓄積していったとしても、機能し続けることができます。なぜなら、すでに仕様を超えて機能するよ

61―― 邦訳『フォークの歯はなぜ四本になったか 実用品の進化論』ヘンリー・ペトロスキー著／忠平美幸訳／平凡社ライブラリー

うにデザインされているからです。この場合のトレードオフは、誤報してしまう可能性です。高親和性のヒ素センサーは、毒性の低いよく似た化合物を認識してしまったり、あるいはまったくリガンド[62]がないのにオンになったりしてしまうかもしれません。センサータンパク質を多く発現するコードのシステムはまた、代謝的に「高価」になるでしょう。なぜなら、その高い生産レベルを維持するために多くの細胞エネルギーを必要とするからです。細胞の資源の多くは、細胞の健康を保つための基礎代謝や修復系に費やされず、デザインされたシステムだけに消費されるでしょう。細胞の資源を使用して信頼性をデザインすることは、細胞の健康に悪影響をおよぼす結果になる可能性があります。それにより、デザインされたシステムの機能を妨害するかもしれません。実際、代謝ストレスは細胞の成長を遅らせ、デザインされたシステムのパフォーマンスを落としてしまう可能性があります。センサーのコピーを追加で細胞に導入する時にエンジニアがやろうとしていたこととは正反対になってしまいます。

加えて、デザインされた細胞が進化的に不利な状況にある場合、前述のように、それらはより速く増殖する新しい突然変異体に置き換えられるでしょう。デザインされた細胞とその突然変異体の成長速度に応じて、進化のバトルはほんの2〜3世代のうちに決着してしまいます。驚くまでもなく、合成生物学者はパーツが変異を受けにくくなるという点で、それを「より強く」するために遺伝子設計の原理を開発しているところです。例えば、同一のDNA配列はしばしば組換えを通して削除される[63]ので、遺伝子要素の反復配列は一般的に避けられています。合成生物学者は、遺伝子コードの縮重[64]を使って冗長性のあるDNAパーツの配列を変えることができます。例えば、アミノ酸のロイシンをTTGかCTAのどちらかでコード化することができます。この技によって、組換えられにくい2つの独立したDNA配列が同じタンパク質をコード化できるようになります。そして、2つの遺伝子でひとつの機能をコード化することによって、システムはより信頼性高く振る舞うようになるでしょう。あなたは、この概念をGolden Bread実験演習で直接テストします。

合成生物学者はまた、使うシャーシを強化するツールをいくつか持っていて、それによってシャーシは意図しない変化の影響を受けにくくなります（図10-5）。改良されたDNA修復機構を持った株があります。他の株には、変異誘発プロセスを減らすように改変されたり、タンパク質の適切な折りたたみを助ける機構を増やすように改変されているものもあります。これによって、わずかに変異を受けたタンパク質でも適切に機能できるかもしれません。最後に、いくつかのシャーシは「キルスイッチ」や自己

62——リガンドとは、特定の受容体に特異的に結合する物質のこと。
63——この現象は相同組換えと呼ばれる。細胞が減数分裂やDNAの修復をする際、2本の染色体上にあるDNA配列がよく似た部位がどちらか一方に書き換わったり、互いに入れ替わったりする組換えのこと。
64——ひとつのアミノ酸に対して複数のコドン（3つの塩基配列の組み合わせ）が対応すること。例えば、アミノ酸のアラニンは、GCU、GCC、GCA、GCGのコドンによって指定される。

破壊するような手段を持つようにデザインされています。これにより、変異によって意図した振る舞いをしなくなった細胞を個体群から取り除くことができます。しかし、これまであげてきたものが確実に成功するとはかぎりません。その結果として、合成生物学の活発な研究分野のひとつに、より安全でより信頼性の高いシャーシの設計があります。

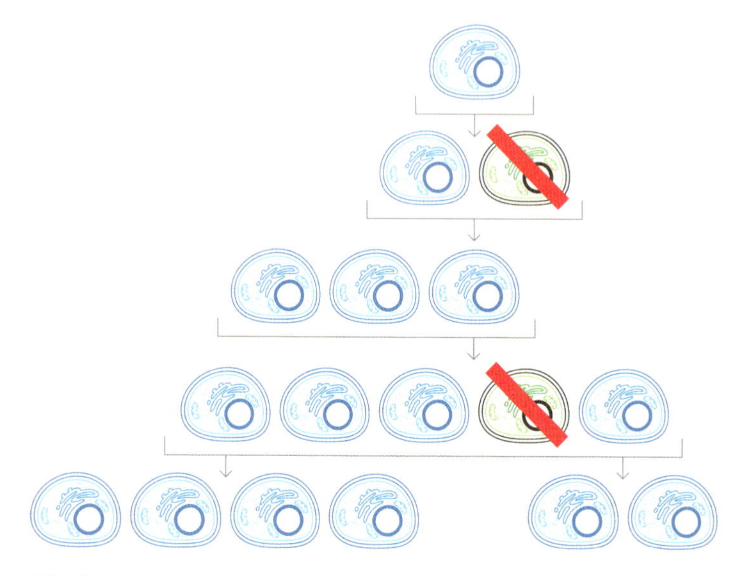

[図10-5] 自己修正システム。設計された細胞(一番上の青色のもの)の分裂は、正確なコピー(2列目の青色のもの)、あるいは遺伝的多様体(2段目の緑色のもの)を生み出す。その遺伝的多様体は、望んだ機能を実行しない可能性がある。これらの望まない多様体が個体群で生き残らないようにするため、エンジニアはシステムが確実に機能することを保証するために、図中の赤線で示している通り、これら多様体を殺す要素を設計することができる。

iGEMプロジェクト「VitaYeast(ビタ・イースト)」[65]の背景

モチベーション

十分量のビタミンAを得る唯一の方法は、健康的な食生活、あるいはビタミンサプリメントです。世界中で2億人超の未就学児童が、どちらの方法でもビタミンAを得ることができておらず、彼らのビタミンA欠乏は、彼らの視覚や健康全般に重要な影

65——プロジェクトの詳細については、ウェブサイトを参照(http://2011.igem.org/Team:Johns_Hopkins)。

響を与える原因になりえます。ビタミンAは体内でβ-カロテンから作られるものであるのですが、レチナールという視覚に必要な化学物質の前駆体です。ビタミンAはまた、レチノイン酸の前駆体でもあり、レチノイン酸は健康な免疫系と発育に極めて重要です。ビタミンAは、サツマイモ、ニンジン、ブロッコリー、そして、緑色野菜に多く含まれていますが、これら食物が育たない場所、あるいは定期的に消費されていない場所では、ビタミンA欠乏症（Vitamin A deficiency：VAD）が重大な健康問題となっています。

世界保健機関（WHO）は、ビタミンAサプリメントによって、5歳以下の子供の死亡率を24～34％程度減らすことができるのではないかと推定しています。しかし、地方へのサプリメントの配布は難しく、コストもかかります。そのため、この健康問題への持続可能な解決策とはなりません。結果として一部研究者は、ビタミンAを強化した主食の開発を目指すようになりました。2000年にはヨーロッパの研究チームが、そのような食物として「ゴールデン・ライス（Golden Rice）」（β-カロテンを発現するように遺伝子操作されたもの）を開発したと発表しました。そのコメのイネは、3つの酵素を発現するように改変されており、それらの酵素はゲラニルゲラニル二リン酸と呼ばれるイネの中の天然化合物からβ-カロテンを作ります。β-カロテン自体はまた、体内でビタミンAに変換されるため（図10-6）、「プロビタミンA」として知られていますが、このβ-カロテンがあることでコメ粒は黄金色に見え、「ゴールデン・ライス」と名前が付きました（図10-7）。

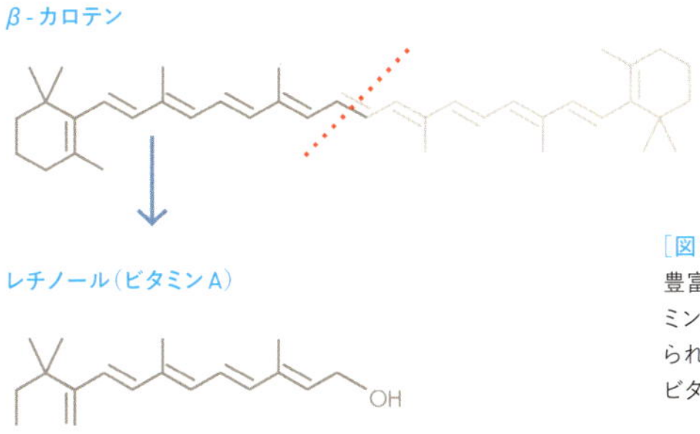

β-カロテン

レチノール（ビタミンA）

OH

［図10-6］ビタミンAの合成。人は、β-カロテンが豊富に含まれている食物を食べることによってビタミンAを得る。ビタミンAは、レチノールとしても知られている。β-カロテンは、消化される際に2つのビタミンA分子へと開裂される。

研究者は、コメがその地方で主食となっている場所、ビタミンA欠乏症が健康問題になっている場所に、強化されたコメを配布することを望みました。しかし、彼らは、強力な反対に出くわしました。環境団体や個人が、生物工学によって作られた食品はその地域の人の健康や生態系、そして経済に悪影響を与える可能性があるのではないかという憂慮を表明したのです。ゴールデン・ライスに反対する人たちによって配布が制限され、この強化されたコメがビタミンA欠乏症で亡くなる人を減らせるかどう

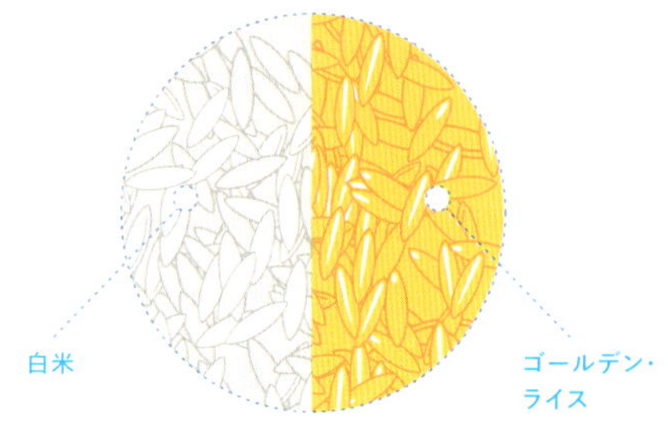

[図10-7] ゴールデン・ライス。β-カロテンを生成するように強化された白米。β-カロテンは、体内に摂取されるとビタミンAに変換される。

かという問題は残ったままです。このような懸念の多くの根底にある信念と考えは、授業での活気に満ちたディスカッションのきっかけとなるでしょう。そして、4章「生命倫理の基礎」がそのようなディスカッションを導くアプローチを示しています。

2011年のジョンズ・ホプキンス大学の国際合成生物学大会（iGEM）チームは、ビタミンA欠乏症に対するゴールデン・ライスの行き詰まりに、別の解決策を探し求めました。チームは、主要な食料源にβ-カロテンを加えて天然でない色に変えてしまうのでなく、遺伝子操作されたパン酵母で研究してみることを決めました。つまり、一般的な「*Saccharomyces cerevisiae*」（サッカロマイセス・セレビシエ、出芽酵母）の株を遺伝子操作したことで、通常の全遺伝子情報に加えて、3つのβ-カロテン生合成遺伝子を発現させたという2007年に発表された研究を拡張したのです（図10-8）。iGEMチームのアイデアは、この酵母を標準的なパン酵母と置き換えることでした。そうすることでユーザーが栄養強化されたパンを焼くことができるのです。このパンを焼くのに特別な説明書はいりません。ユーザーは、一般的なパンのレシピに遺伝子操作された「VitaYeast」をちょっと加えるだけです（図10-9）。iGEMチームは、この解決策によってゴールデン・ライスで生じた懸念がいくらか軽減されると期待しました。遺伝子操作された酵母は、ビタミンを強化されたパンの少量成分になるはずです。加えて、酵母はパンが焼かれる際に死滅させられるし、できたパンはいかにも合成されたものでも美味しくなさそうなものでもなく、むしろ自然な色をしているはずです。

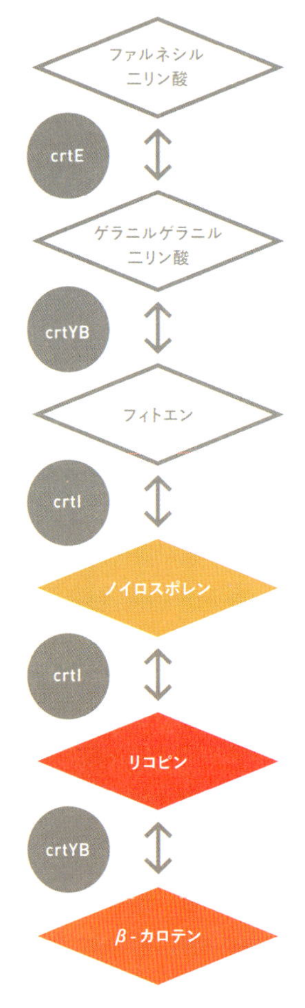

[図10-8] β-カロテンの生合成経路。遺伝子操作されたVitaYeastで使われる代謝経路は、3つの酵素からなっており（グレーの円）、これらの酵素がファルネシルニリン酸（一番上のひし形）をβ-カロテン（一番下のひし形）へと変換する。経路中の最初の3つの化合物は色がなく、最後の3つは順に黄色、赤色、オレンジ色である。ここでcrtEとして示されている酵素の機能は、BTS1と呼ばれる遺伝子によってコードされ、パン酵母に自然に存在するものである。他の2つの酵素crtYBとcrtIは、赤い菌類のX. dendrorhous由来の遺伝子から導入されたものである。

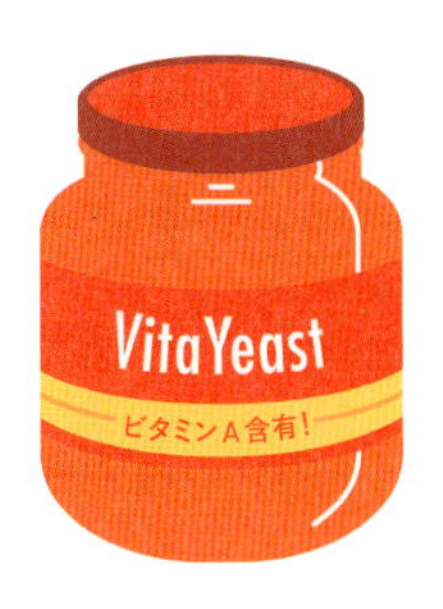

[図10-9] 強化された酵母。いつか世界中のビタミンA欠乏に対処するために、パン酵母のかわりに市販の「VitaYeast」が利用されるかもしれない。

パーツレベルとデバイスレベルのデザイン

iGEMチームの「VitaYeast」プロジェクトは、ゴールデン・ライスのプロジェクトに触発されていて、多くの類似があるのですが、コメと酵母は生物学的に決定的な違いがあります。そのため（理由が他にもあるかもしれませんが）、VitaYeastの遺伝子回路は菌類を源としており、一方ゴールデン・ライスの遺伝子回路は植物由来のものです。最初にVitaYeast株を開発した研究者たちは、赤色の酵母のXanthophyllomyces dendrorhous由来の生合成経路を導入しました。この酵母は、自然にカロテノイド化合物を産出し、β-カロテンを生み出すのに利用できる酵素を持っています。対照的に、ゴールデン・ライスの開発者たちは、イネに天然に存在するゲラニルゲラニル二リン酸をβ-カロテンに変換するための植物の遺伝子を3つ導入しました。

コメのように、パン酵母の「*S. cerevisiae*」は、β-カロテン合成の出発化合物であるファルネシル二リン酸を自然に作ることができます。しかし、これらの酵母は、BTS1遺伝子によってコードされている酵素も発現してしまい、ファルネシル二リン酸をゲラニルゲラニル二リン酸に変換してしまいます。ゲラニルゲラニル二リン酸をβ-カロテンに変換するにはcrtYBとcrtIの2つの酵素の作用が必要です。これらは、赤色の酵母からパン酵母に導入されました。これらの酵素それぞれが2つの役割を持っています。crtYB酵素は、合成の最初でゲラニルゲラニル二リン酸をフィトエンに変換する役割を担います。それから、合成の最終段階で、リコピン（リコペンとも呼ばれる）をβ-カロテンに変換する役割で再び活躍します。crtYBが触媒するステップの間に、2つの反応があるのですが、これらの反応にはcrtI酵素の活性が必要で、まずフィトエンをノイロスポレンに変換し、それからリコピンに変換します。

自然は、この経路によって生成された色素を検出する簡単な方法を提供しています。β-カロテンを生成する酵母は明るいオレンジ色になります（図10-10）。あるいはリコピンのみを生成する酵母は赤色になります。それは自然に高濃度のリコピンを有するトマトのような色です。最後に、ノイロスポレンはこの経路では黄色の中間色です。しかし、カラーコーディングはそこまでです。経路中の初期の化合物は7個未満の共役二重結合を有するため無色なのです[66]。それにもかかわらず、この経路における色の付いた3つの産物のおかげで、どの酵素が作用し、どの株が所望の化合物を作るのかを容易に判定することができます。

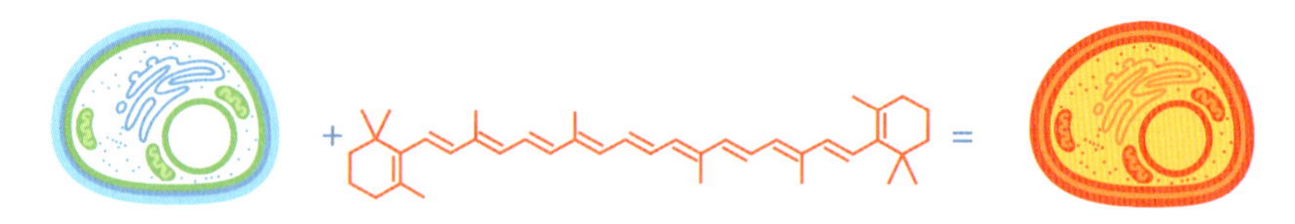

［図10-10］VitaYeastのデザイン。β-カロテン（中）を合成する酵素経路を付加することによって、パン酵母（左）を遺伝子操作する。その結果、パン作りに使えるオレンジ色の新しいβ-カロテン合成酵母ができる。

VitaYeast株を構築した研究者たちは、オレンジ色を見た時にはおそらく興奮したでしょう。しかし、彼らが遺伝子操作した細胞をよく見てみると、すべてのコロニーが期待どおりに振舞っているわけではないことをすぐに認識したに違いありません。それらはすべて遺伝的に同じ親から来ているという事実があり、それら自体が遺伝子的に同一でなければいけないにもかかわらず、いくつかはオレンジ色で、その他は赤色、黄色、白色でした。考えられる仮説のひとつは、これらの異なる色の酵母が、生合成経路の中間段階で「止まって」しまったということです。この仮説が実際に多色の酵母の原因かどうかを理解することや、その問題を解決することが、BioBuilderのGolden Bread実験演習の中心にあります。

最初の「VitaYeast」株の設計と構築をした研究者たちは、β-カロテン産生の信頼性を向上させるために2つのアプローチを取りました。まず、より安定したシステムを構築しようとしました。特に彼らは、赤色の酵母由来の遺伝子を発現していた使いやすいプラスミドの使用をやめました。プラスミドで実験するかわりに、彼らが作っていたパン酵母の染色体にcrtYB[67]およびcrtI[68]遺伝子を移しました。これらの統合された遺伝子のコピーは失われる可能性が低いので、株はより確実にオレンジ色になるはずです。このアプローチの欠点は、染色体に入っている遺伝子を扱うことが難しいことで、その形態の遺伝物質が実験室で容易に操作できないためです。しかし、この場合研究者たちは、システムの信頼性を向上させるためには、その扱いに苦労する価値があると感じていました。

66——炭素原子の鎖が単結合と二重結合で交互につながっている時（共役二重結合）、その長さに応じて吸収する光の波長と反射する光（目に見える色）が異り、短すぎると無色である。
67——http://parts.igem.org/Part:BBa_K530000
68——http://parts.igem.org/Part:BBa_K530002

次に彼らは冗長性を使い、経路の最初の段階を触媒する酵素の遺伝子の2つ目のコピーを追加して、β-カロテンの産生を改善しようと試みました。当初、彼らはファルネシル二リン酸をゲラニルゲラニル二リン酸に変換するために、パン酵母の天然酵素であるBTS1に依存していました。しかし、そのシステムを最適化する工程において、経路の最初の段階にいくらかの冗長性を導入することによって産生に弾みをつけ、β-カロテン産生を増やすことができることに気づきました。彼らは、ファルネシル二リン酸をゲラニルゲラニル二リン酸に変換するのを助けるため、赤色の酵母からもうひとつの酵素crtEを導入しました。彼らの最終的なシステムは、信頼性のために冗長性にある程度頼ったのでした。これには2つの遺伝子crtE[69]とBTS1が含まれており、それらは完全に異なるDNA配列およびタンパク質配列であるにもかかわらず、両方ともβ-カロテン生合成のための最初の生化学反応を行う酵素を作るものです。

最後に、研究者たちはもうひとつの改変を加えて、システムを改善しました。彼らは、crtI遺伝子の2つ目のコピーを含めることによって、β-カロテン産生を増加させることができると決定付けました。この場合に研究者たちは、追加のcrtI遺伝子によって増加した信頼性は、例えば最初のコピーが機能しなくなった場合に備えて利用できる追加のコピーを持つといった、前のセクションで論じた冗長性の利点によるものというより、酵素の発現レベルの増加によるものであると考えました。

研究者たちによるこのVitaYeast株の賢明な遺伝子操作のおかげで、2011年にジョンズ・ホプキンス大学のiGEMチームが扱うことができたものと同じ、明るいオレンジ色に見える酵母株が実現できました。しかし、チームが大いに落胆したのは、信頼性のために遺伝子操作された株が依然として100%オレンジ色になるというわけではなかったということです。この酵母菌株の単一のコロニーを新しいプレート（固形培地）に植え付けると、オレンジ色のコロニーだけでなく、赤色、黄色、白色のコロニーも得られます。BioBuilderのGolden Bread実験演習では、この不安定性を探究し、株の性能を改善する方法を実験します。

69——http://parts.igem.org/Part:BBa_K530001

さらに詳しく学びたい人のために

- Ashby, M.F. (1999) Materials Selection in Mechanical Design [ISBN: 0750643579].
- Petroski, H. (1985) To Engineer Is Human: The Role of Failure in Successful Design [ISBN: 0679734163].
  [邦訳『人はだれでもエンジニア―失敗はいかにして成功のもとになるか』ヘンリー・ペトロスキー著／北村美都穂訳／鹿島出版会／1988年]
- Petroski, H. (1994) The Evolution of Useful Things: How Everyday Artifacts?From Forks and Pins to Paper Clips and Zippers—Came to be as They are. [ISBN:0679740392].
  [邦訳『フォークの歯はなぜ四本になったか 実用品の進化論』ヘンリー・ペトロスキー著／忠平美幸訳／平凡社ライブラリー／2010年]
- Verwaal, R. et al. High-level production of beta-carotene in Saccharomyces cerevisiae by successive transformation with carotenogenic genes from Xanthophyllomyces dendrorhous Appl Environ Microbiol. 2007;73(13):4342-50.
- ウェブサイト：Golden Rice（http://www.goldenrice.org）
- ウェブサイト：World Health Organization, micronutrient deficiencies（http://www.who.int/nutrition/topics/vad/en/）

システム

X. dendrorhous 由来の遺伝子を *S. cerevisiae* に導入して、β-カロテンを産生するコロニーを得ることができる

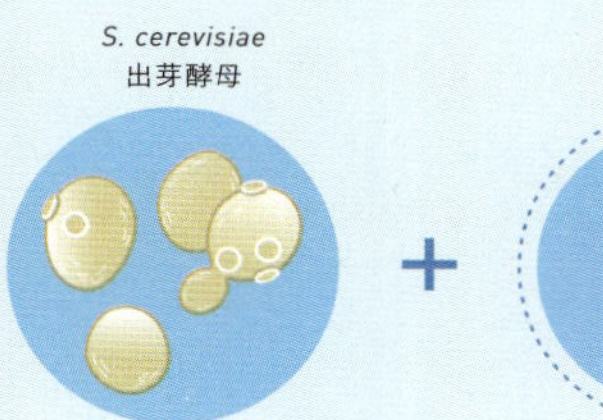

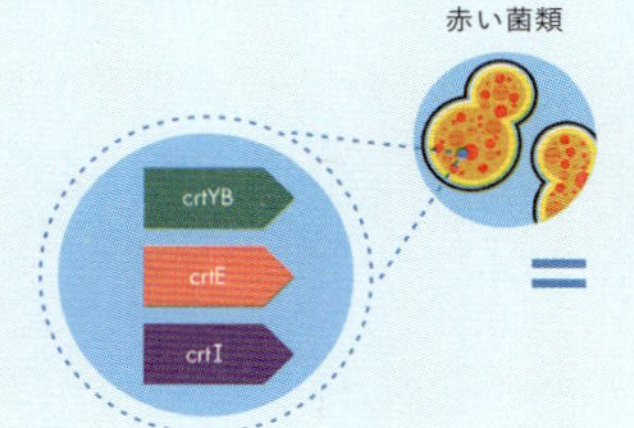

新しい仮説

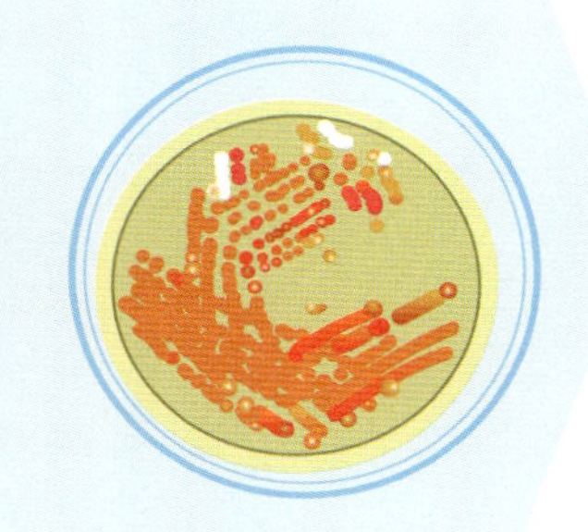
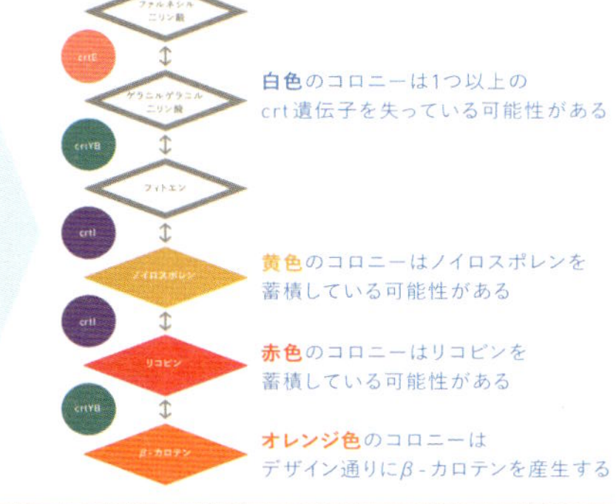

白色のコロニーは1つ以上のcrt遺伝子を失っている可能性がある

黄色のコロニーはノイロスポレンを蓄積している可能性がある

赤色のコロニーはリコピンを蓄積している可能性がある

オレンジ色のコロニーはデザイン通りにβ-カロテンを産生する

ビッグピクチャー

β-カロテンを生産する酵母でパンを作ることで、ビタミンAを含む「生物学的に栄養強化された」パンができる

β-カロテン(左)は体内でビタミンAとその誘導体(下)に変換され、視覚、発達、健康な免疫系の維持に関与している

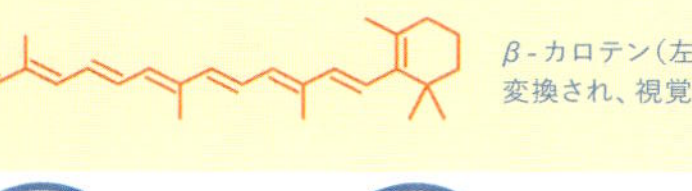

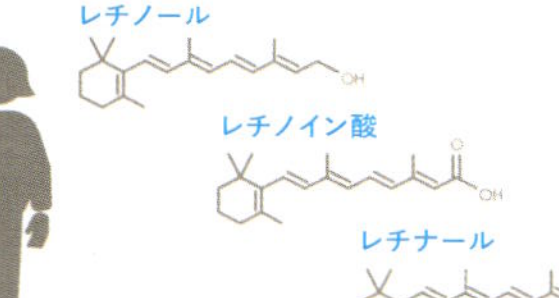

冗長性でデザインする

VitaYeastの遺伝子　VitaYeastの酵素

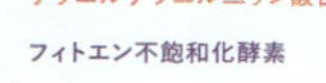

二元機能酵素：フィトエン合成酵素／リコピンβ環化酵素

ゲラニルゲラニルニリン酸合成酵素

フィトエン不飽和化酵素

VitaYeast株は、crtYBを除き、経路中のすべての酵素に対して2つのコピーを有する。この遺伝子の「余分な」コピーを加えることは、株の堅牢性を向上させるのか？すなわちオレンジ色以外のコロニーをなくせるのか。

Golden Bread 実験演習[70]

この実験演習では、大腸菌とは増殖速度および遺伝子操作方法が異なる実験用真核生物の出芽酵母「*S. cerevisiae*」を紹介します。この実験は、信頼性をデザインすることを目標に、コロニーPCR[71]を用いて可能性のある遺伝子源を評価することにより、株の不安定性を特性化することを試みます。設計された経路中の遺伝子のひとつの合成バージョンを含むプラスミドで酵母を形質転換することにより、冗長性の工学的概念が強調されます。このGolden Bread実験演習の手順を使用して、微生物の固体培養やDNA電気泳動[72]などのバイオテクノロジーのスキルを教えることができます。

デザインの選択

ひとつの遺伝子プログラムを使用して構築された単一の酵母菌株がさまざまな色の酵母を産生するという事実は、VitaYeast株が、生物工学者が望むほど確実にβ-カロテンを産生していないことを示唆しています。その信頼性の低さの原因を調べるために、異なるコロニー色が遺伝的不安定性、つまり細胞が分裂する際にβ-カロテン代謝経路のひとつ以上の遺伝子に変化が生じていると仮定することから始めます。**信頼性の低さの程度を定量化し、遺伝的変化がどこで起こったかを評価するための実験を行います。**

これらの実験演習では、β-カロテン産生の経路の中で遺伝的冗長性が設計されていない唯一の部分であるcrtYB遺伝子に特に注目します。しかし、β-カロテン経路に主に関与していない遺伝子の作用、または成長培地の違いといった完全に非遺伝的な原因など、信頼性の低さに他の原因がある可能性を認識することは重要です。信頼性の低さの他の潜在的な原因については今回は探究しませんが、これらは優れたフォローアップ実験になります。

70——遺伝子組換え生物を扱うため、カルタヘナ法(遺伝子組換え生物等規制法)を守り、拡散防止措置を執ること(http://www.lifescience.mext.go.jp/bioethics/anzen.html#kumikae)。また、実験で使用される試薬の調製と保存に関して詳しくは付録を参照のこと。
71——菌株が形質転換されていることを確認するため、そのDNAを抽出し、導入したプラスミドに含まれている特定のDNA配列を増幅する方法。この実験では、異なる色のコロニーにcrtYB遺伝子が含まれているかどうかを検証するため、PCRで各コロニーのcrtYBを増幅し、違いを比較する。PCRについては、P.10のコラム「分子生物学」を参照。
72——増幅したDNAをアガロースゲルに注入し、電圧をかけることで異なる長さのDNA断片を分離する方法。また、このプロセスでDNAは蛍光染色されるので、紫外線を照らすことで視覚化することができる。

実験の疑問

VitaYeast株の遺伝的不安定性を探究し、改善しようとする試みは、実証済みの工学戦略である冗長性を用いて行います。特定の遺伝子crtYBに焦点を当てることにより、実験の疑問を直接的かつ検証可能なものになるよう効率的に絞り込んでいます。合成したcrtYB遺伝子であるcrtYB'のVitaYeast株への導入は、オレンジ色以外（赤色、黄色、白色）のコロニーの成長を減らすか、あるいは完全に除去するでしょうか？

この問いに対処するには、以下の2つの値を比較する必要があります。

- crtYB'を添加する前のオレンジ色のコロニーに対する赤色・黄色・白色のコロニーの数。あるいは、オレンジ色ではないコロニーの割合
- crtYB'を添加した後のオレンジ色ではないコロニーの割合

この割合が減少すれば、実際には、冗長性がシステムの遺伝的不安定性を減少させたと結論付けることができます。割合が同じままであれば、別の遺伝子や遺伝子群を追加したり、まったく別のアプローチを取ったりしてみるべきでしょう。そして、もしその割合が増加したら、私たちが合成遺伝子を導入するために使用した手順が予期せぬ副作用を伴っていたかどうかを疑うかもしれません。

実験で起こりうる結果をじっくり考えることによって、必要なコントロール[73]をより適切にデザインすることができます。crtYBの新しいコピーを含んだプラスミドを導入する形質転換の手順については、ネガティブコントロールとポジティブコントロールの両方を用いることを考えられます。形質転換のネガティブコントロールは、選択培地上で成長することを想定していないサンプルです。この場合の選択培地は、必須アミノ酸（今回はトリプトファン）が欠如しています。ネガティブコントロールのサンプルはその必須アミノ酸を作る遺伝子（マーカー遺伝子。選択マーカーともいう）[74]があるプラスミドを含まないからです。このサンプルを調製するためには、プラスミドDNAを導入しないことを除いて、実験サンプルとすべて同じステップを行う必要があります。もし私たちの想定に反してネガティブコントロールが成長した場合、その手順あるいは選択培地に関する何かしらが、プラスミドDNAのない細胞から形質転換された細胞を効果的に分離していないということがわかります。

73——コントロールについては、6章「Eau That Smell 実験演習」P.111の実験の疑問を参照。
74——BioBrickパーツにおける選択マーカーのリスト http://parts.igem.org/Protein_coding_sequences/Selection_markers

ポジティブコントロールは、形質転換の手順によって起こる予期せぬ副作用に関する問題に対処するのに役立ちます。ポジティブコントロールは選択培地上で成長することが想定されますが、crtYBの余分なコピーを含まないものです（さもないと実験サンプルと同じになります）。したがって、ポジティブコントロールについては、選択マーカーを含むがcrtYBのコピーを含まない「空」のプラスミドで酵母を形質転換します。さて、「思考」実験に戻りましょう。もし、遺伝的不安定性が形質転換後に増加するとしたらどうでしょうか？　ポジティブコントロールと比較することにより、crtYB'または形質転換のみがこの予期しない結果を引き起こしたかどうか判定することができます。実際、形質転換は酵母のDNAに意図しない変化を引き起こす可能性がある厳しい手順であるため、遺伝的不安定性の原因の可能性としてこれを除外することが重要です。

私たちの実験サンプルは、VitaYeastと、選択マーカーとcrtYB遺伝子の両方を持つプラスミドを含んでいます。オレンジ色ではないコロニーの割合を、形質転換後のポジティブコントロールの選択培地のものと比較します。これは最も直接的な、同一条件での比較を提供し、色の変化を他の交絡因子ではなく、crtYB'遺伝子そのものの影響であると考えることが可能となります。

始めるにあたって

[注意事項：実験で使用したすべての生物材料は実験後に滅菌する必要がある。また、実験中に生物に接したもの（ループ、ピペットチップなど）も滅菌しなければならないので、それを捨てるための10%漂白剤の入った滅菌用ビーカーを事前に用意すること。あるいはオートクレーブを使用する場合は、オートクレーブバッグを用意すること]

操作されたβ-カロテン経路がすでに含まれている酵母の菌株を受け取ります。まず、そのオレンジ色の酵母を再度ストリークし［寒天培地の表面上でジグザグに縞を描き］、オレンジ色・赤色・黄色・白色のコロニーの数を数えることで、β-カロテン産生の信頼性を測定する簡単な実験から始めます。

それから、ひとつ以上のオレンジ色ではないコロニーで作業を開始します。crtYB遺伝子がまだ存在しているかどうかを調べるために、PCR実験を行います。システム内でcrtYBは冗長性のあるコピーを持たない唯一の遺伝子であることを思い出しましょう。crtYBを増幅するためのプライマー[75]は提供しますが、この遺伝子または経路内の他の遺伝子のために自分でプライマーを設計することもできます。

75——プライマーについては、P.10のコラム「分子生物学」を参照。

また、crtYB′と呼んでいるcrtYB遺伝子の冗長性のある合成コピーを含むプラスミドも提供します。この遺伝子は、元のcrtYB遺伝子と同じタンパク質産物を産生しますが、コドンが入れ替えられたDNA配列でコードされています。この遺伝子の再コーディングは、遺伝コードの縮重のおかげで起こり得ます。PCR実験の場合と同様に、この冗長性のあるコピーを自分で設計することもできるでしょう。このcrtYBの冗長性のあるコピーを赤色、オレンジ色、黄色、または白色の酵母に形質転換します。酵母の形質転換プロトコルは大腸菌を形質転換するためのプロトコルとはわずかに異なりますが、基本は同じです。形質転換反応をプレートにまいて菌株を2日間培養させた後、異なる色のコロニーの数を数え、この冗長性を導入したことでシステムがより確実に機能したかどうかを評価します。

この実験のための酵母株は、その染色体DNAに組み込まれたβ-カロテン産生遺伝子回路を含みます。酵母は、「高層培地」（スタブ）、または傾斜した培地上に少量の酵母を含む試験管である「斜面培地」（スラント）の状態で届きます。

1. 滅菌した爪楊枝または接種ループ（白金耳）を用いて、プレートに酵母をストリークする［寒天培地の表面上にジグザグに縞を描く］。爪楊枝またはループでスタブから細胞を少量集めて、YPD寒天培地[76]に細胞を移す。
2. プレートの培地側を上にして30°Cのインキュベーター内に36〜48時間置く。プレートは室温で培養することもできるが、その場合、細胞はよりゆっくりと成長する。

実験演習のプロトコル

これは実験演習のプロトコルの短縮版で、形質転換についてのみ書かれています。コロニーPCRおよび冗長性のある合成遺伝子の設計に関する説明は、BioBuilderのウェブサイト[77]で入手できます。

これらの説明は、コンピテントセルを作製するために酵母用の形質転換キットを使用しています。このキットの内容は独自のものですが、ケミカルコンピテントセル[78]をグーグル検索した時に見つけるものと同じでしょう。

76——酵母エキス、ペプトン、グルコースを含んだ酵母用の寒天培地。その調整方法は付録を参照のこと。
77——https://biobuilder.org/lab/golden-bread/?a=student
78——コンピテントセルは、形質転換のために外来DNAを細胞内に導入できる状態の細胞のこと。大きく分けて、ケミカルコンピテントセルとエレクトロコンピテントセルがある。ケミカルコンピテントセルは、塩化カルシウム等による処理がされているものであり、エレクトロコンピテントセルに比べて導入効率が低いものの、操作が簡単で安価というメリットがある。

VitaYeastを形質転換する

1. 実行したい各種の形質転換（ポジティブコントロール、ネガティブコントロール、実験サンプル）に使うマイクロチューブにラベリングする。次に各チューブに水を500μl加え、ビタミンAを産生する酵母がたくさんついた爪楊枝を入れてかき回す。
2. マイクロ遠心機で30秒間チューブを遠心して酵母を回収する。
3. 各ペレット（沈殿物）の上清をピペットやアスピレーターで取り除き、10%漂白剤を入れた廃液用ビーカーに捨てる。上清を完璧に取り除く必要はない。
4. 細胞の各ペレットにキットの「洗浄液」または「溶液1」（おそらく、ただの滅菌水）を500μl加え、再懸濁して洗浄する。
5. マイクロ遠心機で30秒間、最高速度で遠心して細胞を回収する。
6. 3と同様に上清を除去する。
7. 各ペレットに50μlの「コンピテント溶液」または「溶液2」（おそらく、未知のメカニズムによって酵母を透過化する酢酸リチウムおよびDTT）を加えて再懸濁する。ケミカルコンピテント細菌とは異なり、ケミカルコンピテント酵母はこの状態では「脆弱」なわけではなく、室温で生き残ることができる。
8. ネガティブコントロールのチューブに5μlの水を加える。内容物を混ぜるためにチューブを指先ではじく。このチューブにはプラスミドDNAは含まれていない。
9. 5μlのpRS414プラスミドDNA（50ng）をポジティブコントロールのチューブに加える。内容物を混ぜるためにチューブを指先ではじく。このプラスミドは、酵母の複製起点およびTRP1遺伝子を有し、形質転換のためのポジティブコントロールとして役立つ。
10. 5μlのpRS414 + crtYB' プラスミドDNA（50ng）を実験サンプルのチューブに加える。内容物を混ぜるためにチューブを指先ではじく。
11. 各チューブに500μlの「形質転換溶液」または「溶液3」を細胞に加える。この物質は、おそらくはポリエチレングリコール（「PEG」とも呼ばれる不凍剤）で粘度が高くネバネバしており、酵母にプラスミドDNAを運ぶのを助けるために形質転換プロトコルに含まれている。P1000のマイクロピペットで溶液をピペッティング（数回吸引と排出を繰り返す）して酵母を混ぜ、軽くボルテックスミキサーにかけて均一な懸濁液を作る。

12. チューブをおよそ1時間30°Cのインキュベーター内で培養する。チューブと同じ数のSC-TRP（完全合成トリプトファン欠損）プレート[79]も入れ、培地表面の水分を蒸発させるために蓋は少し開けておく。この間、チューブを定期的に指先ではじいて内容物を混ぜることで、細胞が底に沈むのを防ぐ。
13. 最低でも1時間たった後、内容物を混合するためにチューブを軽く指先ではじき、ラベリングされたSC-TRPプレートの対応するものに各混合物250 μlを滅菌済みのスプレッダーで広げる。
14. プレートの培地側を上にして、室温または30°Cのインキュベーター内で2日間培養する。
15. データを収集する際は、各プレートのコロニーの数と色を測定する。

79——完全合成トリプトファン欠損寒天プレートの調製方法に関しては付録を参照。

クイックガイド：Golden Bread

事前準備

単一コロニーを得るため酵母をもう一度まく**。

実験演習当日

1. マイクロチューブ3つに、「−」（ネガティブコントロール）、「+」（ポジティブコントロール）、「Exp」（実験サンプル）と書く。
2. 各チューブに滅菌水500μlを加える。
3. 滅菌済みの爪楊枝、ピペットチップ、あるいは接種ループを使い、プレートから大きな酵母のコロニーを採取する。
4. 3で取った各コロニーを2の各チューブに入れて混ぜる。この際、ひとつのコロニーだけを使用せず、毎回新しいコロニーを使うこと。
5. 使用済みの爪楊枝を10%漂白剤の入った廃液用ビーカーに捨てる。
6. 遠心機で30秒間最高速度で遠心する（〜14,000rpm）。遠心機内のチューブのバランスを取ること。
7. ピペットで上清をできるだけ多く除去する。チューブ間で同じチップを使わないこと。除去した上清は廃液用ビーカーに捨てる。
8. 各チューブに洗浄液を500μl加え、ピペッティングにより細胞を懸濁する。チューブ間で同じチップを使わないこと。
9. 遠心機で30秒間最高速度で遠心する（〜14,000rpm）。遠心機内のチューブのバランスを取ること。
10. ピペットで上清をできるだけ多く除去する。チューブ間で同じチップを使わないこと。除去した上清は廃液用ビーカーに捨てる。

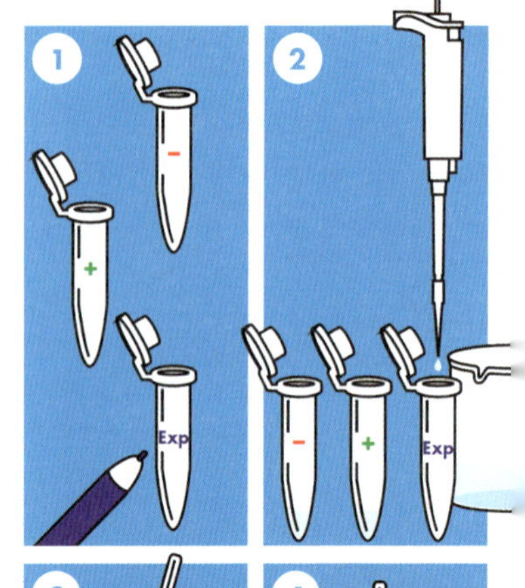

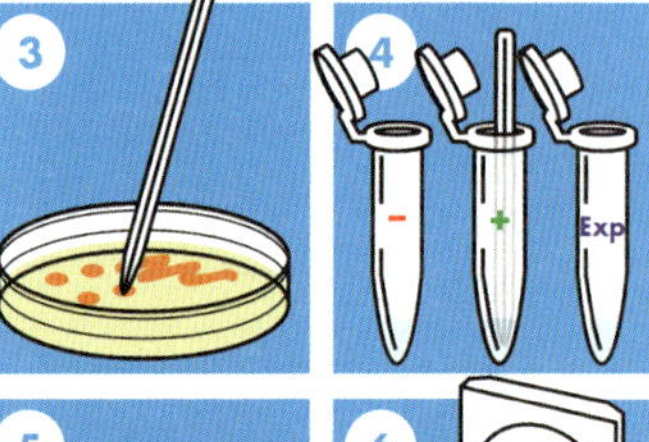

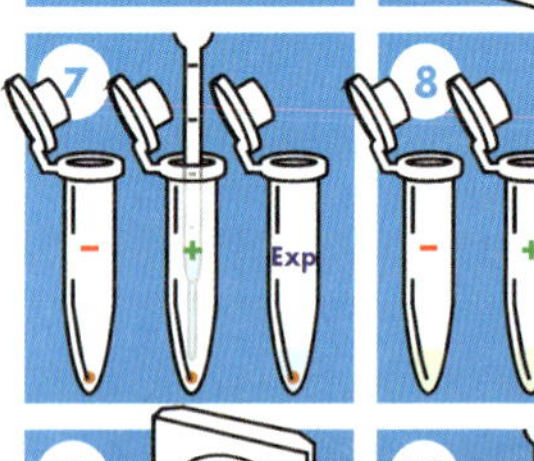

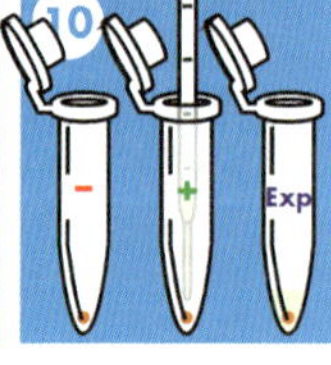

** ——手順の動画はサイトに掲載されています。https://biobuilder.org/lab/golden-bread/?a=student

11. 各チューブにコンピテント溶液を50μl加え、ピペッティングにより細胞を懸濁する。チューブ間で同じチップを使わないこと。
12. (-)と書かれたチューブに滅菌水を5μl加える。このサンプルをネガティブコントロールとして扱う。(+)と書かれたチューブにpRS414 プラスミドDNAを5μl加える。このサンプルをポジティブコントロールとして扱う。(Exp)と書かれたチューブにpRS414+crtYB' プラスミドDNAを5μl加える。各チューブを指先ではじいて混ぜる。
13. 各チューブに形質転換溶液を500μl加える。この溶液は粘性が高いため、ピペッティングで丁寧に混ぜる。チューブ間で同じチップを使わないこと。
14. 各チューブを30°Cで1時間培養する。この際、SC-trpプレート3枚も一緒にインキュベーターに入れて、少し蓋を開けて培地表面の水分を飛ばす。培養中、チューブを定期的に指先ではじいて混ぜる。
15. 各プレートの培地側に(-)、(+)、(Exp)と書く。
16. マイクロピペットで各チューブからサンプルを250μl採取し、適切な培地へまく。各サンプルを滅菌済みのスプレッダーで均一に伸ばす**。使用済みのスプレッダーと形質転換溶液のあまりを10%漂白剤に廃棄する。
17. 各プレートを培地側が上になるようにして30°Cで2日間培養する。

プレートを2日間培養した後、各プレートの各色のコロニーを数える。

18. 実験後、使用したすべての生物材料とそれに接したもの(ループ、ピペットチップなど)は、10%漂白剤に30分以上置く、あるいはオートクレーブで滅菌した後に捨てる。

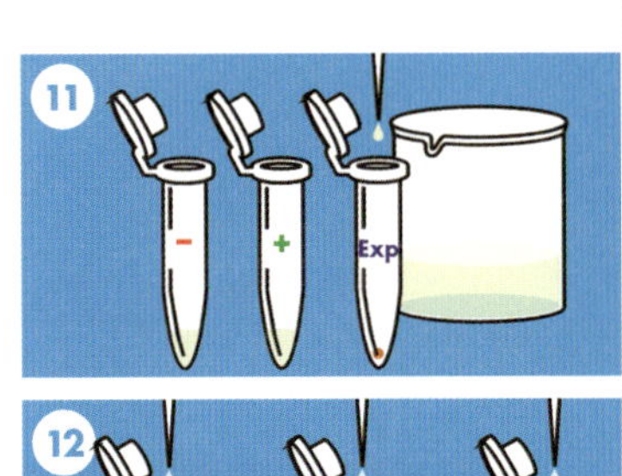

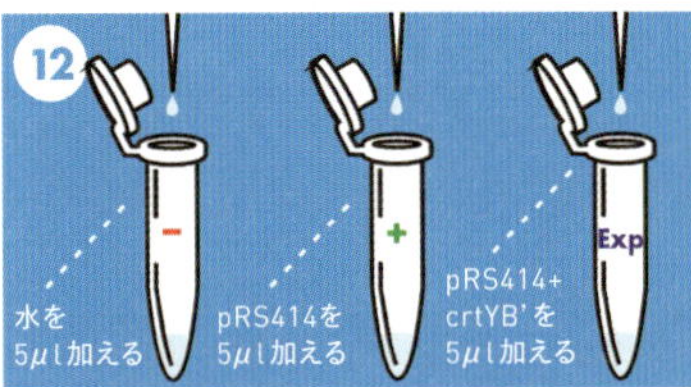

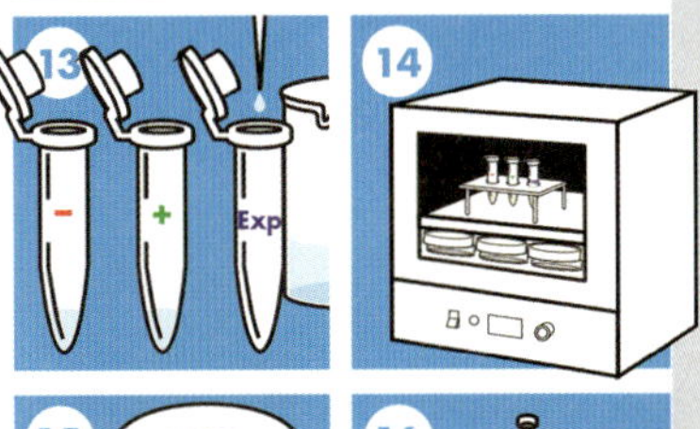

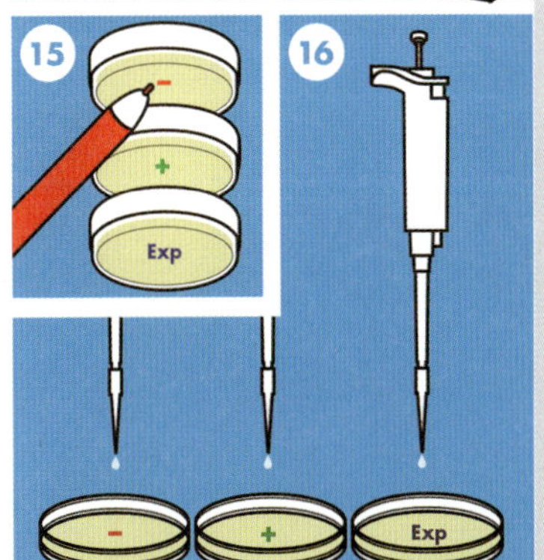

付録

ラボの試薬と材料

備品

十分に完備された実験室は、タイマー、マイクロピペット、油性マーカー、アイスバケツ（氷も！）などを備えています。BioBuilderの実験演習では、消耗品が揃っていることを前提としています。それらの消耗品は、Ward's Science［https://www.wardsci.com/］から購入できるキット[80]に付いてきますが、多くの実験室は以下のものを備えているものです。

- ニトリルあるいはラテックスのゴム手袋
- 15mlと50mlのコニカルチューブ（スクリューキャップ付）の両方またはいずれか一方
- マイクロチューブ（1.5-2ml）とラック
- 滅菌済みの試験管と試験管立て
- 滅菌済みの爪楊枝、接種ループ、スプレッダーのすべて、またはいずれか
- 10cmポリスチレン製シャーレ［ペトリ皿とも呼ばれる］――自分で寒天培地を作成する場合に必要

以下の特定の備品は、記述されている実験演習ごとに必要になります。

80――2018年7月現在、BioBuilderの実験キットは、Carolina Biological Supply Company［https://www.carolina.com/］で扱っている［https://www.carolina.com/xm/biobuilder］。学校、企業のみに販売。遺伝子組換え生物を扱うため、カルタヘナ法（遺伝子組換え生物等規制法）を守り、拡散防止措置を執ること（http://www.lifescience.mext.go.jp/bioethics/anzen.html#kumikae）。

	ローテーター／シェイカー	マグネチックスターラーと125ml三角フラスコ	分光光度計とキュベット／ガラスチューブ*	インキュベーター**（30°C／37°C）	ウォーターバス（42°C）
6章「Eau That Smell」実験演習	○	○	○		
7章「iTune Device」実験演習	○		○		
9章「What a Colorful World」実験演習				○	○
10章「Golden Bread」実験演習				○	○

*濁度標準液で代用可能　**室温での培養も可能。しかし、より時間がかかる

試薬の調製と保存

指定がない限り、試薬はSigma-AldrichやVWRといった大手化学メーカーから購入することができます。また、Gold Biotechnology［https://www.goldbio.com/］やWard's Scienceなどの専門業者を通じて、より安価に手にいれることも可能でしょう。

固形・液体培地[81]

培地は、Teknova［https://www.teknova.com/］などの業者を通じても購入することができます。

- **Luria Broth（LB）液体培地**
  トリプトン10g、酵母エキス5g、NaCl（塩化ナトリウム）10gを水に溶かしてLB培地1Lを作る。オートクレーブあるいは0.2 μMフィルターを用いて滅菌する。
- **Luria Broth（LB）寒天プレート（固形培地）**
  トリプトン10g、酵母エキス5g、NaCl（塩化ナトリウム）10g、寒天7.5gを水に加えて、LB寒天培地500mlを作る（プレート約25枚分）。オートクレーブで溶かして滅菌する。滅菌済みの各シャーレに約20mlのLB寒天培地を注ぐ。固まるまで冷まして、培地側が上になるようにして冷蔵庫内に置く。冷蔵庫で数カ月保存できる。

81——冷蔵庫で保存した培地を使う際は、室温に温まるまで置いてから使用する。

LB寒天培地＋アンピシリンのプレートを作るには、まず培地を触ることができるくらい（55°C以下）に冷まして[82]、それから1000倍希釈したアンピシリンのストック溶液［組成は以下に記載］を500μl加え、よく混ぜてから上述と同様にシャーレに注ぐ。調製したプレートは1カ月以内に使用すること。

- **完全合成**（Synthetic Complete：SC）**トリプトファン欠損**（-Trp）**寒天プレート**
  アミノ酸の含まれていない酵母ニトロゲンベース3.4g、完全合成アミノ酸ドロップアウトミックス（サプリメント）（-Trp）1g、グルコース10g、寒天10gを水に加えて、SC-Trp寒天培地500mlを作る。オートクレーブを用いて溶かして滅菌する。滅菌済みのシャーレに約20mlずつSC-Trp寒天培地を注ぐ。固まるまで冷ました後、培地側が上になるようにして冷蔵庫内に置く。冷蔵庫で数カ月間保存できる。
- **Yeast extract Peptone Dextrose**（YPD）**寒天プレート**
  ペプトン10g、酵母エキス5g、グルコース10g、寒天10gを水に加えて、YPD寒天培地500mlを作る。オートクレーブで溶解して滅菌する。滅菌済みのシャーレに約20mlずつYPD寒天培地を注ぐ。固まるまで冷ましてから、培地側が上になるようにして冷蔵庫に置く。冷蔵庫で数カ月は保存できる。

ストック溶液

- **アンピシリン**（100mg/ml溶液）
  アンピシリン100mgを滅菌水あるいは0.2μMのフィルターで滅菌した溶液1mlに溶解し、1000倍濃度のストック溶液を作る。そのストック溶液1mlを1LのLBあるいはLB+寒天に加え、最終的な作用濃度が100ug/mlとなるようにする。冷凍保存で6カ月間、冷蔵庫で1週間保管することができる。
- **バナナエキス**（例えばamazon.comで売っているFrontierのBanana Flavor）
  Eau That Smell実験演習の手順に記述されているように、バナナのにおい標準液を作る。冷蔵庫で数週間は保存できる。
- **塩化カルシウム**（Calcium Chloride、$CaCl_2$）（0.1M溶液）
  $CaCl_2$*$2H_2$0（塩化カルシウム二水和物）735mgを滅菌水あるいは0.2μMフィルターで滅菌した溶液50mlに溶解し、0.1Mの細菌の形質転換の溶液を作る。室温で保存する。
- **イソアミルアルコール**
  700μlをLB培地1Lに加える。LB+イソアミルアルコールは冷蔵庫で数日保存できる。

82——抗生物質は熱に弱いため、培地をある程度冷ましてから加える。

- **イソプロピル-β-D-1-チオガラクトピラノシド（IPTG）（0.1M溶液）**
  IPTG 24mgを滅菌水あるいは0.2μMフィルターで滅菌した溶液1mlに溶解し、100倍濃度のストック溶液を作る。25mlのLB培地に対して250μlのストック溶液という割合で加えて最終濃度を1mMとなるようにする。冷凍保存で6カ月間、冷蔵で1週間保存できる。
- **o-ニトロフェニル-β-ガラクトピラノシド**（ONPG）（0.01%溶液）
  ONPG 40mgを40mlの水に溶解して0.01%溶液を作る。冷凍で数カ月間、あるいは冷蔵で1週間保存できる。

バッファー（緩衝剤）

- 重炭酸バッファー（Sodium bicarbonate buffer）（2%溶液）
  重炭酸ナトリウム1gあるいは重曹1gを50mlの水に溶解して、2%濃度の重炭酸溶液を作る。
- 炭酸バッファー（Sodium carbonate buffer）（1M溶液）
  炭酸ナトリウム5.3gあるいはソーダ灰5.3g（例えばamazon.comで売っているTulip Fashion ArtのSoda Ashなど）を50mlの水に溶解して、1Mの炭酸溶液を作る。
- 溶解バッファー（1%SDS溶液あるいは希釈した食器用洗剤）
  ドデシル硫酸ナトリウム（SDS）0.5g、あるいは透明な液体食器用洗剤少量（大体1度押し出した時の量）を50mlの水に溶解する。

雑品目（その他）

- **塩化バリウム**（$BaCl_2$）（1%溶液）
  20mgの塩化バリウムを2mlの水に溶解して1%濃度の塩化バリウム溶液を作る。約1.75mlの1%濃度の塩化バリウム溶液が濁度標準液のセットごとに必要となる。
- **漂白剤（10%溶液）**
  漂白剤（次亜塩素酸ナトリウム）10mlを100mlの水に加えて、10%濃度の漂白剤溶液を作る。
- **Picture This実験演習で作った電子回路用の部品**
  Mouser ElectronicsのウェブサイトのBioBuilderプロジェクトページを参照（http://bit.ly/biobuilder_mouser）。

- **硫酸**（H_2SO_4）（1%溶液）

  1mlの濃縮硫酸を99mlの水に加えることで、1%濃度の硫酸溶液を作る。約80mlの1%濃度硫酸が濁度標準液のセットごとに必要となる。

  安全面の注意事項：濃縮硫酸を扱う際は細心の注意を払うこと。皮膚に接触させたりガスを吸入したりしないよう、ヒュームフード（ドラフトチャンバーとも呼ばれる）の中で、ゴム手袋、白衣、安全メガネなどの個人用保護具を使って慎重に作業すること。

- **酵母形質転換キット**

  EZ-Yeast™ Transformation Kit（MP Biomedicals、型番112100200）

  あるいはFrozen-EZ Yeast Transformation II Kit（Zymo Research、型番T2001）

日本国内の消耗品・試薬や材料の調達先

[消耗品]

- アズワン株式会社 https://www.as-1.co.jp/
- モノタロウ（株式会社MonotaRO）https://www.monotaro.com/　など

[試薬]

- 富士フイルム和光純薬株式会社 http://ffwk.fujifilm.co.jp/
  同社サービスサイト http://www.siyaku.com/
- 関東化学株式会社 https://www.kanto.co.jp/　など

[培地]

- 富士フイルム和光純薬株式会社 http://ffwk.fujifilm.co.jp/　など

用語集

Lac オペロン（Lac operon）
lacZ、lacY、lacAの3つの遺伝子で構成される単一の調節ユニット。これらの協調した発現によって、グルコース欠乏下かつラクトース存在下での細胞の生存を可能にする。

RNA ポリメラーゼ（RNA polymerase）
DNA鋳型からRNA鎖の合成を触媒する酵素で、多タンパク質複合体。

アクチベーター（Activator）
転写の正の調節をするタンパク質。通常、プロモーターの近傍に結合し、RNAポリメラーゼと物理的に相互作用することでその活性を高める。[⇔リプレッサー]

アクチベーション／活性化（Activation）
「正の調節」を参照。

アリコート（Aliquot）
サンプルを分注した時の少量の液体。

（遺伝子）下流（Downstream）
あるDNA配列に対して3'末端側に位置するDNA配列のこと。[⇔（遺伝子）上流]

（遺伝子）上流（Upstream）
あるDNA配列に対して5'末端側に位置するDNA配列のこと。[⇔（遺伝子）下流]

遺伝子発現（Gene expression）
DNA配列に基づいてRNAあるいはタンパク質が合成されること。

遺伝子発現ユニット（Gene expression unit）
転写や翻訳を開始するための情報（例えば転写の場合はプロモーター、翻訳の場合はリボソーム結合部位）、およびオープンリーディングフレームを含むDNA配列。

遺伝的不安定性（Genetic instability）
形質の機能の信頼性あるいは予測可能性に影響をおよぼす遺伝形質における変異。

インバーター／ NOT ゲート（Inverter）
NOTゲートとも呼ばれる論理ゲートで、入力信号の状態を反対の状態（「オフ」の場合は「オン」、「オン」の場合は「オフ」）に変換する。

オープンリーディングフレーム（Open reading frame（ORF））
タンパク質をコードするDNA配列のこと。三つ組のヌクレオチド（コドン）がアミノ酸の配列に変換される。

オペロン（Operon）
単一のプロモーターによって発現が制御されるオープンリーディングフレームのDNAクラスター。

基質（Substrate）
酵素に結合して、化学的に変換される分子。

共通配列／コンセンサス配列（Consensus sequence）
ひとつ、あるいは複数のゲノムの全体にわたって、特定のDNA領域に対して最も共通して見られるヌクレオチドの配列。

形質転換(Transform)
細菌などの細胞の中にDNAを入れて新しい特性を細胞に与えるプロセス。

光学密度(吸光度)(Optical density)
細胞密度の測定単位。典型的には、細胞の懸濁液によって散乱される波長600nmの透過光の強度で定量化される。

構成性(Constitutive)
ある時は「オン」である時は「オフ」になる機能とは違い、常に「オン」である機能(遺伝子が連続的に発現している状態)。[⇔誘導性]

酵素(Enzyme)
生物学的触媒。典型的にはタンパク質であり、化学反応の活性化エネルギーを低下させることによって反応を促進する。

コーディング領域(Coding Sequence (CDS))
「オープンリーディングフレーム」(ORF)を参照。

コドン(Codon)
3つの連続したヌクレオチドのこと。オープンリーディングフレームで特定のアミノ酸や終止コドンをコードする。

コンピテント/形質転換受容性(Competent)
細胞が環境からDNAを受け入れることができる状態にあること。

細胞密度(Cell density)
一定量の溶液における細胞の数。

シャーシ(Chassis)
システムの筐体。合成生物学の分野で用いられる場合は、宿主細胞のことを指す。

信頼性(Reliability)
一貫性のある振る舞いのこと。

真理値表(Truth table)
システムの振る舞いを視覚的に表現したもの。システムへのすべてのインプットを「オン」(1)あるいは「オフ」(0)と表示し、各インプットに関連したアウトプットも示す。

静止期(Stationary phase)
細胞増殖の後期段階。高い細胞密度かつ活発に分裂していない細胞の状態に特徴付けられる。

正の調節(Positive regulation)
通常アクチベータータンパク質(活性化タンパク質)による転写の制御を通じて、遺伝子発現ユニットの産物を増加させるためのメカニズム。[⇔負の調節]

セントラルドグマ(Central dogma)
遺伝コードから物理的形質までの情報の流れに関する分子生物学の中心原理。DNAがRNAをコードし、RNAがタンパク質の配列を指定すること。[「分子生物学のセントラルドグマ」については、P.56の図3-8を参照]

創発的振る舞い/創発現象(Emergent behavior)
複雑なシステムの構成要素を変更または再結合することによって生じる予想外の特性のこと。

阻害(Inhibition)
「負の調節」を参照。

阻害の軽減(Relief of inhibition)
負に調節された状態から「オン」の状態に変化させるためのメカニズム。負の制御因子(レギュレーター)の除去または抑制を含む。

代謝経路(Metabolic pathway)
出発物質から最終生成物に変換するために、段階的に働く複数の遺伝子産物。

代謝工学（Metabolic engineering）
所望の小さい分子の生産を最適化するため、細胞の生化学を合理的に操作すること。

対数期（Log phase）
細胞が活発に分裂しているため、経時的に細胞密度が指数関数的に上昇することに特徴付けられる細胞増殖の段階。

転写（Transcription）
DNAのヌクレオチド配列に相補的なRNA分子の配列を生成するプロセス。

ノイズ（Noise）
生物システムに固有の自然変動。複製したものの間での測定値の不一致として検出されることが多い。

バイオブリック（BioBrick）
特定の組み立て標準に適合したDNA配列。通常、特定の制限酵素サイトをDNAパーツの両端に付ける。

培養（Culture）
実験室内で細胞を育てること。

パッチング（Patching）
小さくはっきりしたマス目状に細菌を新しく育てるため、爪楊枝で細菌のコロニーを新しいプレート上に広げること。

ヒートショック（Heat shock）
微生物の形質転換を促進するためによく用いられる急激な温度上昇。

フォワード・エンジニアリング（Forward engineering）
新しいシステムを構築するアプローチのひとつ。システム設計の高い抽象レベルの記述から始まり、それを構築するための戦略を生成するために記述を論理的に洗練する。
[⇔リバース・エンジニアリング]

負の調節（Negative regulation）
通常リプレッサータンパク質（抑制タンパク質）による転写の制御を通して、遺伝子発現ユニットの産物を減少させるためのメカニズム。
[⇔正の調節]

プラスミド（Plasmid）
染色体とは独立して細胞内で複製することができる環状のDNA配列。DNAを操作するために実験室でよく使用されるプラスミドは、選択的なマーカー遺伝子（例えばアンピシリン耐性を付与するもの。一般的に選択マーカーと呼ばれる）や制限酵素によって認識されるDNA配列（制限酵素サイト）といった共通の特徴を持つ。

プロモーター（Promoter）
RNAポリメラーゼが結合することで転写を開始するDNA配列。

分光光度計（Spectrophotometer）
液体サンプルによって、散乱されるあるいは吸収されない透過光の強度を測定する装置。

平均故障時間（Mean time to failure（MTF））
対象物の使用できる期間を予測する測定値。

ポリメラーゼ連鎖反応（Polymerase chain reaction（PCR））
特定の長さのDNA配列のコピーをたくさん作るために使用される実験テクニック。

ホロ酵素（Holoenzyme）
生化学的に細胞機能を実行できるタンパク質（酵素）複合体のこと。

翻訳（Translation）
mRNA[83]鎖上のコドンを解読することによってタンパク質またはペプチド[84]を生成するプロセス。

モジュール性／モジュラリティ（Modularity）
新しいシステムを作るために、どのくらいうまく機能的なユニットを分離して再結合できるかを表すシステムの特性。

野生型（Wild-type）
自然界において、その種にとって最も典型的な形質を持っている生物。

誘導期（Lag phase）
細胞増殖の初期段階。低い細胞密度かつ活発に分裂していない細胞の状態に特徴付けられる。

誘導性（Inducible）
細胞の環境変化に応答して、ある時は「オン」である時は「オフ」になる機能。ほとんどの場合、この変化は遺伝子調節配列に結合するタンパク質によって媒介される。[⇔構成性]

抑制性プロモーター（Repressible promoter）
RNAポリメラーゼが結合することで転写を開始するDNA配列。また、リプレッサータンパク質が結合することで転写を阻害するDNA配列。

リバース・エンジニアリング（Reverse engineering）
ターゲットとするシステムの物理的な既存品をまず分解することから始まるシステム構築のアプローチのひとつ。
[⇔フォワード・エンジニアリング]

リプレッサー／抑制因子（Repressor）
プロモーターからの転写量を減少させるDNA結合タンパク質。

リプレッサータンパク質／抑制タンパク質（Repressor protein）
「リプレッサー／抑制因子」を参照。

リボソーム結合配列（Ribosome Binding Sequence（RBS））
DNAによってコードされており、mRNAとして機能する配列。細胞内のリボソームがmRNA鋳型に結合し、タンパク質の合成を開始することを可能にする。

レポーター（Reporter）
観察対象の細胞の機能を反映する、容易に検出可能な遺伝子産物。

論理ゲート（Logic gate）
与えられた入力あるいは一式の入力状態を指定された出力状態に変換するデジタル回路の構成要素のこと。例えば、2つ（あるいはそれ以上）の入力が検出されたときにのみ出力を生成するANDゲートなど。

83——mRNA（メッセンジャーRNA）についてはP.39の注釈参照。
84——ペプチドは2個以上のアミノ酸が結合したもの。アミノ酸が50個以上結合したものはタンパク質と呼ばれる。

索 引

さ

た

な

は

著者について

Natalie Kuldell（ナタリー・クルデル）は、マサチューセッツ工科大学（MIT）生物工学科の専任講師であり、BioBuilder教育財団の設立者と会長でもある。2013年のTEDxバミューダ会議から、教育者のための会議である全米科学教育者協会（NSTA）や科学者のための会議である米国科学振興協会（AAAS）まで、全米のさまざまな会議での招待講演者となっている。彼女の合成生物学や教育分野における経験、そして科学的バックグラウンドは多数の記事の掲載や本の出版につながっている。

彼女は、1987年にコーネル大学を第二優等で卒業し、化学の学士号（教養）を取得した。1994年にハーバード大学で細胞と発生生物学の博士号を取得。ハーバード大学医学大学院でのポスドクフェローシップを経て、ウェルズリー大学の教員として生物科学科で教え、カリキュラムの開発を行った。MITで生物工学の新しい専攻（Course20）と学科を立ち上げていたため、2003年にMITに採用された。クルデル博士は受賞歴のある高校の教師と協力しながら、MITの合成生物学の教材を高校生と大学1・2年生に適したモジュラーなカリキュラムユニットにまとめた。その結果完成したカリキュラムと、それを提供する非営利組織についてはbiobuilder.orgに掲載されている。

Rachel Bernstein（レイチェル・バーンスタイン）は、教育や報道の機関のために科学のあらゆる分野に関して記事を書いている。「サイエンス」、「ネイチャー」、「セル」、そして「ロサンゼルス・タイムズ」にニュース記事を寄稿し、オンライン教育リソースの「Visionlearning」にも貢献。彼女のすべての記事において、人々を楽しませ、魅力的なストーリーを伝えることで情報提供と教育することを目指している。論文審査のある世界最大の専門誌「PLOS ONE」の編集者としての経験も持つ。生物物理化学者としての教育を受け、2005年にペンシルベニア大学で化学の学士号（教養）を取得。また、同大学では英語を副専攻としていた。カリフォルニア大学バークレー校でタンパク質の折りたたみと動態について研究し、2011年に化学の博士号を取得している。彼女はまた、カリフォルニア大学バークレー校の研究を広範な読者に届ける雑誌、「バークレー・サイエンス・レビュー」の編集長でもあった。

Karen Ingram（カレン・イングラム）は、科学意識の向上のために、デザインとクリエイティブディレクションを駆使するアーティスト。デジタルデザイン界のベテランである彼女は、キャンプファイヤー、マッキャンエリクソン、国連児童基金（ユニセフ）などに勤めた。彼女の作品は、ゲシュタルテン社の出版物や「サイエンティフィック・アメリカン」誌、「The FWA」などに掲載されている。The FWAでは「デジタルパイオニア」として指名された。デジタルデザインのチュートリアルを「コンピュータアーツ」誌とニューライダース出版にも寄稿した。

また彼女は、ブルックリンに拠点を置く科学コミュニティー、エンピリシスト・リーグの共催者である。SXSWインタラクティブの役員でもあり、科学と芸術に関連したトピックについて発表し、SXSWのバイオハッカー・ミートアップを主催。ニューヨーク大学SHERPの起業家的科学ジャーナリズムコースのクリエイティブ戦略の専任講師も務める。

Genspace（ブルックリンのコミュニティー・バイオテクノロジー・ラボ）のメンバーとしてイングラムは、2014年のiGEMで初めて開催された「コミュニティーラボ」部門に参加、2015年のデザイン部門の審査員を務めた。2015年の合成生物学LEAP（リーダーシップ・エクセレンス・アクセレーター・プログラム）のフェローである彼女は、合成生物学における新興のリーダーとして評価されている。

Kathryn M. Hart（キャスリン・M・ハート）は、セントルイス・ワシントン大学の生化学と分子生物物理学科の研究指導員と、BioBuilder教育財団のマスター教師。合成生物学工学研究センター（SynBERC）で学部生向けの集中ラボテクニックコースの開発に協力し、BioBuilderでは専門能力の開発と学生向けのワークショップを教えている。生物化学のバックグラウンドを持つ彼女は、工学的観点から生物学を教えることは、従来のコンテンツだけでなく、デザイン指向の問題解決をも紹介できる独特の機会を提供すると考えている。彼女の現在の研究は、タンパク質の機能とエネルギーの理解と設計に特化。2004年にハバフォード大学で生物学の学士号（自然科学）を取得し、2013年にカリフォルニア大学バークレー校で化学の博士号を取得した。

監訳者あとがき

『バイオビルダー 合成生物学をはじめよう』は、合成生物学の基礎を学ぶことができる入門書であり、「国際合成生物学大会（iGEM）」のプロジェクトを追体験できる実験演習ガイドです。そしてまた、「DIYバイオ」に取り組み始めるための手引きとして役立てることもできるでしょう。この日本語版あとがきでは、その概要の説明と補足をして、日本における合成生物学やDIYバイオの状況を紹介します。

合成生物学の入門書 —— 合成生物学とは

合成生物学（synthetic biology）は、分析的で博物学的な従来の生物学に対して、「つくる」ことを通じて総合的に生物システムについて理解しようとする生物学です。そのため、生化学、分子生物学、遺伝子工学をはじめとした幅広い生物学の豊富な知見に加えて、「つくる」ことの専門である工学の分野でこれまで培われてきた考え方が取り入れられています。本書で紹介されている工学の考え方としては、抽象化、設計、論理回路、標準化、モジュール性、分離、測定、モデリング、実用性、安全性、冗長性などがあります。そして、工学と同様に基本的なツールキットを確立して、より信頼性の高い生物システムをデザインして構築すること、究極的には設計したDNAを使って新規の生物システムを一からつくることが目標となっています。

本書の後半部分にあたる実験演習では、工学の「デザイン／ビルド／テスト」のサイクルに沿って、その取り組みが紹介されます。これはDNAに着目した表現では「DNAの読み書き」のサイクルとも言われます。生物システムからDNA（物質）を抽出して、そのDNA配列（情報）を決定（シーケンシング）するのが「読み」です。その逆向きのサイクルで、DNA配列（情報）を編集して、そのDNA（物質）を設計して合成するのが「書き」で、設計された仕様通りに振る舞う生物システムを構築することを目指します。読み書きの能力のことをリテラシーと呼びますが、いわば生物システムに対するリテラシーを新しく育むことも、合成生物学のひとつの役割となっています。

合成生物学は、食糧・エネルギー、環境、健康・医療、製造などと応用分野が幅広く、その社会へ与える影響の大きさから、生命倫理、安全保障、知的財産などの課題も提起しています。とりわけ、生命倫理は非常に重要なテーマであり、本書の中でも

1章分をさいて紹介されています（4章「生命倫理の基礎」）。

日本でも、合成生物学に関しては、例えば「細胞を創る」研究会（http://www.jscsr.org/）などで盛んに議論されており、特に生物の基本単位である細胞をつくるアプローチからの合成生物学が成熟してきています。日本の合成生物学の経緯に関しては、岩崎秀雄さん（早稲田大学理工学術院教授）の著書『〈生命〉とは何だろうか――表現する生物学、思考する芸術』（講談社現代新書）にまとまっています。

iGEMを追体験する実験演習 ―― iGEMと日本チーム

合成生物学の発展を促進するために、生物システムに新しい機能を持たせたアイデアを競う世界規模のコンペが、国際合成生物学大会（iGEM）です。特に、（工学の考え方のひとつである）標準化の規格として、「バイオブリック（BioBrick）」と呼ばれる標準化されたDNAパーツを採用している点が特徴です。参加チームは、バイオブリックを組み合わせて、目的の機能を実現する生物システムを設計・構築し、その成果をプレゼンテーションします。そして、オープンソースの理念のもと、新規に提案された有望なバイオブリックは、「標準生物学的パーツ・レジストリ（Registry of Standard Biological Parts）」（現在、2万以上のDNAパーツが収録）に登録され、翌年の大会から全参加チームが利用できるようになります[注1]。

特筆すべきこととして、iGEMでは、バイオセーフティとセキュリティが非常に重視されています。そのため、成果物にしても、チームのWikiページ、レジストリ・パーツのページ、ポスター、プレゼンテーション資料などに加えて、事前にバイオセーフティに関する書類を提出することが義務付けられています。標準的な実験生物や安全性が確認されているパーツが記載されている「ホワイトリスト」[注2]が明示されており、ホワイトリストに掲載されていない生物やパーツを使用したい場合は、iGEMの安全委員会のチェックを受ける必要があります。そして、禁止されている生物やパーツは、より安全なものに代替するようプロジェクトをデザインしなおす必要があります。

主な参加対象は、大学生、高校生、大学院生のチームで、iGEMは“生物版国際ロボコン”とも称されます。参加チームは、世界が直面している重要な課題はもちろん、取り組むテーマを自由に選ぶことができ、複数の部門で競い合います。2018年大会では、10の一般部門（診断、エネルギー、環境、食糧・栄養、基礎的な進展、高校、情報処理、製造、新しい応用分野、治療法）と、2つの特別部門（オープン、ソフトウェア）が用意されました。大会の規模は年々拡大しており、また2014年からはコミュニティラボからも参加可能と

注1――2018年度のDNA配布キット http://parts.igem.org/Help:2018_DNA_Distribution
注2――2018年度のホワイトリスト http://2018.igem.org/Safety/White_List
注3――DIYバイオチームの参加 https://diybio.org/2013/11/06/diy-igem/

なって[注3]、ここ2〜3年は世界中から約300チーム、約6,000人が参加する世界最大規模の合成生物学の大会となっています[注4]。

日本からもこれまでに、東京工業大学、千葉大学、東京大学、京都大学、大阪大学、東京農工大学、京都工芸繊維大学、北海道大学、首都大学東京、神奈川工科大学、愛媛大学、長浜バイオ大学、岐阜大学、東京理科大学などの大学のチームが参加しています。これまでの参加チームのプロジェクトには、例えば、抗菌作用のある香りを生成する大腸菌を用いて電気を使わない食品保存庫を目指す「FLAVORATOR（香蔵庫）」（長浜バイオ大学、2015〜2016年）、大腸菌の細胞間コミュニケーションによってロミオとジュリエットの物語の再現を試みる「"Romeo and Juliet" by E.coli cell-cell communication」（東京工業大学、2012年）、ヒト細胞と大腸菌の共培養システムを開発する「Coli Sapiens」（東京工業大学、2017年）などがあります。

DIYバイオを始める手引き —— 身近になっているスキル

本書の実験演習では、滅菌操作、微生物の培養、コロニーPCR、DNA電気泳動、形質転換、分光光度分析、酵素活性アッセイなど、バイオテクノロジーのスキルがいくつか紹介されており、これから「DIYバイオ」で実験を始めてみたいと考えている方にとっての手引きにもなっています。

バイオテクノロジーは、古くから発酵や醸造などの食文化、近年は医療やエネルギー分野など多くの側面で私たちの生活に関係していますが、特にここ数年は取り巻くテクノロジーの飛躍的な発展によってそのスキルは身近になってきています。その背景として、「DNAの読み書き」のコストの急激な低下があげられます。アメリカ国立衛生研究所（NIH）の国立ヒトゲノム研究所のウェブサイトによると、「読み」の技術であるシーケンシングの単価は、この15年間ほどで10万分の1まで下がり、世界中の研究者や個人がさまざまな生物のDNAやゲノムを調べることができるようになっています。一方の「書き」の技術に関しても、DNA合成のコストが大幅に低下してきています。また、いろいろな生物に適用できて成功率も高く、さらに技術として比較的簡単な、画期的な「ゲノム編集」技術が登場して注目されています。

バイオテクノロジーの実験に必要な機材に関しても、小型で安価なものが次々と開発されていて（例えばポータブルなDNA分析装置「Bento Lab」や、ポータブルDNAシーケンサー「MinION」など）、同時にDIYでつくれるように機材の設計図がオープンソースで公開されているものも多くあります。

注4——https://en.wikipedia.org/wiki/International_Genetically_Engineered_Machine
http://igem.org/Main_Page

このような背景の中、これまでのように必ずしも大学や企業に所属しなくても、個人がアクセスできるバイオラボのコミュニティが世界各地に開設されています（2014年からiGEMに参加可能になったコミュニティラボはこれらを指します）。

こうした「バイオテクノロジーの民主化」の潮流は、「DIYバイオ」、「バックヤード・バイオロジー」、「ガレージ・バイオ」、「キッチン・バイオ」、「ストリート・バイオ」、「オープン・バイオ」、「コミュニティ・バイオ」、「パーソナル・バイオテクノロジー」、「バイオパンク」、「バイオハック」など、いろいろな呼び方がされています。実験環境やコミュニティからを自分たちでつくりながら取り組むバイオテクノロジーは、野生の研究者やアーティスト、デザイナーをはじめ、多様な個人の間に広がりつつあります。

日本国内では、2007年に岩崎秀雄さんが、生物システムや生命に関わる表現に興味のあるアーティストやデザイナーが実験・研究・制作を行うためのプラットフォーム「metaPhorest」（http://metaphorest.net/）を基礎生命科学の研究室内に設置しました。この「metaPhorest」に参加しているメンバーは、国内外でバイオアートの作品を発表して活躍しています。また、2010年には久保田晃弘さん（多摩美術大学美術学部教授）が、ポスト・ゲノム時代のバイオメディア・アートに関する調査研究を行い、バイオアートのポータルサイト「bioart.jp」（http://bioart.jp/）を中心となって立ち上げるなど、大学からこの流れを牽引してきました。その他、DIYバイオを紹介するメディアとしては、「バイオハッカー・ジャパン」（http://biohacker.jp/）が2013年から運営されています。DIYバイオのコミュニティとしては、例えば細胞培養技術の民主化に取り組む「Shojinmeat Project」が2014年に有志によって立ち上がり、活発に活動しています。

国内コミュニティラボの活動

2010年から日本にも実践的に紹介されてきた「ファブラボ（Fab Lab）」のコミュニティにおいても、合成生物学やバイオテクノロジーの取り組みが始まっています。ファブラボは、3Dプリンタやレーザーカッター、CNCミリングマシンなどのデジタルファブリケーション・ツールからハンドツールまでの機材を備えたオープンな市民工房で、国際的なネットワークです。個人が自分たちに必要なものを自分たちでつくる「パーソナル・ファブリケーション」のプロジェクトを推進しています。iGEMと同様にマサチューセッツ工科大学（MIT）から始まった活動ですが、草の根で世界中に広がり、現在では、100カ国1,000カ所以上の地域に根付いています[注5]。ファブラボでは、国や地域、あるいはメンバーごとに、その文化や課題に応じた多様なプロジェクトへの取り組みが実施されています。国内では、教育や医療福祉、農林水産分野における取り

注5――ファブラボについて https://www.fablabs.io

組みも行われ、バイオテクノロジーを扱えるようになることへの期待も高まってきています。

ファブラボはもともと、MITのニール・ガーシェンフェルド教授による「How To Make (Almost) Anything」というMITの学生対象の演習授業からはじまっていますが、2009年からはファブラボ対象に同様の学習プログラム「Fab Academy」が開講されています。グローバルなオンライン講義とローカルのファブラボでの課題制作を組み合わせた約半年間のコースで、3Dモデリングや機構設計などの造形から、回路設計やプログラミングなどの実装まで、ものをつくるために必要なさまざまな技法を毎週の課題で学ぶものです。最終課題としては、自分のアイデアを元に世の中にまだないプロトタイプの設計・製作に取り組み、プレゼンテーションをします。

この学習プログラムのフレームワークを踏襲、ハーバード大学の遺伝学者ジョージ・チャーチ教授によるディレクションで、合成生物学に関する学習プログラム「Bio Academy」(別名：How To Grow (Almost) Anything)(http://bio.academany.org)が2015年から開講されています。分子・細胞レベルから生態系まで、合成生物学のさまざまな分野で活躍している研究者や実務家から学び、デザインや実験の課題を通じて、バイオテクノロジーとデジタルファブリケーションのスキルや、バイオラボのつくり方を学ぶことができます。トピックとしては、ハードウェア(ファブラボの機材でのDIYバイオ実験機器のつくり方)、バイオデザイン、次世代DNA合成、バイオプロダクション、ミニマルセル、バイオ分子センサ、3Dバイオプリンティング、可視化技術(FISSEQとエクスパンション・マイクロスコピー)、マイクロバイオーム、組織工学、遺伝子ドライブ、ゲノム工学、DNAナノ構造などがあげられます。初回の講義では、本書の4章「生命倫理の基礎」にも関わっているメガン・パーマー博士が、iGEMの事例をあげながら、この学習プログラムを通じた重要事項としてのバイオセーフティや生命倫理に関する講義を行います。2015年の試験的な開講には世界中から約20のラボが参加、日本からは、山口情報芸術センター(YCAM)バイオ・リサーチ、ファブラボ鎌倉、ファブラボ浜松がこの学習プログラムを受講しました。

また、この「Bio Academy」のほかに、ファブラボ・アムステルダムを運営しているオランダのWaag Societyが2015年から開講している「BioHack Academy」(http://biohackacademy.github.io)があります。こちらは、バイオテクノロジーの基礎を学び、9種類のDIYバイオ実験装置をつくりながら、自分のプロジェクトに取り組んでプレゼンテーションする10週間のプログラムで、日本国内でもオープンなコミュニティのためのバイオラボ「BioClub」(http://bioclub.org)から参加できるようになっています。

これらの学習プログラムもひとつの後押しになり、国内におけるDIYバイオのコミュニティは育ってきています。2017年のMaker Faire Tokyoからは「DIYバイオ」コーナーも登場しています。

日本国内で、大学でも企業でもなく、公共のアートセンター内にバイオラボを開設した施設に、「山口情報芸術センター（YCAM：ワイカム）」（https://www.ycam.jp/）があります。公益財団法人山口市文化振興財団が運営するYCAMは、オープンソースの精神が色濃く、国内外のアーティストや文化施設、研究機関との共同制作により、メディアテクノロジーを用いた新しい表現を探求し、展覧会やワークショップなど多彩なイベントが開催されています。2013年頃からファブラボに備えているようなデジタルファブリケーション・ツールを徐々に導入し、2015年には館内にバイオラボを設置しました。

2015年にはレクチャー・シリーズ「アグリ・バイオ・キッチン」を企画し、ワークショップを開催しました。その翌年からは、バイオテクノロジーの応用可能性を模索する事業「YCAMバイオ・リサーチ」の取り組みを始めています。2016年には「キッチンからはじめるバイオ」をテーマにした展示シリーズが展開され、野生酵母など発酵微生物の採集や培養、植物のDNAバーコーディング（生物種同定）、土壌微生物のメタゲノム解析、ゲノムの解読された食材だけでつくる「ゲノム弁当」企画、iPS細胞培養技術を用いた作品やDIYバイオ実験機材などの紹介が行われました。特に、植物のDNAバーコーディングに関しては、その後、一般参加者向けのバイオテクノロジーについて学ぶワークショップ「森のDNA図鑑」（http://dna-of-forests.ycam.jp）として開発され、毎年開催されています。

＊　＊　＊

このように、日本でも合成生物学はますます盛んになっています。教育機関はもとより、市民がアクセス可能なコミュニティラボやインターネットを足場に活動をしている人たちがたくさんいます。

おそらく本書を手に取った読者は、大いに合成生物学に興味を持っていることでしょう。でも、実際の実験演習などは未経験かもしれません。また、どこかの組織に所属しているわけではないかもしれません。活動に触れる機会は、みなさんの身近にあるはずです。まずは、上記のような組織の情報を知ることから始めることをお勧めします。

最後に、本書の翻訳にあたっては、本書中の「Eau That Smell 実験演習」「iTune Device 実験演習」「What a Colorful World 実験演習」の3つに取り組んだことも報告しておきます。実験は、2018年6月、西原由実さん、片野晃輔さん、ゲオアグ・トレメルさん、ファブラボ浜松の竹村真人さん、YCAMバイオ・リサーチのメンバーが山口情報芸術センターのバイオラボに集合して実施されました。

実験に際しては、日本は遺伝子組換え生物等の使用に関する国際的な規制の枠組み「カルタヘナ議定書」の締約国であるため、「遺伝子組換え生物等の使用等の規制による生物の多様性の確保に関する法律」に基づき、バイオセーフティの措置をとる必要があります。米国からのキット輸入の手続きや実験の安全管理に関しては、事前に文部科学省ライフサイエンス課生命倫理・安全対策室の担当の方に問い合わせて確認しました。実験演習で気をつけるべきことについては、文中の注釈等に反映されています。

みなさんの興味や活動が、今後の合成生物学の理解や発展につながっていくことを願っています。本書がその発端になりますよう。この先は、実験室（ラボ）で会いましょう！

2018年10月　津田和俊

謝辞

本書の翻訳に際しては多くの方々のご協力をいただきました。お名前を記し、謝辞にかえます。ありがとうございました。

生田遥　伊藤隆之　榎本輝也　熊内環　菅沼聖　高原文江　竹村真人　朴鈴子
宮田季和　吉澤剛　ゲオアグ・トレメル

◎翻訳者について

片野晃輔（かたの・こうすけ）

野生の研究者。母親の乳がんをきっかけに中学時代から独学で分子生物学などを学ぶ。高校時代は試薬や研究費などを個人で調達、大学や企業のラボを利用して個人研究を行っていた。現在、フリーランスの研究者として活動しており、MITメディアラボの「Synthetic Neurobiology」グループでも研究を行っている。

西原由実（にしはら・ゆみ）

ERATO川原万有情報網プロジェクト「インタラクティブマター&ファブリケーション」グループ特任研究員。慶應義塾大学環境情報学部卒業。「Bio Academy」の日本インストラクター。

濱田格雄（はまだ・のりお）

大阪大学共創機構産学共創本部特任講師。大阪大学大学院理学研究科宇宙・地球科学専攻博士課程修了。理学博士。大阪大学ベンチャービジネスラボラトリ博士研究員、CREST博士研究員、アントレプレナーシップ教育を志向した大阪大学e-squareの特任講師などを経て現職。専門は生物物理。「オプトジェネティクス（光遺伝学）」と呼ばれる技術分野で、視物質をスイッチングデバイスに見立ててバイオデバイスの開発ができないかの研究に取り組んでいる。また現在、大阪大学でアントレプレナーシップ教育ならびに研究者の研究成果の社会実装に向けた取り組みのサポートを行い、2014年からはiGEM大阪大学チームの活動拠点として大阪大学バイオラボを提供、一緒に研究をしている。

◎監訳者について

津田和俊（つだ・かずとし）

山口情報芸術センター（YCAM）研究員。千葉大学大学院自然科学研究科多様性科学専攻博士後期課程修了、工学博士。2008年から大阪大学大学院工学研究科特任研究員、2011年から大阪大学創造工学センター助教として、工学設計や適正技術の教育プログラムの実施や、資源循環やサステイナビリティに関する研究に取り組んできた。2010年からファブラボのネットワークに参加、2013年にはその拠点のひとつとしてファブラボ北加賀屋（大阪市）を共同設立。現在、「Fab Academy」、「Bio Academy」の日本インストラクターを務めている。2014年からYCAMのコラボレーターとなり、2016年から研究員としてYCAMバイオ・リサーチを主に担当。共著に『FABに何が可能か「つくりながら生きる」21世紀の野生の思考』（フィルムアート社）など。

バイオビルダー

合成生物学をはじめよう

2018年11月21日　　初版第1刷発行

著者　Natalie Kuldell（ナタリー・クルデル）、
Rachel Bernstein（レイチェル・バーンスタイン）、
Karen Ingram（カレン・イングラム）、
Kathryn M. Hart（キャスリン・M・ハート）

監訳　津田 和俊（つだ かずとし）

訳者　片野 晃輔（かたの こうすけ）、
西原 由実（にしはら ゆみ）、
濱田 格雄（はまだ のりお）

発行人　ティム・オライリー

編集協力　窪木 淳子

デザイン　STUDIO PT.（中西 要介、根津 小春）、
寺脇 裕子

印刷・製本　日経印刷株式会社

発行所　株式会社オライリー・ジャパン
〒160-0002 東京都新宿区四谷坂町12番22号
Tel (03)3356-5227 Fax (03)3356-5263
電子メール japan@oreilly.co.jp

発売元　株式会社オーム社
〒101-8460 東京都千代田区神田錦町3-1
Tel (03)3233-0641（代表） Fax (03)3233-3440

Printed in Japan（978-4-87311-833-8）